普通高等教育"十三五"规划教材

化工热力学

班玉凤　朱海峰　刘红宇　沈国良　编著

中国石化出版社

内 容 提 要

全书内容共 6 章，主要介绍流体 p、V、T 性质的计算、状态方程和对比态原理及应用；流体热力学性质如焓、熵及偏摩尔性质等的计算；热力学第一定律和第二定律的应用，及利用理想功、损失功、热力学效率和有效能等概念对化工过程进行能量分析；利用逸度、活度性质确定体系相平衡的计算；化学反应平衡过程的计算；介绍了 Excel 用于状态方程求解和相平衡计算的方法。内容简明、扼要、实用。

本书可作为高等院校化工类各专业的教科书，也可作为化工、材料和轻工等专业工程技术人员的参考用书。

图书在版编目（CIP）数据

化工热力学／班玉凤等编著 . —北京：中国石化
出版社，2017.6
普通高等教育"十三五"规划教材
ISBN 978-7-5114-4509-4

Ⅰ.①化… Ⅱ.①班… Ⅲ.①化工热力学–高等学校
–教材 Ⅳ.①TQ013.1

中国版本图书馆 CIP 数据核字（2017）第 133529 号

中国石化出版社出版发行

地址：北京市朝阳区吉市口路 9 号
邮编：100020　电话：(010)59964500
发行部电话：(010)59964526
http://www.sinopec-press.com
E-mail：press@sinopec.com
北京柏力行彩印有限公司印刷
全国各地新华书店经销

*

787×1092 毫米 16 开本 14.75 印张 357 千字
2017 年 7 月第 1 版　2017 年 7 月第 1 次印刷
定价：40.00 元

前　　言

  化工热力学是化学工程学科的一个重要分支，是化学工程与工艺专业必修的学科基础课程。

  近年来，化工热力学的研究范畴不断拓宽和深化，不少新的理论与方法应运而生，尤其是理论模型的开发及其在化工计算中的应用进展迅速。为了满足应用型人才培养的需要和课程改革的要求，编者们在多年的教学实践基础上，参考了国内外出版的有关教材和文献资料，在保证热力学体系严谨性和逻辑性的前提下，更加注重其在工程中的应用。按照应用型人才培养规律的要求，结合具体的化工单元操作，力求避免繁琐的数学描述，着重加强基本知识、基础理论、基本计算的实用性训练，使学生能更好地理解和掌握抽象的概念，便捷地运用公式，使教材更通俗易懂、易于学生接受。

  教材内容共6章，包括：绪论，流体的 p、V、T 关系，流体的热力学性质，化工过程的能量分析，相平衡和化学平衡，重点内容是 p、V、T 关系计算，逸度和活度计算，相平衡计算，强调物性基础数据的获取方法，弱化模型求解。安排了较多的化工过程实例例题，达到理论联系实际要求，且课后配有大量习题供学生熟悉、掌握计算方法，提高分析、解决实际问题的能力。

  由于化工单元操作过程涉及的物系组分较多，涉及的热力学参数的计算较为复杂，迭代计算过程通常需通过编程由计算机来完成，而编程过程既繁琐又困难，由学生独立完成很难实现。基于这一点，本教材采用 Microsoft Office 办公软件中的 Excel 来实现迭代计算。具体计算过程中，只需输入相应的公式，无需编程，就能完成复杂的迭代计算，过程简单直观，易于学生掌握。由于 Excel 具有数组公式和公式的复制功能，所以在计算流体的 p、V、T 关系，纯流体的热力学性质，相平衡等数据时具有无可比拟的优越性。

  本书第 1、3、4 章由班玉凤执笔，第 5、6 章由朱海峰执笔，第 2 章由刘红宇执笔，全书由沈国良审定。在编写过程中，参考了一些国内外出版的化工热力学教材，在此一并表示衷心的感谢。由于编者水平有限，书中不妥之处，敬请读者批评指正。

目　　录

第1章 绪 论

1.1 化工热力学课程发展的主要历史沿革

热力学是在研究"热现象"的应用中产生的，是一门研究能量、能量传递和转换以及能量与物质物性之间普遍关系的科学。热力学(thermodynamics)一词的意思是热(thermo)和动力(dynamics)，即由热产生动力，反映了热力学起源于对热机的研究。从 18 世纪末到 19 世纪初开始，随着蒸汽机在生产中的广泛使用，如何充分利用热能来推动机器作功成为重要的研究课题。

1798 年，英国物理学家和政治家 Benjamin Thompson (1753-1814 年)通过炮膛钻孔实验开始对功转换为热进行研究。他在 1798 年的一篇论文中指出，制造枪炮所切下的铁屑温度很高，而且不断切削，高温铁屑就不断产生。既然可以不断产生热，热就非是一种运动不可。1799 年，英国化学家 Humphry Davy (1778-1829 年)通过冰的摩擦实验研究功转换为热。当时，他们的工作并未引起物理界的重视，原因在于还没有找到热功转换的数量关系。

1842 年，德国医生 Julius Robert Mayer(1814-1878 年)主要受病人血液颜色在热带和欧洲的差异及海水温度与暴风雨的启发，提出了热与机械运动之间相互转化的思想，并从空气的比定压热容和比定容热容之差算出热功当量。1847 年，德国物理学家和生物学家 Hermann Ludwig von Helmholtz (1821-1894 年)发表了"论力的守衡"一文，全面论证了能量守衡和转化定律。1843-1848 年，英国酿酒商 James Prescott Joule(1818-1889 年)以确凿无疑的定量实验结果为基础，论述了能量守恒和转化定律。焦耳的热功当量实验是热力学第一定律的实验基础。

1824 年，法国陆军工程师 Nicholas Léonard Sadi Carnot 发表了"关于火的动力研究"的论文。他通过对自己构想的理想热机的分析得出结论：热机必须在两个热源之间工作，理想热机的效率只取决于两个热源的温度，工作在两个不同温度热源之间的所有热机，其效率都不会超过可逆热机，在理想状态下也不可能达到百分之百，这就是卡诺定理。卡诺的论文发表后，没有马上引起人们的注意。过了十年，法国工程师 Benôlt Paul Emile Clapeyron (1799 - 1864 年)把卡诺循环以解析图的形式表示出来，并用卡诺定理研究了汽液平衡，导出了克拉佩隆方程。

根据热力学第一定律，热功可以按当量转化；而根据卡诺定理，热却不能全部转变为功。当时不少人认为二者之间存在着根本性的矛盾。1850 年，德国物理学家 Rudolf J. Clausius (1822-1888 年)进一步研究了热力学第一定律和 Clapeyron 转述的卡诺定理，发现二者并不矛盾。他指出，热不可能独自地、不付任何代价地从冷物体转向热物体，并将这个结论称为热力学第二定律。Clausius 在 1854 年给出了热力学第二定律的数学表达式，并于 1865 年提出"熵"的概念。1851 年，英国物理学家 Lord Kelvin(1824-1907 年)指出，不可能从单一热源取热使之完全变为有用功而不产生其他影响，这是热力学第二定律的另一种说法。1853 年，他把能量转化与物系的内能联系起来，给出了热力学第一定律的数学表达式。热力学第一定律和第二定律奠定了热力学的理论基础。

1906 年，Walter Nernst(1969-1941 年)根据低温下化学反应的大量实验事实归纳出了新的规律，并于 1912 年将之表述为绝对零度不能达到的原理，即热力学第三定律。热力学第三定律的建立使经典热力学理论更趋完善。

热力学基本定律反映了自然界的客观规律，以这些定律为基础进行演绎、逻辑推理而得到的热力学关系与结论，显然具有高度的普遍性、可靠性与实用性，可以应用于机械工程、化学、化工等各个领域，由此形成了工程热力学、化学热力学、化工热力学等重要的分支。

1875 年，美国耶鲁大学数学物理学教授 Josiah Willard Gibbs(1839 - 1903 年)发表了"论多相物质之平衡"的论文。他在熵函数的基础上，引出了平衡的判据；提出热力学势的重要概念，用以处理多组分的多相平衡问题；导出了相律，得到一般条件下多相平衡的规律。Gibbs 的工作，把热力学和化学在理论上紧密结合起来，奠定了化学热力学的重要基础。

工程热力学主要研究热能动力装置中工作介质的基本热力学性质、各种装置的工作过程以及提高能量转化效率的途径。化学热力学主要讨论热化学、相平衡和化学平衡理论。化工热力学是以化学热力学和工程热力学为基础，结合化工实际过程逐步形成的学科。在化学热力学中，侧重讨论热力学第一定律在封闭系统中的应用，不能概括各种化工过程。化工热力学将热力学第一定律应用到敞开系统中，如精馏、吸收、萃取等化工单元操作；在化学反应以及压缩、冷冻循环等不同情况下，计算过程进行时所需要的功与热的数量。

化工热力学是化学工程学科的基础学科，它和单元操作、传递过程、化学反应工程和化工系统工程等构成了化学工程学科系统。经典热力学理论的建立和发展，为化工热力学奠定了重要的理论基础。化学工业生产规模的不断扩大、生产技术的不断发展，是化工热力学学科的建立和发展的强大动力。

20 世纪二三十年代，在美国麻省理工学院的化学及有关工程教育改革中，产生了化工单元操作的概念。任何化工生产过程，无论其规模大小都可以用一系列称为单元操作的技术来解决。将纷杂众多的生产过程分解为构成它们的单元操作进行研究与设计，对于解决过程工业技术问题是普遍适用的。

1922 年，W. H. Walker 等阐述单元操作的原理时，曾利用了热力学的成果。麻省理工学院的 H. C. Weber 教授等人提出了利用气体临界性质的计算方法。1939 年，Weber 写出了第一本化工热力学教科书《化学工程师用热力学》。1944 年，耶鲁大学的 B. F. Dodge 教授写的第一本取名为《化工热力学》的著作随后出版。

在第二次世界大战后，相关研究提出动量传递、热量传递、质量传递和反应工程的概念。20 世纪 50 年代中期，随着电子计算机开始进入化工领域，化工过程的数学模拟迅速发展，形成了又一个新领域——化工系统工程。至此，化学工程形成了比较完善的学科系统。计算机的应用同时给化学工程各学科都带来了新的活力。其中，高压过程的普遍采用和传质分离过程设计计算方法的改进，推动了化工热力学关于状态方程和多组分气液平衡、液液平衡等相平衡关联方法的研究，提出了一批至今仍获得广泛应用的状态方程和活度系数方程。

随着化学工业生产规模的不断扩大，化学工程的各分支学科生气勃勃地向前发展，化工热力学的研究依然活跃。例如，关于状态方程和相平衡的研究，又有足够精度的新状态方程提出；全球石油危机引发的节能迫切要求，使过程热力学分析获得了很大的发展；化工热力学平衡数据系统的支撑性作用，使化工系统工程在换热器网络和分离流程的合成方面取得有实用价值的成果……。尤其是 20 世纪 80 年代初，以 Aspen 为代表的大型化工模拟系统推出；进入 90 年代以来又以 Aspen Plus、Pro-Ⅱ 等为代表的，功能更强的模拟系统陆续提出，为化学工业及其相关技术的现代化发挥了巨大的作用。

目前，在化工热力学基础数据方面，已积累了大量的热化学数据、p-V-T 关系数据以及相平衡和化学平衡的数据；已发展出几百种状态方程，少数状态方程还能兼用于气液两相；由于活度系数模型研究的显著进展，已经能用二元系的实验数据预测许多常见多元系的汽液平衡和气液平衡；已有几种基团贡献法，可用于普适性的相平衡计算，这对于新的过程技术开发有很大的意义，同时复杂系统化学平衡的计算也有明显进展。化工过程热力学分析方法也已形成了从基本原理到应用技术的系统理论。

1.2　化工热力学研究的内容

化工热力学的主要任务是以热力学第一、第二定律为基础，研究化工过程中各种能量的相互转化及其有效利用的规律，研究物质状态变化与物质性质之间的关系以及物理或化学变化达到平衡的理论极限、条件和状态，是理论和工程实践性都较强的学科。化工热力学所要解决的实际问题可以归纳为以下四类。

（1）反应过程

研究反应进行的可能性、反应条件及限度（化学平衡）。通过研究过程的工艺条件对平衡转化率的影响，选择最佳工艺条件。

（2）传质（分离）过程

过程中的相平衡，特别是多组分相平衡。

（3）能量分析

应用化工热力学可以分析、确定能量损失的数量、分布及其原因，提高能量的利用率，从而找到以最小的能量消耗得到最多产品的途径。

（4）测量、推算与关联热力学性质

化工热力学提供各种物质的热力学性质。p、V、T、C_p、C_V、U、H、S、A、G……三传一反中要用到以上数据，可由化工热力学提供。

1.3　化工热力学的研究方法

原则上采用宏观和微观两种方法研究化工热力学。

以宏观方法研究平衡系统称为经典热力学。经典热力学以热力学第一、第二定律为基础，利用热力学数据，研究平衡系统各宏观性质之间的相互关系，揭示变化过程的方向和限度，是人类大量实践经验的总结，具有普遍的意义，其优点是简单可靠。但经典热力学不涉及粒子的微观性质，不研究物质结构，不考虑过程机理，只从宏观角度研究大量分子组成的系统达到平衡时所表示出的宏观性质。它只能以实验数据作为基础，进行宏观性质的关联，从某些宏观性质推测另外一些宏观性质。

以微观方法研究平衡系统称为统计热力学。统计热力学建立在大量粒子群的统计性质的基础上，从粒子的微观性质及结构数据出发，以粒子遵循的力学定律为理论基础，用统计的方法推求大量粒子运动的统计平均结果，预测与解释平衡情况下物质的宏观特性。统计热力学的优点是揭示了系统宏观现象的微观本质，可以从分子或原子的光谱数据直接计算系统平衡态的热力学性质。其缺点是受对物质微观结构和运动规律认识程度的限制，就工程应用而言，还有一定的局限性。

以上两种方法虽然不同，但是由于研究的对象相同，两者之间也有紧密的联系。这种联系的基础，就是热运动所具有的统计规律性。

1.4　名词与定义

（1）系统与环境

分析任何现象或过程首先要明确研究对象。在热力学分析中，常将研究中所涉及的一部分物质（或空间）从其余物质（或空间）中划分出来，其划分出来部分称为系统（或体系），其余部分称为环境。系统与环境的交界称为边界，边界可以是真实的，也可以是假想的。根据系统与环境之间联系情况的不同，可把系统分为以下三种

① 孤立系统　系统与环境间无物质、无能量的交换；

② 封闭系统　系统与环境间无物质、有能量的交换；

③ 敞开系统　系统与环境间有物质、有能量的交换。

系统的选择必须根据实际情况，以解决问题方便为原则（选择方法是相对的，人为规定的）。

（2）平衡状态与状态函数

化工热力学研究的是处于平衡状态的系统。状态是指系统在某一瞬间所呈现的宏观物理状况。一般来说，系统处于某个状态，即指平衡状态。

平衡状态：一个系统在不受外界影响的条件下，如果它的宏观性质不随时间而变化，则此系统处于平衡状态。达到热力学平衡（热平衡、力平衡、相平衡，化学平衡）的必要条件是引起系统状态变化的所有势差[温度差、压力差、化学位差（浓度差）]均为零。由于分子是不断运动的，因此热力学平衡是一个动态平衡。

描述系统所处状态的宏观物理量称为热力学变量，也称为热力学函数、热力学性质。由于它们是状态的单值函数，亦称为状态函数。常用的状态函数有压力 p、温度 T、比容 V、内能 U、焓 H、熵 S、自由焓 G 等。

热力学变量分为强度量和广度量（或强度性质和广度性质）。强度量的数值取决于物质本身的特性，而与物质的数量无关，如 T、p、ρ 等；广度量的数值与物质的数量成正比，如 V、M、H、S、U、G 等。

（3）过程与循环

过程是指系统由某一平衡状态变化到另一平衡状态时所经历的全部状态的总和。根据过程进行的特定条件，可将其分为恒压过程、恒温过程、恒容过程、恒熵过程、绝热过程、循环过程、可逆过程等。例如按可逆程度可将其分为可逆过程、不可逆过程。

可逆过程是指过程完成后，如果使其逆行而过程中所涉及的一切，均能回复到各自的原

始状态而不留下任何变化的过程。可逆过程的特点是状态变化的推动力和阻力无限接近，系统始终无限接近平衡状态。实际发生的过程为不可逆过程。

完全可逆的过程是不存在的，是为了便于计算假设的理想过程。通过可逆过程的计算，便于理论上的分析计算（如效率计算）。

循环是指系统经过一系列的状态变化过程后，最后又回到最初状态，则整个变化称为循环。按循环方向将其分为正向循环和逆向循环。

正向循环：使热能变为机械能的热力循环。

逆向循环：消耗能量使热量从低温物体取出并排向高温物体。

（4）热与功

热：通过系统的边界，系统与环境之间由于温差而传递的能量，用 Q 表示。热不是状态函数，它与过程变化的途径有关，规定系统吸热为正，放热为负。

功：由温差外其他推动力影响下的系统与环境之间传递的能量，用 W 表示；功也不是状态函数；规定系统得功为正，做功为负。

热和功是不能视为储存在系统之内的能量（只是增加了系统内能），它们是在能量传递过程中表现出的能量形式。

在热力学中，常遇到有限压缩过程或膨胀过程的做功方式，如果过程是可逆的，那么做功的表达式为

$$W = -\int_{V_1}^{V_2} p \, dV$$

第 2 章 流体的 p、V、T 关系

在化工过程的分析、研究和设计工作中，经常要用到流体的许多热力学性质，主要有压力 p、体积 V、温度 T、热容 C、焓 H、熵 S、内能 U、自由能 A、自由焓 G、逸度 f 等。其中 p、V、T、C 是流体的基本热力学性质，可以直接测量，而其他许多热力学性质如 H、S、U、G、f 等不便于直接测量，但它们却是计算能量、相平衡、化学平衡等的必需数据。流体的 p-V-T 关系是计算这些不可测热力学性质的工具：由测得的流体 p-V-T 数据结合热力学基本关系式即可推算这些不可测热力学性质。因此，研究流体的 p-V-T 关系是为过程发展提供基础数据的一项重要的基础工作，是化工热力学的基础。

2.1　纯物质的 p-V-T 行为

单相纯物质在平衡条件下的 p-V-T 关系可表示成三维曲面，如图 2-1 所示。

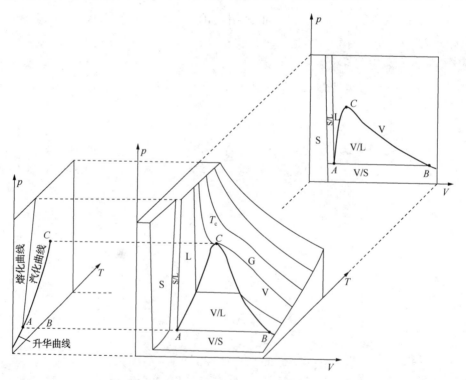

图 2-1　纯物质的 p-V-T 图

图 2-1 是表示纯物质在平衡状态下压力、摩尔体积与温度关系的 p-V-T 曲面。曲面上 "S"、"L"、"V" 和 "G" 分别代表固相、液相、汽相和气相的单相区；"S/L"、"V/L" 和 "V/S" 分别代表固液、汽液和汽固的两相共存区。曲线 AC 和 BC 分别为饱和液相线和饱和汽相线，代表汽液共存的边界线。它们相交于点 C，点 C 是纯物质汽液平衡的最高温度和最

高压力点，称为临界点，该点的温度、压力和摩尔体积分别称为临界温度 T_c、临界压力 p_c 和临界体积 V_c。流体的临界参数是流体重要的基础数据，在附录 1 中给出了一些重要物质的临界性质。在临界点附近，流体的许多性质有突变的趋势，如密度、溶解其他物质的能力等；通过 A、B 的直线是三个两相平衡区的交界线，称为三相线。根据相律，对于三相平衡共存的纯物质系统，其自由度为零。所以，对于给定的纯物质，这种系统只能存在于一定的温度和压力下。

若将 p-V-T 曲面投影到平面上，即可得到直观的二维相图，如图 2-2 和图 2-3 所示，分别为 p-T 图和 p-V 图。这些图清楚地表明了气体、液体和固体的压力与温度、体积的关系。

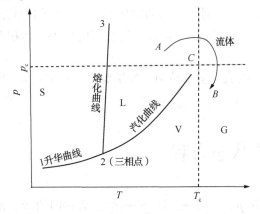

图 2-2　纯物质的 p-T 图　　　　　　图 2-3　纯物质的 p-V 图

图 2-1 中两相区在图 2-2 上的投影是三条相平衡曲线：升华曲线、熔化曲线和汽化曲线，这三条线揭示了两相平衡共存的 p 和 T 的条件，并将相图分成单相区：升华曲线将固相与汽相隔开；汽化曲线将液相与汽相隔开；融化曲线将固相与液相隔开，三相线成为三条相平衡曲线的交点——三相点 2。$T>T_c$，且 $p>p_c$ 的流体区域为超临界流体区（高于临界温度和临界压力的流体称为超临界流体，简称流体）。从液体到流体或从汽（气）体到流体是个渐变过程，不存在突发的相变，如图 2-2 所示，从液相的 A 点到气相的 B 点，虽然发生了相变化，但并没有穿过相界面。超临界流体的性质非常特殊，既不同于液体，也不同于气体，它的密度接近于液体，溶解度大；它的黏度同气体，扩散系数大，有类似于气体的体积可变性和传递性质。因此，超临界流体可作为特殊的萃取溶剂和反应介质。现已开发出许多利用超临界流体区特殊性质的分离技术和反应技术。互成平衡的各相具有相同的 T、p，所以相平衡在 p-T 图中表现为平衡线，在 p-T 图中只显示了相的边界。互成平衡的两相虽有相同的压力和温度，但有不同的摩尔体积，所以在 p-V 图上这些边界依次成为固液、固汽和汽液两相平衡共存的区域，这些区域由代表单相的边界曲线所分开。图 2-3 的 p-V 图中显示出两相平衡共存区和单相区。包围汽液平衡共存区的是饱和线，其左侧 $V<V_c$ 的曲线是饱和液相线 AC，而右侧 $V>V_c$ 的曲线是饱和气相线 BC，两条曲线在临界点是平滑相连的。饱和液相线也称为泡点线，饱和气相线也称为露点线。曲线 ACB 包含的区域为汽液共存区（V/L），其左侧为过冷液相区（L），右侧小于 T_c 区域为过热蒸汽相区（V），大于 T_c 区域为气相区（G）。

图 2-3 中包含了若干条等温线，临界温度以上的等温线曲线平滑并且不与相界面相交；

7

临界温度之下的等温线由三段组成，左段代表液体，曲线较陡，右段是气体，中段水平段为汽液平衡共存区，每个等温线对应一个确定的压力，此压力即为该物质在此温度下的饱和蒸气压。蒸气压是系统温度的单调函数，如图 2-2 中的汽化曲线所示。两相区等温线的水平线段随温度升高而缩短，最后在临界点 C 处缩成一点。临界温度等温线在临界点 C 表现出特殊的性质，是一水平线的拐点，数学上可以表示为

$$\left(\frac{\partial p}{\partial V}\right)_{T_c} = 0 \tag{2-1}$$

$$\left(\frac{\partial^2 p}{\partial V^2}\right)_{T_c} = 0 \tag{2-2}$$

式(2-1)和式(2-2)提供了经典的临界点的定义，对于不同的物质都成立，它们对状态方程的研究意义重大。根据上述两式，从状态方程式可以计算临界状态下的压力、体积和温度。

用图可以比较直观地表示纯物质的 p、V、T 行为，但不精确，如果要定量地表示 p、V、T 行为，较好的方法是使用状态方程。

2.2 流体的状态方程

根据相律，对于单相纯流体而言，任意确定 p、V、T 三者中的两个，则它们的状态即完全确定。描述流体 p-V-T 关系的函数式为

$$f(p, \ V, \ T) = 0 \tag{2-3}$$

式(2-3)称为状态方程(Equation of State，EOS)，用来关联在平衡态下纯流体的压力、摩尔体积、温度之间的关系。在化工热力学中，状态方程具有非常重要的价值，它不仅表示在较广泛的范围内 p、V、T 之间的函数关系，而且可以通过它计算不能直接从实验测得的其他热力学性质，从而计算相平衡和化学反应平衡。

目前存在的状态方程分如下几类：

① 理想气体状态方程；

② 立方型状态方程；

③ 多参数状态方程。

2.2.1 理想气体方程

理想气体状态方程是最简单的状态方程

$$pV = RT \tag{2-4}$$

式中 V——摩尔体积；

R——通用气体常数。

式(2-4)只能描述理想气体。理想气体分子模型为"假设分子间没有相互作用力，分子本身不占体积"。理想气体是不存在的，但是在极低压力和较高温度下各种真实气体的极限情况可视为理想气体。

在工程设计中可以用理想气体状态方程进行初步的估算；亦可用理想气体状态方程判断真实气体状态方程的极限情况的正确程度：当 $p\to 0$ 或者 $V\to\infty$ 时，任何真实气体状态方程

都应还原为理想气体状态方程。

2.2.2 立方型方程

立方型方程指的是可展开为摩尔体积或密度的三次方形式的真实流体的状态方程,这类方程形式简单,能够用解析法求解,精度较高。最早的立方型方程为 van der Waals(范德华)方程,它是第一个有实用意义的状态方程。

(1) van der Waals(vdW)方程

1873 年 J. D. van der Waals 提出了第一个适用于真实气体的状态方程——van der Waals 方程,简称 vdW 方程,其形式为

$$p = \frac{RT}{V - b} - \frac{a}{V^2} \tag{2-5}$$

与理想气体相比,vdW 方程引入了参数 a 和 b:a 反映分子间吸引力的大小,压力增加了一项 a/V^2,这是由于存在分子间引力,气体分子施加于器壁的压力要低于理想气体状态下的压力;而 b 表示分子的大小,气体总体积中包含分子本身体积的部分,所以在气体总体积中减去 b 值。它们一般可以从两种途径得到:从流体的 p-V-T 实验数据拟合得到,或依据式(2-1)、式(2-2)由纯物质的临界数据计算得到。

虽然现在看来该方程并不能精确地描述流体的性质,不适用于工程计算,但它是第一个能够用于描述真实气体的状态方程,在状态方程的发展史上具有里程碑的意义。更重要的是,该方程具备了现代状态方程的许多要素,在 vdW 方程的基础上后来衍生出许多有实用价值的立方形状态方程。

(2) RK 方程

在范德华方程基础上,由 Redlich-kwong 提出的 RK 方程的形式为

$$p = \frac{RT}{V - b} - \frac{a}{T^{0.5}V(V + b)} \tag{2-6}$$

RK 方程系数 a、b 是两个因物质而异的常数,当有 p-V-T 数据时,可由最小二乘法拟合得到;当缺乏实验数据时,可根据临界点参数值由式(2-1)、式(2-2)计算。由式(2-1)、式(2-2)并结合 RK 方程可得

$$a = 0.42748 \frac{R^2 T_c^{2.5}}{p_c} \tag{2-7a}$$

$$b = 0.08664 \frac{RT_c}{p_c} \tag{2-7b}$$

RK 方程又常通过压缩因子 Z 写成式(2-8a)形式,以便于体积根的求取。

$$Z^3 - Z^2 + (A - B - B^2)Z - AB = 0 \tag{2-8a}$$

式中,无因次量 A 和 B 分别为

$$A = \frac{ap}{R^2 T^{2.5}} \tag{2-8b}$$

$$B = \frac{bp}{RT} \tag{2-8c}$$

RK 方程的计算准确度比 van der Waals 方程有较大的提高,可以较准确地用于非极性和弱极性化合物 p-V-T 性质的计算,但对于强极性及含有氢键的化合物仍会产生较大的偏差。

RK 方程一般不用于液体 p–V–T 的计算

【例 2-1】 将 1kmol 甲烷贮于容积为 0.125m³，温度为 323.16K 的钢瓶内，问此时甲烷产生的压力？分别采用①理想气体方程和②RK 方程计算。已知实验值为 1.875×10^7Pa。

解：① 理想气体方程

$$p = \frac{RT}{V} = \frac{1000 \times 8.314 \times 323.16}{0.125} = 2.15 \times 10^7 \text{Pa}$$

误差

$$\frac{(2.15 - 1.875) \times 10^7}{1.875 \times 10^7} \times 100\% = 14.7\%$$

② RK 方程

从附录 1 中查得甲烷的临界参数为 $T_c = 190.6$K，$p_c = 4.600$MPa。将它们代入式（2-7a）和式（2-7b）得

$$a = \frac{0.42748 \times 8.314^2 \times 190.6^{2.5}}{4.600 \times 10^6} = 3.2217 \text{Pa} \cdot \text{m}^6 \cdot \text{K}^{0.5} \cdot \text{mol}^{-2}$$

$$b = \frac{0.08664 \times 8.314 \times 190.6}{4.6 \times 10^6} = 2.9847 \times 10^{-5} \text{m}^3 \cdot \text{mol}^{-1}$$

将所求 a、b 代入式（2-6）得

$$p = \frac{8.314 \times 323.16}{0.125/1000 - 2.9847 \times 10^{-5}} -$$

$$\frac{3.2217}{323.16^{0.5} \times 0.125/1000 \times (0.125/1000 + 2.9847 \times 10^{-5})}$$

$$= 1.8977 \times 10^7 \text{Pa}$$

误差

$$\frac{1.8977 - 1.875}{1.875} \times 100\% = 1.2\%$$

可见，较高压力下理想气体状态方程计算带来的误差很大，RK 方程比较准确。

（3）RKS 方程

Soave 于 1972 年提出了 RK 方程的改进形式——Soave-Redlich-Kwong 方程，简称 RKS（SRK，或 Soave）方程。RK 方程用于纯组分及混合物的热性质的计算可获得相当准确的结果，但是当应用于汽液平衡计算时其准确性却通常较差。RKS 方程在不失 RK 方程形式简单的情况下，大大改善了计算汽液平衡的效果。在 RKS 方程中，Soave 将 RK 方程中 $a/T^{0.5}$ 一项改用具有普遍意义的温度函数 $a(T)$ 来代替，即改为

$$p = \frac{RT}{V - b} - \frac{a(T)}{V(V + b)} \qquad (2-9)$$

Soave 将 $a(T)$ 表示为

$$a(T) = a_c \alpha(T) \qquad (2-10)$$

按临界等温线在临界点处压力对体积的一阶导数和二阶导数为零的特点，由式（2-1）、式（2-2）导出纯组分的参数 a，b 和其临界温度 T_c、临界压力 p_c 间的关系

$$a_c = 0.42748 R^2 T_c^2 / p_c \qquad (2-11)$$

$$b = 0.08664 R T_c / p_c \qquad (2-12)$$

$\alpha(T)$ 是一个和温度有关的无因次因子，其表达式为

$$\alpha(T) = [1 + m(1 - T_r^{0.5})]^2 \qquad (2-13)$$

当 $T=T_{ci}$ 时，$\alpha(T)=1$。式中，m 为斜率，与偏心因子 ω 关联如下

$$m = 0.480 + 1.574\omega - 0.176\omega^2 \qquad (2-14)$$

对比温度 T_r 由下式计算

$$T_r = \frac{T}{T_c}$$

RKS 方程压缩因子 Z 的表达式与 RK 方程的表达式(2-8b)相同。其中

$$A = \frac{a(T)p}{R^2T^2} \qquad (2-15)$$

B 的表达式与式(2-8c)相同。

RKS 方程提高了对极性物质及含有氢键物质的 p-V-T 计算精度，与 RK 方程相比，RKS 方程大大提高了表达纯物质汽液平衡的能力，使之能用于混合物的汽液平衡计算，故在工业上获得了广泛的应用。

(4) Peng-Robinson(PR)方程

Peng 和 Robinson 指出，经 Soave 改进的 RK 方程虽然取得了明显改进，但仍有一些不足之处。例如，RKS 方程对液相密度的预测欠缺准确，对烃类组分(除甲烷外)预测的液相密度普遍小于实验数据。Peng 和 Robinson 指出，通过为状态方程选择适当的函数形式可使临界压缩因子的预测值更接近于实验值。他们提出的 PR 方程为

$$p = \frac{RT}{V-b} - \frac{a(T)}{V(V+b) + b(V-b)} \qquad (2-16)$$

式中

$$a(T) = a_c\alpha(T) \qquad (2-17)$$

$$a_c = 0.45724R^2T_c^2/p_c \qquad (2-18)$$

$$b = 0.07780RT_c/p_c \qquad (2-19)$$

$$\alpha(T) = [1 + m(1 - T_r^{0.5})]^2 \qquad (2-20)$$

m 为斜率，与偏心因子 ω 关联如下

$$m = 0.37464 + 1.54226\omega - 0.26992\omega^2 \qquad (2-21)$$

通过压缩因子 Z 表示的 PR 方程为

$$Z^3 - (1-B)Z^2 + (A - 2B - 3B^2)Z - (AB - B^2 - B^3) = 0 \qquad (2-22)$$

式中，A 与 B 的表达式分别与式(2-15)和式(2-8c)相同。

PR 方程计算饱和蒸气压、饱和液体密度等方面的准确度均高于 RKS 方程。它是汽液平衡计算中最常用的方程之一。

立方型状态方程还有很多，如 Patel-Teja(PT)方程、Harmens-Knapp 方程等，它们各具特色，如包含三参数的 PT 方程，计算一些纯组分(包括极性和非极性组分)的饱和液体密度和饱和气体密度的平均误差仅为 2.94% 和 1.44%。

立方型状态方程因其简单性和可靠性在工程计算中被认为是最为实用的状态方程，它适用于只需准确计算部分物性的场合，在过程模拟中普遍采用。为了提高状态方程计算饱和蒸气压和饱和液相体积的准确度，近年来对立方型状态方程提出了一些改进方法。

立方型状态方程形式不太复杂，方程中一般只有两个参数，且参数可利用纯物质临界性质和偏心因子计算，精度也较高，因此很受工程界欢迎。

由于立方型状态方程是摩尔体积的三次方，故解方程求摩尔体积有一个或三个实根，如

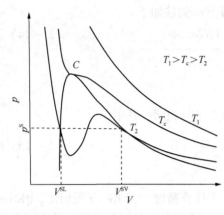

图 2-4 立方型状态方程的根

图 2-4 所示。根据系统所处的温度不同，体积根有三种情况：

①当 $T>T_c$ 时，立方型方程有一个实根，两个虚根，其中的实根为气体的摩尔体积。

②当 $T=T_c$ 时，如 $p\neq p_c$，则仅有一个实根，两个虚根，其中的实根为气体的摩尔体积；如 $p=p_c$，则有三重实根，$V=V_c$。

③当 $T<T_c$ 时，取决于压力，方程可能有一个或三个实根。当等温线位于两相区内且 p 为饱和蒸气压时方程有三个实根：方程的最大根是饱和蒸气摩尔体积 V^{SV}，最小根是饱和液体摩尔体积 V^{SL}，中间根无物理意义。等温线位于汽相和液相的单相区时方程各自有一个根。

虽然立方型状态方程可以用解析法求解三个体积根，但工程计算常采用迭代法。

1）直接迭代法

考虑到迭代法的收敛问题，需要改变方程的形式，以求得迭代公式。

①RK 方程：

将 RK 方程两边乘以 $\dfrac{(V-b)}{p}$ 得

$$V-b=\frac{RT}{p}-\frac{a(V-b)}{pT^{1/2}V(V+b)}$$

移项得蒸气的摩尔体积迭代公式

$$V_{(k+1)}=\frac{RT}{p}+b-\frac{a(V_{(k)}-b)}{pT^{0.5}V_{(k)}(V_{(k)}+b)} \tag{2-23}$$

下标 k 表示迭代次数，第一次迭代 $k=0$。

将 RK 方程写成三次展开式

$$pV^3-RTV^2-\left(pb^2+bRT-\frac{a}{T^{0.5}}\right)V-\frac{ab}{T^{0.5}}=0$$

移项得液体的摩尔体积迭代公式

$$V_{(k+1)}=\frac{pV_{(k)}^3-RTV_{(k)}^2-ab/T^{0.5}}{pb^2+bRT-a/T^{0.5}} \tag{2-24}$$

类似的，可得 RKS 方程和 PR 方程的迭代公式。

②RKS 方程：

蒸气的摩尔体积迭代公式

$$V_{(k+1)}=\frac{RT}{p}+b-\frac{a(T)(V_{(k)}-b)}{pV_{(k)}(V_{(k)}+b)} \tag{2-25}$$

液体的摩尔体积迭代公式

$$V_{(k+1)}=\frac{pV_{(k)}^3-RTV_{(k)}^2-a(T)b}{pb^2+bRT-a(T)} \tag{3-26}$$

③PR 方程：

12

PR 方程蒸气的摩尔体积和液体的摩尔体积采用同一个迭代公式。

$$V_{(k+1)} = \frac{RT}{p} + b - \frac{a(T)(V_{(k)} - b)}{p(V_{(k)}^2 + 2bV_{(k)} - b^2)} \qquad (2-27)$$

以上迭代公式中蒸气的摩尔体积初值取 $V_{(0)} = \dfrac{RT}{p}$；液体的摩尔体积初值取 $V_{(0)} = b$。迭代至 V 值变化很小，用 $|Z_{(k+1)} - Z_{(k)}| \leq 10^{-4}$ 作为达到要求的判据。

2）双点割线法迭代

与牛顿迭代法相比，双点割线法无需求导数，迭代公式简单，且迭代步长大，更易于收敛。将压缩因子 Z 型的立方型状态方程表示为函数 $f(Z)$，则压缩因子 Z 的双点割线法迭代公式为

$$Z_{(k+1)} = Z_{(k)} - \frac{Z_{(k)} - Z_{(k-1)}}{f(Z_{(k)}) - f(Z_{(k-1)})} f(Z_{(k)}) \qquad (2-28)$$

在双点割线法迭代中，第一次迭代 $k = 1$。

以 $|f(Z)| \leq 10^{-4}$ 作为达到要求的判据。迭代解得 Z 后再由式 $V = \dfrac{ZRT}{p}$ 求体积 V。

迭代计算过程比较繁琐，除了手工计算外可以采用计算软件计算。

【例2-2】 试分别用①RK 方程；②RKS 方程计算 0℃、101.33MPa 时氮气的压缩因子。已知实验值为 2.0685。

解：查附录 1 得氮气的参数为：$T_c = 126.2\text{K}$，$p_c = 3.394\text{MPa}$，$\omega = 0.040$

① RK 方程

将查得的参数代入式(2-7a)和式(2-7b)得

$$a = \frac{0.42748 \times 8.314^2 \times 126.2^{2.5}}{3.394 \times 10^6} = 1.5577\text{Pa} \cdot \text{m}^6 \cdot \text{K}^{0.5} \cdot \text{mol}^{-2}$$

$$b = \frac{0.08664 \times 8.314 \times 126.2}{3.394 \times 10^6} = 2.6784 \times 10^{-5}\text{m}^3 \cdot \text{mol}^{-1}$$

方法 1：直接迭代法

将求得的参数 a、b 代入式(2-23)得

$$V_{(k+1)} = \frac{8.314 \times 273.15}{1.0133 \times 10^8} + 2.6784 \times 10^{-5} - \frac{1.5577(V_{(k)} - 2.6784 \times 10^{-5})}{1.0133 \times 10^8 \times 273.15^{0.5} V_{(k)}(V_{(k)} + 2.6784 \times 10^{-5})}$$

$$= 4.9196 \times 10^{-5} - \frac{1.5577 V_{(k)} - 4.1721 \times 10^{-5}}{1.6747 \times 10^9 V_{(k)}^2 + 4.4855 \times 10^4 V_{(k)}}$$

取 $V_{(0)} = \dfrac{RT}{p} = \dfrac{8.314 \times 273.15}{1.0133 \times 10^8} = 2.2411 \times 10^{-5}\text{m}^3 \cdot \text{mol}^{-1}$ 为初值，由上式迭代，各次迭代值如下。

$V_{(1)} = 5.2885 \times 10^{-5}$ $V_{(2)} = 4.3434 \times 10^{-5}$

$V_{(3)} = 4.4118 \times 10^{-5}$ $V_{(4)} = 4.4042 \times 10^{-5}$

$V_{(5)} = 4.4050 \times 10^{-5}$ $V_{(6)} = 4.4050 \times 10^{-5}$

迭代 6 次后收敛，因此 $V = 4.4050 \times 10^{-5}\text{m}^3 \cdot \text{mol}^{-1}$。

$$Z = \frac{pV}{RT} = \frac{1.0133 \times 10^8 \times 4.4050 \times 10^{-5}}{8.314 \times 273.15} = 1.9655$$

误差
$$\frac{2.0685 - 1.9655}{2.0685} \times 100\% = 5.0\%$$

方法 2：双点割线法迭代

将求得的参数 a、b 代入式(2-8b)和式(2-8c)得

$$A = \frac{1.5577 \times 1.0133 \times 10^8}{8.314^2 \times 273.15^{2.5}} = 1.8518$$

$$B = \frac{2.6784 \times 10^{-5} \times 1.0133 \times 10^8}{8.314 \times 273.15} = 1.1951$$

将求得的 A、B 代入式(2-7)得

$$Z^3 - Z^2 - 0.77156Z - 2.2131 = 0$$

即
$$f(Z) = Z^3 - Z^2 - 0.77156Z - 2.2131 \qquad (1)$$

取 $Z_{(0)} = 1$，则 $f(Z_{(0)}) = -2.9847$

取 $Z_{(1)} = 1.8$，则 $f(Z_{(1)}) = -1.0099$

由式(2-28)和式(1)迭代，各次迭代值如下

$Z_{(2)} = 2.2091$ $f(Z_{(2)}) = 1.9830$

$Z_{(3)} = 1.9380$ $f(Z_{(3)}) = -0.1854$

$Z_{(4)} = 1.9612$ $f(Z_{(4)}) = -0.0292$

$Z_{(5)} = 1.9655$ $f(Z_{(5)}) = 0.0003$

$Z_{(6)} = 1.96546$ $f(Z_{(6)}) = 0.00005$

与直接迭代法相比，双点割线法迭代公式简单，收敛速度相似。

② RKS 方程

方法 1：双点割线法

将 ω 代入式(2-14)得

$$m = 0.48 + 1.574 \times 0.040 - 0.176 \times 0.040^2 = 0.54268$$

$$T_r = \frac{T}{T_c} = \frac{273.15}{126.2} = 2.1644$$

代入式(2-13)，得

$$A(T) = [1 + 0.54268 \times (1 - 2.1044^{0.5})]^2 = 0.55397$$

由式(2-11)得

$$a_c = 0.42747 \times \frac{8.314^2 \times 126.2^2}{3.394 \times 10^6} = 0.13866$$

由式(2-10)和式(2-15)得

$$A = \frac{0.55397 \times 0.13866 \times 1.0133 \times 10^8}{8.314^2 \times 273.15^2} = 1.5092$$

将求得的 A 和 B 代入式(2-8a)，得

$$Z^3 - Z^2 - 1.1142Z - 1.8036 = 0$$

即
$$f(Z) = Z^3 - Z^2 - 1.1142Z - 1.8036 \qquad (2)$$

14

取 $Z_{(0)}=1$，则 $f(Z_0)=-2.9178$

取 $Z_{(1)}=1.8$，则 $f(Z_1)=-1.2171$

由式(2-30)和式(2)迭代，各次迭代值如下

$Z_{(2)}=2.3725$ $f(Z_{(2)})=3.2785$

$Z_{(3)}=1.9550$ $f(Z_{(3)})=-0.3318$

$Z_{(4)}=1.9934$ $f(Z_{(4)})=-0.0772$

$Z_{(5)}=2.0050$ $f(Z_{(5)})=0.0026$

$Z_{(6)}=2.0046$ $f(Z_{(6)})=-0.0002$

继续迭代，Z 仍为 2.0046，所以 $Z=2.0046$。

误差 $\dfrac{2.0685-2.0046}{2.0685}\times100\%=3.1\%$

计算结果表明，RKS 方程较 RK 方程精度要高。

方法 2：应用 Excel 的"单变量求解"工具

① 输入临界参数、温度、压力及估计的体积；

② 由式(2-14)计算 m："=0.48+1.574∗C2-0.176∗C2^2"；

③ 计算 T_r："=D2/A2"；

④ 由式(2-13)计算 $\alpha(T)$："=(1+A4∗(1-B4^0.5))^2"；

⑤ 由式(2-11)计算 a_c："=0.42747∗8.314^2∗A2^2/B2/10^6"；

⑥ 由式(2-17)计算 $a(T)$："=C4∗D4∗E2∗10^6/8.314^2/D2^2"；

⑦ 由式(2-12)计算方程系数 b："=0.08664∗8.314∗A2/B2/10^6"；

⑧ 输入 SRK 方程相应的函数式：$f(V)=\dfrac{RT}{V-b}-\dfrac{aT}{V(V+b)}-p$，即 "=8.314∗D2/(F2-F4)-C4∗D4/F2/(F2+F4)-E2∗10^6"；

⑨ 设置"单变量求解"参数，进行求解。

输入结果如图 2-5 所示。

计算结果如图 2-6 所示。

解得 $V=4.4927\times10^{-5}\mathrm{m}^3\cdot\mathrm{mol}^{-1}$

则

$$Z=\frac{pV}{RT}=\frac{101.33\times10^6\times4.4927\times10^{-5}}{8.314\times273.15}=2.0046$$

2.2.3　多参数状态方程

立方型状态方程是在 van der Waals 方程的基础上发展起来的，而多参数状态方程与 Virial 方程密切相关。

（1）Virial 方程

Virial(维里)方程是荷兰人 Onners 在 1901 年提出的，该方程利用统计力学分析了分子间的作用力，是唯一一个具有坚实的理论基础的状态方程。方程的形式有密度(体积)型和压力型两种。

密度型

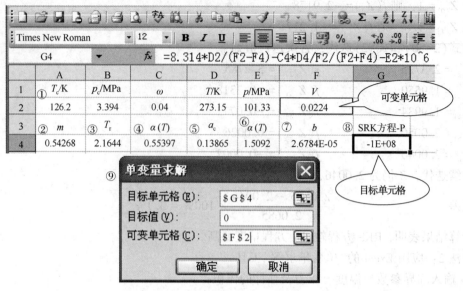

图 2-5　例 2-2 输入结果

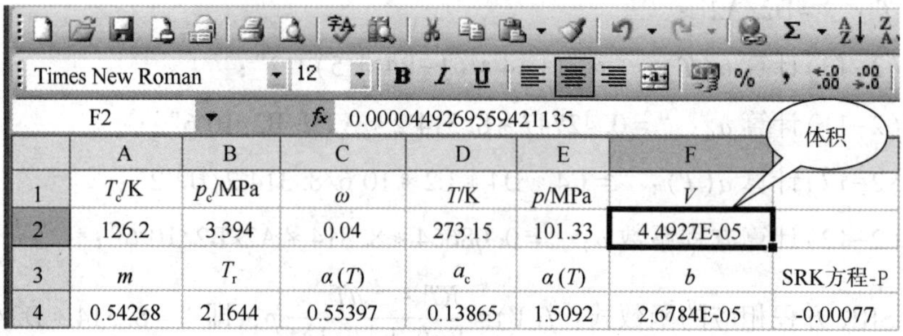

图 2-6　例 2-2 计算结果

$$Z = \frac{pV}{RT} = 1 + \frac{B}{V} + \frac{C}{V^2} + \cdots \qquad (2-29a)$$

压力型

$$Z = \frac{pV}{RT} = 1 + B'P + C'P^2 + \cdots \qquad (2-29b)$$

式中，$B(B')$，$C(C')$……分别称为第二、第三、……Virial 系数。对于一定的物质，这些系数仅仅是温度的函数，不受压力和密度的影响。不同形式的 Virial 系数之间存在下列关系

$$B' = \frac{B}{RT};\ C' = \frac{C - B^2}{(RT)^2};\ D' = \frac{D - 3BC + 2B^3}{(RT)^3}\cdots$$

只有两种 Virial 方程都是无穷级数时，以上两式才精确成立，当 Virial 方程以有限项表示时，上述两式只能是近似的。

应用统计力学推导出的 Virial 方程能赋予 Virial 系数以明确的物理意义，如 B/V 表示双分子的相互作用或碰撞导致和理想行为的偏差；C/V^2 表示三分子的相互作用或碰撞导致的非理想行为，等等。

因为双分子间的相互作用比三个分子间的相互作用要普遍得多(概率大)，而三个分子

16

间的相互作用又比四个分子间的相互作用普遍得多(概率大)，因此高次项对于压缩因子 Z 的作用依次减小，但高压下高次项影响较大。

从工程实用上讲 Virial 方程用于低压和中压的气体时，一般二项或三项的舍项形式即可取得合理的近似值，二项舍项 Virial 方程如下

$$Z = \frac{pV}{RT} \approx 1 + B'p = 1 + \frac{Bp}{RT} \qquad (2-30a)$$

$$Z = \frac{pV}{RT} \approx 1 + \frac{B}{V} \qquad (2-30b)$$

上述两式可以准确地表示低于临界温度 T_c、压力不高于 1.5MPa 汽相的 p、V、T 性质。其中式(2-30a)为 V 的显函数，更具优越性，故在实际使用中方便得多。

当压力超过 1.5MPa 而在 5MPa 以内时，三项舍项 Virial 方程可获得较好的精度。

$$Z = \frac{pV}{RT} \approx 1 + \frac{B}{V} + \frac{C}{V^2} \qquad (2-31)$$

获取 Virial 系数的方法有三种：

① 由统计力学进行理论计算，目前应用很少；

② 由 p、V、T 实验数据确定或者由文献查得，精度较高；

③ 用普遍化关联式计算，方便但精度不如实验测定的数据。

第二 Virial 系数 B 与气体性质及温度有关，当缺少文献数据时，由于实验测定比较麻烦，工程计算大都采用比较普遍的普遍化关联式获取，此法将在下节介绍。

当压力高于 5MPa 时需采用更高阶的 Virial 方程。目前能比较精确测得的只有第二 Virial 系数，少数物质也测得了第三 Virial 系数，高于三次后 Virial 系数不好确定，所以当压力高于 5MPa 时应采用其他状态方程。

【例2-3】 已知 SO_2 在 431K，第二、第三 Virial 系数分别为 $B = -0.159 m^3 \cdot kmol^{-1}$、$C = 9.0 \times 10^{-3} m^6 \cdot kmol^{-2}$，试计算在封闭系统内，将 1kmol SO_2 由 1MPa 恒温可逆压缩到 5MPa 时所做的功。

解：可逆过程压缩功：$W = -\int_{V_1}^{V_2} p dV$

由式(2-31)得

$$p = RT\left(\frac{1}{V} + \frac{B}{V^2} + \frac{C}{V^2}\right)$$

则

$$W = -RT\int_{V_1}^{V_2}\left(\frac{1}{V} + \frac{B}{V^2} + \frac{C}{V^3}\right)dV \qquad (1)$$

$$= -RT\left[\ln\frac{V_2}{V_1} - B\left(\frac{1}{V_2} - \frac{1}{V_1}\right) - \frac{C}{2}\left(\frac{1}{V_2^2} - \frac{1}{V_1^2}\right)\right]$$

将式(2-31)改写为迭代公式

$$V_{(k+1)} = \frac{RT}{p}\left(1 + \frac{B}{V_{(k)}} + \frac{C}{V_{(k)}^2}\right)$$

将 R、T、B 和 C 代入上式，得

$$V_{(k+1)} = \frac{3.583}{p}\left(1 - \frac{0.159}{V_{(k)}} + \frac{9 \times 10^{-3}}{V_{(k)}^2}\right)$$

式中，V 的单位为 $\mathrm{m^3 \cdot kmol^{-1}}$，$p$ 的单位为 MPa。

当 $p_1 = 1\mathrm{MPa}$ 时，初值设为 $V_{(0)} = \dfrac{RT}{p} = 3.583\mathrm{m^3 \cdot kmol^{-1}}$，各次迭代值为

$V_{(1)} = 3.427\ \mathrm{m^3 \cdot kmol^{-1}}$，$V_{(2)} = 3.420\ \mathrm{m^3 \cdot kmol^{-1}}$，$V_{(3)} = 3.420\ \mathrm{m^3 \cdot kmol^{-1}}$

则 $V_1 = 3.420\ \mathrm{m^3 \cdot kmol^{-1}}$

相似的，当 $p_2 = 5\mathrm{MPa}$ 时，经迭代得 $V_2 = 0.552\ \mathrm{m^3 \cdot kmol^{-1}}$。

将求得的 V_1 和 V_2 代入式（1）得，$W = 5.721\mathrm{kJ \cdot kmol^{-1}}$。

Virial 方程有两个缺点：

① 只能计算气体，不能像立方型状态方程那样可以计算液体；

② 舍项 Virial 方程不适合高压系统。

Virial 方程的理论意义大于实际应用价值，它不仅可以用于 p–V–T 关系的计算，而且可以基于分子热力学利用 Virial 系数关联气体的黏度、声速、热容等。其他多参数状态方程如 BWR 方程、MH 方程等都是在它的基础上改进得到的。

（2）Benedict-Webb-Rubin（BWR）方程

BWR 方程是由 8 个参数构成的 Virial 型多参数方程。在计算和关联轻烃及其混合物的液体和气体热力学性质时极有价值。其表达式为

$$p = RT\rho + \left(B_0 RT - A_0 - \frac{C_0}{T^2}\right)\rho^2 + (bRT - \alpha)\rho^3 + a\alpha\rho^6 + \frac{c}{T^2}\rho^3(1 + \gamma\rho^2)\exp(-\gamma\rho^2)$$

$$(2-32)$$

式中　ρ——气相或液相的摩尔密度，$\mathrm{mol \cdot m^{-3}}$；

　　　p——系统压力，Pa；

　　　T——系统温度，K。

A_0、B_0、C_0、a、b、c、α、γ 为方程的 8 个常数，由纯物质的 p–V–T 数据和蒸气压数据确定。目前已具有参数的物质有三四十个，其中绝大多数是烃类。后人为了提高方程的预测性，对 BWR 方程常数进行了普遍化处理，通过纯物质的临界压力、临界温度和偏心因子估算常数。

在烃类热力学性质计算中，在比临界密度大 1.8~2.0 倍的高压条件下，BWR 方程计算的平均误差为 0.3% 左右，但该方程不能用于含水系统。

BWR 状态方程虽然应用于轻烃及其混合物热力学性质的计算时可获得很满意的结果，但当应用于非烃气体含量较大的混合物、较重的烃组分（如己烷以上）以及较低的温度（$T_r < 0.6$）时计算结果并不十分满意。为了提高 BWR 方程在低温区域的计算精度，Starling 等提出了 11 个参数的 BWRS 式，该方程的的应用范围广，对比温度可以低到 0.3。BWR 和 BWRS 方程的主要优点是可对纯组分性质（相平衡和体积性质）做准确计算。

由于 BWR 方程在工业上广泛应用，方程不断地被改进，如现在已有 12 常数型、20 常数型、25 常数型甚至更多的常数型。随着常数增加，准确性得到提高，使用范围也在扩大，但方程形式也越来越复杂，求解越来越困难。

此外，多参数状态方程还有 Martin-Hou 方程(简称 MH 方程)。MH-81 型状态方程能同时用于气、液两相，方程准确度高，适用范围广，能用于非极性至强极性的物质。

与简单的状态方程相比，多参数状态方程可以在更宽的 T、p 范围内准确地描述不同物系的 p-V-T 关系，其缺点是方程形式复杂，计算难度和工作量都较大。

2.3　对比态原理及其应用

在相同的温度、压力下，不同气体的压缩因子是不相等的，在真实气体状态方程中，都包含有与气体性质有关的常数项，如 a、b 或第二 Virial 系数 B 等，计算过程复杂、繁琐。因此，人们希望能够找到一种像理想气体方程那样仅与 T、p 有关，不含有反映气体特征的待定常数，对于任何气体均适用的普遍化的状态方程。每一种流体都有其确定的临界参数：临界温度 T_c、临界压力 p_c 和临界体积 V_c。如果以 T_c、p_c 和 V_c 作为度量单位来衡量流体的温度、压力和体积，以代替其绝对数值，它们就具有"对比"值的性质。对比温度、对比压力、对比摩尔体积和对比密度分别定义为

$$T_r = \frac{T}{T_c}; \quad p_r = \frac{p}{p_c}; \quad V_r = \frac{V}{V_c} = \frac{1}{\rho_r}$$

通过大量实验发现，对于不同的流体，当具有相同的对比温度、对比压力时，它们就具有大致相同的压缩因子，即其偏离理想气体的程度是大致相同的，此即著名的对比态原理。凡是组成、结构、分子大小相近似的物质都能比较严格地遵守这一原理，换句话说，它们的压缩因子近似相等。借助对比态原理可以将压缩因子作成普遍化图，也可以消除真实气体状态方程中的常数项，使之成为普遍化状态方程。

2.3.1　两参数对比态原理

将 T_r、p_r、V_r 代入 van der Waals 方程得到

$$(p_r + 3/V_r^2)(3V_r - 1) = 8T_r$$

该方程就是 van der Waals 第一个提出的两参数对比态原理。借助对比性质 T_r、p_r、V_r 消除了 van der Waals 方程中的常数项 a 和 b，使其成为了普遍化状态方程。

两参数对比态原理对应简单流体(如氩、氪、氙)是非常准确的，这就是二参数压缩因子图的依据。事实上，只有在各种气体的临界压缩因子 Z_c 相等的条件下，简单对比态原理才能严格成立。而 Z_c 通常在 0.2~0.3 范围内变动，并不是一个常数。可见，两参数对比态原理只是一个近似的关系，只适用于球形非极性的简单分子。

拓宽对比态原理的应用范围和提高计算精度的有效方法是在简单对比态原理的关系式中引入第三参数。

2.3.2　三参数对比态原理

引入第三参数较为成功的有 Lydersen 等提出的临界压缩因子 Z_c、Riedel 因子 α 和 Pitzer 等提出的偏心因子 ω。目前被普遍认可的是 Pitzer 等提出的 ω。

纯物质的偏心因子是根据物质的饱和蒸气压定义的。对饱和蒸气压的研究表明，纯流体对比饱和蒸气压的对数与对比温度的倒数呈近似的线性关系，即符合

$$\lg p_r^s = \alpha(1 - \frac{1}{T_r})$$

其中
$$p_r^s = \frac{p^s}{p_c}$$

对不同的纯物质，斜率 α 是不同的。但 Pitzer 发现，如果用 $\lg p_r^s$ 对 $1/T_r$ 作图，则简单流体氩、氪、氙的数据全都位于同一直线上，其斜率为-2.3，并且在 $T_r = 0.7$ 点处，$\lg p_r^s = -1$。很明显，其他流体的对比饱和蒸气压曲线可以与之相比较，它们在 $T_r = 0.7$ 处的纵坐标 $\lg p_r^s$ 值与氩、氪、氙的 $\lg p_r^s = -1$ 值之差能够表征该物质的某种特性。Pitzer 就把这个差值定义为偏心因子 ω，即

$$\omega = -1.000 - \lg(p_r^s)_{T_r=0.7} \qquad (2-33)$$

因此，任何纯物质的 ω 均可由临界温度 T_c、临界压力 p_c 及 $T_r = 0.7$ 时的饱和蒸气压 p^s 来确定。附录中 1 列出了一些纯物质的 ω 值。

偏心因子表征物质分子的偏心度，即非球型分子偏离球对称的程度。由 ω 的定义可知，简单流体的偏心因子为零，这些气体的压缩因子仅是 T_r 和 p_r 的函数。

以 ω 作为第三参数，则 $Z = f(T_r, p_r, \omega)$。Pitzer 提出的三参数对比态原理表述为：对于所有 ω 相同的流体，若处在相同的 T_r、p_r 下，其压缩因子 Z 必定相等。以 ω 为第三参数的三参数对比态原理为
$$Z = Z^{(0)} + \omega Z^{(1)} \qquad (2-34)$$

式中，$Z^{(0)}$ 为简单球形分子流体（$\omega = 0$）的压缩因子，$Z^{(1)}$ 为对简单行为偏差的校正项，它们都是 T_r、p_r 的复杂函数，很难用简单方程来精确描述。为便于手算，前人将这些复杂的函数制成了图（图 2-7~图 2-10），这为工程应用提供了方便。

因为蒸气压比临界性质更易测得，所以以 ω 为第三参数比以 Z_c 为第三参数更优越，应用更普遍。

【例 2-4】 一个 125cm³ 的刚性容器，在 55℃ 和 18.745MPa 的条件下能贮存多少克乙烯？

解：查附录 1 得：$T_c = 282.4K$，$p_c = 5.036MPa$，$\omega = 0.085$

$$T_r = \frac{T}{T_c} = \frac{55 + 273.15.15}{282.4} = \frac{328.15}{282.4} = 1.162 \qquad p_r = \frac{p}{p_c} = \frac{18.745}{5.036} = 3.722$$

查图 2-8 得 $Z^{(0)}$ 列于下表：

T_r	p_r	$Z^{(0)}$	T_r	p_r	$Z^{(0)}$
1.1	3	0.47	1.2	3	0.53
	4	0.58		4	0.61

采用二元拟线性插值求 $Z^{(0)}$

（1）$T_r = 1.1$，$p_r = 3.722$

$$\frac{Z^{(0)} - 0.47}{0.58 - 0.47} = \frac{3.722 - 3}{4 - 3}，解得 Z^{(0)} = 0.549$$

（2）$T_r = 1.2$，$p_r = 3.722$

$$\frac{Z^{(0)} - 0.53}{0.61 - 0.53} = \frac{3.722 - 3}{4 - 3}, \text{ 解得 } Z^{(0)} = 0.588$$

（3）$T_r = 1.162$，$p_r = 3.722$

$$\frac{Z^{(0)} - 0.549}{0.588 - 0.549} = \frac{1.162 - 1.1}{1.2 - 1.1}, \text{ 解得 } Z^{(0)} = 0.573$$

查图 2-10 得 $Z^{(1)}$ 列于下表：

T_r	p_r	$Z^{(1)}$	T_r	p_r	$Z^{(1)}$
1.15	3	0.04	1.2	3	0.1
	4	-0.03		4	0.02

同理采用二元拟线性插值可以求得 $Z^{(1)} = 0.018$。

将 $Z^{(0)}$、$Z^{(1)}$ 和 ω 代入式（2-34）得

$$Z = 0.573 + 0.085 \times 0.018 = 0.575$$

$$V = \frac{ZRT}{p} = \frac{0.575 \times 8.314 \times 328.15}{18.745} = 83.69 \text{cm}^3 \cdot \text{mol}^{-1}$$

$$n = \frac{V_t}{V} = \frac{125}{83.69} = 1.494 \text{mol}$$

$$m = 1.494 \times 28.06 = 41.92 \text{g}$$

Pitzer 提出的三参数关系式对于非极性或弱极性的气体可提供可靠的结果，应用于极性气体时误差增大至 5% ~ 10%，而对于缔合气体误差更大，对于量子化气体如氢、氦等，几乎不能使用。

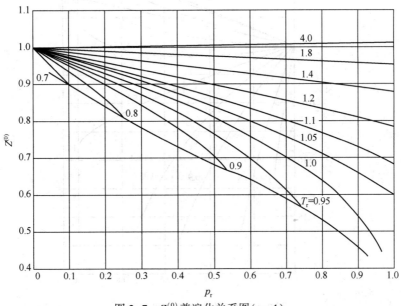

图 2-7 $Z^{(0)}$ 普遍化关系图（$p_r < 1$）

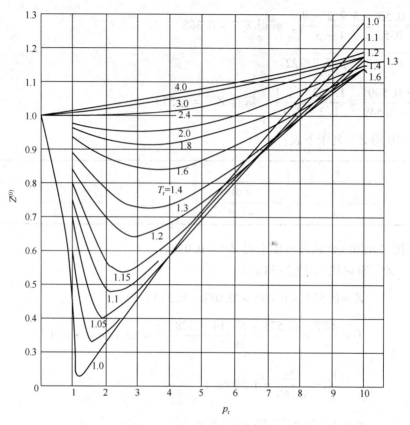

图 2-8　$Z^{(0)}$ 普遍化关系图 $(p_r > 1)$

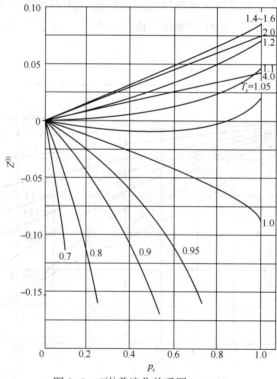

图 2-9　$Z^{(1)}$ 普遍化关系图 $(p_r < 1)$

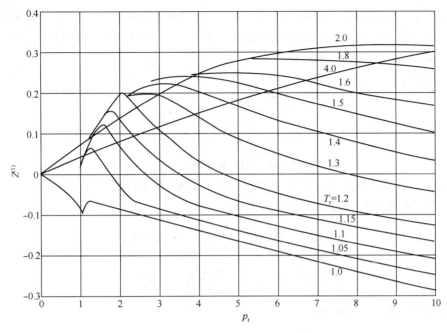

图 2-10　$Z^{(1)}$ 普遍化关系图 $(p_r>1)$

2.3.3　普遍化第二 Virial 方程

普遍化状态方程，指的是方程中没有反映气体特征的待定常数。对于任何气体均适用的状态方程，方程中的参数为 T_r、p_r 和 V_r，这类方程的基础是对比态原理。

Pitzer 就第二 Virial 系数提出了最简单的普遍化第二 Virial 方程。

$$Z = \frac{pV}{RT} = 1 + \frac{Bp}{RT} = 1 + \frac{Bp_c}{RT_c}\left(\frac{p_r}{T_r}\right) \qquad (2-35)$$

式中，$\dfrac{Bp_c}{RT_c}$ 是无因次的，称作普遍化第二 Virial 系数。

B 仅仅是温度的函数，因此 B 的普遍化关系只与对比温度有关，而与对比压力无关。

Pitzer 提出了 B 的如下的关联式

$$\frac{Bp_c}{RT_c} = B^{(0)} + \omega B^{(1)} \qquad (2-36)$$

式中，$B^{(0)}$ 和 $B^{(1)}$ 只是对比温度的函数，表示为

$$B^{(0)} = 0.083 - \frac{0.422}{T_r^{1.6}} \quad (2-37\text{a})$$

$$B^{(1)} = 0.139 - \frac{0.172}{T_r^{4.2}} \quad (2-37\text{b})$$

上述关系式中对比温度和对比压力的可用范围位于图 2-11 斜线上方，或 $V_r \geqslant 2$；在斜线下方或 $V_r < 2$ 时，采用普遍化压缩因子法，图 2-11 中的虚线为饱和线。

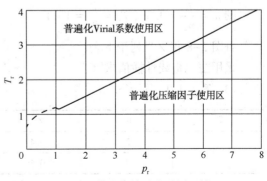

图 2-11　普遍化关系式适用区域

23

【例 2-5】 将 $20 \times 10^5 Pa$，478. 6K 的 NH_3 由 $3m^3$ 压缩至 $0.15m^3$，若终温为 450. 2K，问压力是多少？已知 NH_3 的临界参数及偏心因子分别为 $T_c = 405.6K$，$p_c = 112.8 \times 10^5 Pa$，$V_c = 72.5 \times 10^{-6} m^3 \cdot mol^{-1}$，$\omega = 0.250$。

解：始态时

$$T_r = \frac{T}{T_c} = \frac{478.6}{405.6} = 1.18$$

$$p_r = \frac{p}{p_c} = \frac{20 \times 10^5}{112.8 \times 10^5} = 0.18$$

落在图 2-11 中斜线上方，宜使用普遍化第二 Virial 系数计算。

将 T_r 代入式(2-37a)和式(2-37b)，得

$$B^{(0)} = 0.083 - \frac{0.422}{1.18^{1.6}} = -0.241$$

$$B^{(1)} = 0.139 - \frac{0.172}{1.18^{4.2}} = 0.053$$

由式(2-35)和式(2-36)得

$$Z = 1 + (B^{(0)} + \omega B^{(1)}) \frac{p_r}{T_r} = 1 + (-0.241 + 0.250 \times 0.053) \times \frac{0.18}{1.18} = 0.965$$

$$n = \frac{pV}{ZRT} = 1563 mol$$

终态时

$$T_r = \frac{T}{T_c} = \frac{450.2}{105.6} = 1.11$$

$$p_r = \frac{p}{p_c} = \frac{p}{172.8 \times 10^5}$$

$$V = \frac{0.15}{1563} = 95.97 \times 10^{-6} m^3 \cdot mol^{-1}$$

$$V_r = \frac{V}{V_c} = \frac{95.97 \times 10^{-6}}{72.5 \times 10^{-6}} = 1.32 < 2$$

宜使用普遍化压缩因子关系式计算。

因为 p 未知，所以采用试差法计算。设 $Z_0 = 0.965$，$p_0 = nRT/V = 376 \times 10^5 Pa$

则 $p_r = \frac{p}{p_c} = 3.33$，$T_r = \frac{T}{T_c} = 1.11$。

查图 2-8 得 $Z^{(0)}$ 列于下表。

采用二元拟线性插值求 $Z^{(0)}$

（1）$T_r = 1.1$，$p_r = 3.33$

T_r	p_r	$Z^{(0)}$	T_r	p_r	$Z^{(0)}$
1. 1	3	0. 47	1. 2	3	0. 53
	4	0. 58		4	0. 66

$\dfrac{Z^{(0)} - 0.47}{0.58 - 0.47} = \dfrac{3.33 - 3}{4 - 3}$ ，解得 $Z^{(0)} = 0.506$

（2） $T_r = 1.2$， $p_r = 3.33$

$\dfrac{Z^{(0)} - 0.53}{0.66 - 0.53} = \dfrac{3.33 - 3}{4 - 3}$ ，解得 $Z^{(0)} = 0.573$

（3） $T_r = 1.11$， $p_r = 3.33$

$\dfrac{Z^{(0)} - 0.506}{0.573 - 0.506} = \dfrac{1.11 - 1.1}{1.2 - 1.1}$ ，解得 $Z^{(0)} = 0.513$

查图 2-10 得 $Z^{(1)}$ 列于下表。

T_r	p_r	$Z^{(1)}$	T_r	p_r	$Z^{(1)}$
1.1	3	−0.03	1.15	3	0.04
	4	−0.02		4	−0.03

同理，采用二元拟线性插值可以求得 $Z^{(1)} = -0.018$。

将 $Z^{(0)}$、$Z^{(1)}$ 和 ω 代入式（2-34），得

$$Z = 0.513 - 0.25 \times 0.018 = 0.509$$

$$p_1 = \frac{ZRT}{V} = \frac{0.509 \times 8.314 \times 450.2}{0.15/1563} = 198.5 \times 10^5 \text{Pa}$$

依次试差得 $Z_2 = 0.508$， $p_2 = 198.1 \times 10^5 \text{Pa}$

所以压缩至 0.15m^3 时压力为 $198.1 \times 10^5 \text{Pa}$。

2.4 真实气体混合物的 p-V-T 关系

化工生产中，处理的物系往往是多组分的真实气体混合物，尤其是石油炼制及石油化工生产，往往是在高温高压下进行的，并且生产中处理的气体种类非常多，因此掌握气体混合物的 p-V-T 关系非常重要。目前虽已收集、积累了很多纯物质的 p-V-T 数据，但混合物的实验数据很少。为了满足工程设计的需要，必须通过计算、函数关联，甚至估算的方法，利用相对成熟的纯物质的 p-V-T 关系预测或推算混合物的性质。描述纯物质性质和混合物性质之间联系的函数式称为混合规则。借助于混合规则可将纯气体的 p-V-T 关系推广到气体混合物。

纯气体的 p-V-T 关系可以概括为

$$f(p, V, T) = 0$$

若要将这些方程扩展到混合物，必须增加组成（y）这个变量，表示为

$$f(p, V, T, y) = 0$$

混合规则反映的即是 y 对 p-V-T 的影响。对于理想气体混合物，y 对压力和体积的影响分别表示成 Dalton 分压定律和 Amagat 分体积定律

$$p_i = p y_i \qquad (2-38)$$

$$V_i = V y_i \qquad (2-39)$$

由于非理想性，使得分压定律和分体积定律无法准确地描述真实气体混合物的 p-V-T 关系。对于真实气体混合物，目前广泛采用的方法是将状态方程中的常数项，表示成 y 以及纯物质参数项的函数，这种函数关系称为混合规则。对于不同的状态方程，有不同的混合规则。

2.4.1 虚拟临界参数法

虚拟临界参数法是将混合物视为假想的纯物质，从而可将纯物质的对比态计算方法应用到混合物上。要确定方程参数，首先必须确定混合物的临界参数。Kay 规则是最简单的虚拟临界参数法的混合规则。该规则将混合物的虚拟临界参数表示为

$$T_{pc} = \sum_i y_i T_{ci} \qquad p_{pc} = \sum_i y_i p_{ci} \tag{2-40}$$

式中　y_i——组分 i 的摩尔分率；

　　　p_{pc}——虚拟临界压力，Pa；

　　　T_{pc}——虚拟临界温度，K；

　　　p_{ci}——组分 i 的临界压力，Pa；

　　　T_{ci}——组分 i 的临界温度，K。

虚拟临界温度和虚拟临界压力并不是混合物真实的临界参数，它们仅仅是数学上的参数，为了使用纯物质的 p-V-T 关系进行混合物热力学性质计算时采用的比例参数，无任何物理意义。

kay 规则是一个简单的直线摩尔平均法。这样，求得了虚拟临界参数后，混合物即可作为单一的组分进行计算。具体是使用普遍化压缩因子图还是 Virial 系数法，仍用图 2-11 判断。用这些虚拟临界参数计算混合物的 p-V-T 关系时，所得结果一般较好。若混合物中所有组分的临界温度和临界压力处于以下范围时，kay 规则与其他较复杂的规则比较，所得数值的差别小于 2%。

$$0.5 < \frac{T_{ci}}{T_{cj}} < 2 \qquad 0.5 < \frac{p_{ci}}{p_{cj}} < 2$$

对于虚拟临界压力，除非所有组分的 p_c 或 V_c 都比较接近，否则式(2-40)的计算结果通常不能令人满意。为此，Prausnitz 和 Gunn 提出了一个简单的改进规则，T_{pc} 仍用 kay 规则，p_{pc} 表达为

$$p_{pc} = \frac{R\left(\sum_i y_i Z_{ci}\right) T_{pc}}{\sum_i y_i V_{ci}} \tag{2-41}$$

式中　Z_{ci}——组分 i 临界压缩因子；

　　　V_{ci}——组分 i 临界摩尔体积，$m^3 \cdot mol^{-1}$。

混合物的偏心因子 ω_M 一般可表示为

$$\omega_M = \sum y_i \omega_i \tag{2-42}$$

式中，ω_i 表示混合物中组分 i 的偏心因子。

式(2-40)和式(2-41)中都不含有组分间的相互作用项，因此这些混合规则不能真正反映混合物性质。对于组分差别很大的混合物，尤其是含有极性组分或含有可以缔合为二聚体的系统均不适用。

2.4.2 混合规则与混合物的状态方程

通常，每一种状态方程都有自己的混合规则。混合规则可以是组成混合物的各组分的状态方程常数或温度函数，也可以是组成混合物中各组分的物性参数(T_c、p_c、V_c、ω 等)。把混合物作为一个整体，通过混合规则，可从纯组分的状态方程得到混合物整体的状态方程。本书介绍 Virial 系数法和立方型状态方程的混合规则。

（1）气体混合物的 Virial 系数法

第二 Virial 系数 B，反映两个分子交互作用的影响，对于纯气体 i，B 只是 i–i 交互作用，而对于 i、j 混合物，则是 i–i、j–j 和 i–j 三种类型交互作用。由统计力学可以导出气体混合物的第二 Virial 系数 B_M 为

$$B_M = \sum_i \sum_j y_i y_j B_{ij} \qquad (2-43)$$

式中，B_{ij} 称为交叉第二 Virial 系数，表示组分 i 和组分 j 之间的相互作用。i 和 j 相同表示同类分子作用，i 和 j 不同表示异类分子作用，且 $B_{ij}=B_{ji}$。对于二元系，式(2-43)展开为

$$B_M = y_1^2 B_{11} + 2y_1 y_2 B_{12} + y_2^2 B_{22} \qquad (2-44)$$

Pitzer 的对比第二 Virial 系数的关系可扩展应用到混合物中，变为通式

$$B_{ij} = \frac{RT_{cij}}{P_{cij}} (B_{ij}^{(0)} + \omega_{ij} B_{ij}^{(1)}) \qquad (2-45)$$

其中

$$B_{ij}^{(0)} = 0.083 - \frac{0.422}{T_{pr}^{1.6}} \qquad (2-46a)$$

$$B_{ij}^{(1)} = 0.139 - \frac{0.172}{T_{pr}^{4.2}} \qquad (2-46b)$$

式中，T_{pr} 为虚拟对比温度，其表达式为

$$T_{pr} = \frac{T}{T_{cij}} \qquad (2-47)$$

Prausnitz 对式中各临界参数提出如下混合规则

$$T_{cij} = (1 - k_{ij})(T_{ci} \cdot T_{cj})^{0.5} \qquad (2-48a)$$

$$p_{cij} = \frac{Z_{cij} R T_{cij}}{V_{cij}} \qquad (2-48b)$$

$$V_{cij} = \left(\frac{V_{ci}^{1/3} + V_{cj}^{1/3}}{2} \right)^3 \qquad (2-48c)$$

$$Z_{cij} = \frac{Z_{ci} + Z_{cj}}{2} \qquad (2-48d)$$

$$\omega_{ij} = \frac{\omega_i + \omega_j}{2} \qquad (2-48e)$$

式(2-48a)中，k_{ij} 为二元交互作用参数，数值与组成混合物的物质有关，一般在 0~0.2 之间，特殊的也有 0.9 以上的，在近似计算中 k_{ij} 取为 0。当混合物中含有极性分子时，k_{ij} 对混合物的影响较大。k_{ij} 可通过实验的 p-V-T 数据或相平衡数据拟合得到。

当 $i=j$ 时，以上方程均可化为纯物质的相应值。

B_M 求出后，代入下式计算混合物的压缩因子。

$$Z = \frac{pV_M}{RT} = 1 + \frac{Bp}{RT} \qquad (2-49)$$

式中，V_M 为混合物的摩尔体积。

注意：使用普遍化 Virial 系数法前也需由图 2-11 判断是否在使用区内。

【例 2-6】 $CO_2(1)$ 和丙烷(2)以 3:7 的摩尔比例在 311K 和 1.5MPa 的条件下混合，试求该混合物的摩尔体积(二元交互作用参数 k_{ij} 取为 0)。

解：查附录 1 得

$T_{c1} = 304.2K \quad p_{c1} = 7.376MPa \quad V_{c1} = 94cm^3 \cdot mol^{-1} \quad Z_{c1} = 0.274 \quad \omega_{c1} = 0.225$

$T_{c2} = 369.8K \quad p_{c2} = 4.246MPa \quad V_{c2} = 203cm^3 \cdot mol^{-1} \quad Z_{c2} = 0.281 \quad \omega_{c2} = 0.152$

由式(2-41)得

$$T_{pc} = y_1 T_{c1} + y_2 T_{c2} = 0.3 \times 304.2 + 0.7 \times 369.8 = 350.1K$$

$$p_{pc} = y_1 p_{c1} + y_2 p_{c2} = 0.3 \times 7.376 + 0.7 \times 4.246 = 5.185MPa$$

则

$$T_{pr} = \frac{T}{T_{pc}} = \frac{311}{350.1} = 0.888 \qquad p_{pr} = \frac{p}{p_{pc}} = \frac{1.50}{5.185} = 0.289$$

落在图 2-11 中曲线上方，且 $p = 1.5MPa$，所以宜采用第二 Virial 系数法计算。

对于组分 1，由式(2-37a)和式(2-37b)得

$$B_{11}^{(0)} = 0.083 - \frac{0.422}{T_{r11}^{1.6}} = 0.083 - \frac{0.422}{(311/304.2)^{1.6}} = -0.324$$

$$B_{11}^{(0)} = 0.139 - \frac{0.172}{T_{r11}^{4.2}} = 0.139 - \frac{0.172}{1.022^{4.2}} = -0.018$$

代入式(2-36)，得

$$\frac{B_{11}p_{c11}}{RT_{c11}} = B_{11}^{(0)} + \omega_{11}B_{11}^{(0)} = -0.324 - 0.225 \times 0.018$$

得 $B_{11} = -1.125 \times 10^{-4} m^3 \cdot mol^{-1}$

对于组分 2，同理计算得

$$B_{22}^{(0)} = -0.474; \quad B_{22}^{(1)} = -0.218; \quad B_{22} = -3.672 \times 10^{-4} m^3 \cdot mol^{-1}$$

对于混合分子 12，交叉第二 Virial 系数根据式(2-45)～式(2-48e)计算。

$$T_{cij} = (T_{ci} \cdot T_{cj})^{0.5} = (304.2 \times 369.8)^2 = 335.4K$$

$$T_{pr} = \frac{T}{T_{cij}} = \frac{311}{335.4} = 0.9273$$

$$B_{12}^{(0)} = 0.083 - \frac{0.422}{T_{pr}^{1.6}} = -0.393$$

$$B_{12}^{(1)} = 0.139 - \frac{0.172}{T_{pr}^{4.2}} = -0.097$$

$$V_{cij} = \left(\frac{V_{ci}^{1/3} + V_{cj}^{1/3}}{2}\right)^3 = \left(\frac{94^{1/3} + 203^{1/3}}{2}\right)^3 = 141.6cm^3 \cdot mol^{-1}$$

$$Z_{cij} = \frac{Z_{ci} + Z_{cj}}{2} = \frac{0.274 + 0.281}{2} = 0.2775$$

$$p_{cij} = \frac{Z_{cij}RT_{cij}}{V_{cij}} = \frac{0.2775 \times 8.314 \times 335.4}{141.6 \times 10^{-6}} = 5.465MPa$$

$$\omega_{ij} = \frac{\omega_i + \omega_j}{2} = \frac{0.225 + 0.152}{2} = 0.1885$$

$$B_{12} = -2.10 \times 10^{-4} \mathrm{m^3 \cdot mol^{-1}}$$

由式(2-45)得气体混合物的第二 Virial 系数为

$$B_M = 0.3^2(-1.125 \times 10^{-4}) + 2 \times 0.3 \times 0.7(-2.10 \times 10^{-4}) + 0.7^2(-3.612 \times 10^{-4})$$

$$= -2.7825 \times 10^{-4} \mathrm{m^3 \cdot mol^{-1}}$$

代入式(2-49)，得

$$Z = \frac{pV_M}{RT} = \frac{1.5 \times 10^6 V_M}{8.314 \times 311} = 1 + \frac{(-2.7825) \times 10^{-4} \times 1.5 \times 10^6}{8.314 \times 311}$$

解得 $V_M = 1.446 \times 10^{-3} \mathrm{m^3 \cdot mol^{-1}}$

（2）气体混合物的立方型状态方程

立方型状态方程用于气体混合物，方程中参数 a 和 b 常采用传统的混合规则

$$a_M = \sum_i \sum_j y_i y_j a_{ij} \tag{2-50a}$$

$$b_M = \sum_i y_i b_i \tag{2-50b}$$

对于二元混合物式(2-50a)展开为

$$a_M = y_1^2 a_{11} + 2y_1 y_2 a_{12} + y_2^2 a_{22} \tag{2-51a}$$

$$b_M = y_1 b_1 + y_2 b_2 \tag{2-51b}$$

交叉项 a_{ij} 可按下式计算

$$a_{ij} = \sqrt{a_i a_j}(1 - k_{ij}) \tag{2-52}$$

Prausnitz 等建议用下式计算交叉项 a_{ij}。

$$a_{ij} = \frac{\Omega_a R^2 T_{cij}^{2.5}}{p_{cij}} \tag{2-53}$$

式中，$\Omega_a = 0.42748$

通过计算得到混合物参数后，就可以利用立方型状态方程计算混合物的 $p-V-T$ 性质。

【例2-7】 由30%(摩尔%)的氮(1)和70%的正丁烷(2)所组成的二元混合物经压缩机压缩至6.9MPa，出口气体的温度为462K，使用RK方程计算出口气体的体积流率是多少。

已知氮及正丁烷的临界参数和偏心因子为

N_2　　　$T_c = 126.10\mathrm{K}$，$p_c = 3.394\mathrm{MPa}$，$V_c = 90.1\mathrm{cm^3 \cdot mol^{-1}}$，$Z_c = 0.292$，$\omega = 0.040$

nC_4H_{10}　$T_c = 425.12\mathrm{K}$，$p_c = 3.796\mathrm{MPa}$，$V_c = 255\mathrm{cm^3 \cdot mol^{-1}}$，$Z_c = 0.274$，$\omega = 0.199$

解法1：直接迭代法

将数据代入式(2-7b)，得

$$b_1 = \frac{0.08664RT_{c1}}{p_{c1}} = \frac{0.08664 \times 8.314 \times 126.1}{3.394 \times 10^6} = 2.676 \times 10^{-5} \mathrm{m^3 \cdot mol^{-1}}$$

$$b_2 = \frac{0.08664RT_{c2}}{p_{c2}} = \frac{0.08664 \times 8.314 \times 425.12}{3.796 \times 10^6} = 8.067 \times 10^{-5} \mathrm{m^3 \cdot mol^{-1}}$$

代入式(2-51b)，得

$$b_M = 0.3 \times 2.676 \times 10^{-5} + 0.7 \times 8.067 \times 10^{-5} = 6.4498 \times 10^{-5} \mathrm{m^3 \cdot mol^{-1}}$$

由式(2-7a)得

$$a_{11} = \frac{0.42748R^2T_{c1}^{2.5}}{p_{c1}} = \frac{0.42748 \times 8.314^2 \times 126.1^{2.5}}{3.394 \times 10^6} = 1.5546\text{Pa} \cdot \text{m}^6 \cdot \text{K}^{0.5} \cdot \text{mol}^{-2}$$

$$a_{22} = \frac{0.42748R^2T_{c2}^{2.5}}{p_{c2}} = \frac{0.42748 \times 8.314^2 \times 425.12^{2.5}}{3.796 \times 10^6} = 29.006\text{Pa} \cdot \text{m}^6 \cdot \text{K}^{0.5} \cdot \text{mol}^{-2}$$

由式(2-48a)~式(2-48d)得

$$T_{c12} = \sqrt{T_{c1}T_{c2}} = \sqrt{126.1 \times 425.12} = 231.5\text{K}$$

$$V_{c12} = \left(\frac{V_{c1}^{1/3} + V_{c2}^{1/3}}{2}\right)^3 = \left(\frac{90.1^{1/3} \times 255^{1/3}}{2}\right)^3 = 158.5\text{cm}^3 \cdot \text{mol}^{-1}$$

$$Z_{c12} = \frac{Z_{c1} + Z_{c2}}{2} = \frac{0.292 + 0.274}{2} = 0.283$$

$$p_{c12} = \frac{Z_{c12}RT_{c12}}{V_{c12}} = \frac{0.283 \times 8.314 \times 231.5}{158.5} = 3.437\text{MPa}$$

代入式(2-53)，得

$$a_{12} = \frac{0.42748R^2T_{c12}^{2.5}}{p_{c12}} = \frac{0.42748 \times 8.314^2 \times 231.5^{2.5}}{3.437 \times 10^6} = 7.0142\text{Pa} \cdot \text{m}^6 \cdot \text{K}^{0.5} \cdot \text{mol}^{-2}$$

由式(2-51a)得

$$a_M = 0.3^2 \times 1.5546 + 2 \times 0.3 \times 0.7 \times 7.0142 + 0.7^2 \times 29.006$$
$$= 17.299\text{Pa} \cdot \text{m}^6 \cdot \text{K}^{0.5} \cdot \text{mol}^{-2}$$

将 a_M 和 b_M 代入式(2-23)，得

$$V_{(k+1)} = \frac{RT}{p} + b - \frac{a(T)(V_{(k)} - b)}{p(V_{(k)}^2 + 2bV_{(k)} - b^2)}$$

$$V_{k+1} = \frac{8.314 \times 462}{6.9} + 64.498 - \frac{17.299 \times 10^6(V_k - 64.498)}{6.9 \times 462^{0.5} \times V_k(V_k + 64.498)}$$

$$= 621.18 - \frac{1.1664 \times 10^5(V_k - 64.498)}{V_k(V_k + 64.498)}$$

$$V_0 = \frac{RT}{p} = \frac{8.314 \times 462}{6.9} = 556.68\text{cm}^3 \cdot \text{mol}^{-1}$$

$$V_1 = 621.18 - \frac{1.164 \times 10^5(V_0 - 64.498)}{V_0(V_0 + 64.498)}$$

$$= 621.18 - \frac{1.164 \times 10^5(556.68 - 64.498)}{556.68(556.68 + 64.498)}$$

$$= 455.16\text{cm}^3 \cdot \text{mol}^{-1}$$

$$V_2 = 621.18 - \frac{1.166 \times 10^5(V_1 - 64.498)}{V_1(V_1 + 64.498)}$$

$$= 621.18 - \frac{1.166 \times 10^5 (455.16 - 64.498)}{455.16 \times (455.16 + 64.498)}$$

$$= 428.53 \text{cm}^3 \cdot \text{mol}^{-1}$$

依次迭代得 $V_3 = 420.21 \text{cm}^3 \cdot \text{mol}^{-1}$；$V_4 = 417.48 \text{cm}^3 \cdot \text{mol}^{-1}$；$V_5 = 416.57 \text{cm}^3 \cdot \text{mol}^{-1}$；

$V_6 = 416.26 \text{cm}^3 \cdot \text{mol}^{-1}$；$V_7 = 416.12 \text{cm}^3 \cdot \text{mol}^{-1}$；$V_8 = 416.11 \text{cm}^3 \cdot \text{mol}^{-1}$

得到 $V_M = 416.11 \text{cm}^3 \cdot \text{mol}^{-1}$

解法 2：应用 Excel "单变量求解" 工具

① 输入温度、压力、体积估计值及两组分临界性质；

② 由式(2-48a)~式(2-48d)计算交叉临界性质；

③ 由式(2-7b)计算组分系数 b_i："={0.08664 * 8.314 * E2：E3/H2：H3/10^6}"；

④ 由式(2-51b)计算混合物系数 b_M："=SUMPRODUCT(B6：B7，C6：C7)"；

⑤ 由式(2-7b)计算组分系数 a_i："{=0.42748 * 8.314^2 * E2：E3^2.5/H2：H3/10^6}"；

⑥ 由式(2-53)计算组分系数 a_{12}："=0.42748 * 8.314^2 * E4^2.5/H4/10^6"；

⑦ 由式(2-51b)计算混合物系数 a_M："=B6^2 * E6+B7^2 * E7+2 * B6 * B7 * E8"；

⑧ 输入 RK 方程相应的函数式：$f(V) = \dfrac{RT}{V - b_M} - \dfrac{a_M}{T^{0.5} V(V + b_M)} - p$，即 "=8.314 * A2/(C2-D6)-F6/A2^0.5/C2/(C2+D6)-B2 * 10^6"；

⑨ 设置 "单变量求解" 参数，进行求解。

输入结果如图 2-12 所示。

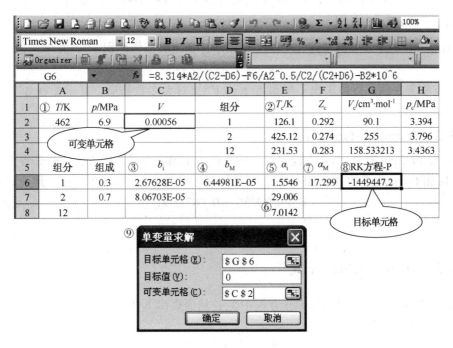

图 2-12　例 2-7 输入结果

计算结果如图 2-13 所示。

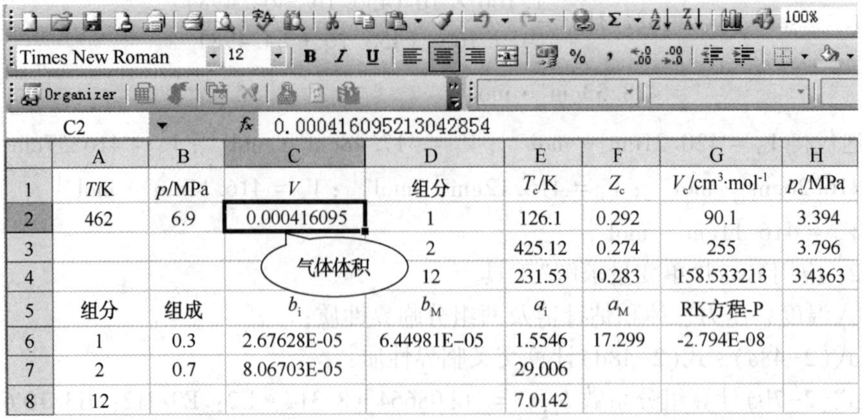

C2 f_x 0.000416095213042854

	A	B	C	D	E	F	G	H
1	T/K	p/MPa	V	组分	T_c/K	Z_c	V_c/cm³·mol⁻¹	p_c/MPa
2	462	6.9	0.000416095	1	126.1	0.292	90.1	3.394
3			气体体积	2	425.12	0.274	255	3.796
4				12	231.53	0.283	158.533213	3.4363
5	组分	组成	b_i	b_M	a_i	a_M	RK方程-P	
6	1	0.3	2.67628E-05	6.44981E-05	1.5546	17.299	-2.794E-08	
7	2	0.7	8.06703E-05		29.006			
8	12				7.0142			

图 2-13　例 2-7 计算结果

计算得体积为 0.000416m³ · mol⁻¹，即 416 cm³ · mol⁻¹。

2.5　纯液体的 p-V-T 关系

RKS 方程、PR 方程、BWR 方程、Martin-Hou 方程等都可以应用到液相区，由这些方程解出的最小体积根即为液体的摩尔体积，但其精度并不高。与气体相比，液体的体积容易测定，除临界区外，温度和压力对液体的性质影响不大。液体传递关系除实验测定、状态方程计算外，工程上常常选用经验关系式和普遍化关系等方法估算。

2.5.1　Rackett 方程

Rackett 方程是半经验的普遍化关联式，用来计算饱和液体体积 V^{SL}，其形式为

$$V^{SL} = V_c Z_c^{(1-T_r)^{2/7}} \tag{2-54}$$

只要有临界参数，就可求出不同温度下的 V^{SL}，对大多数物质，其误差在 2%，最大误差可达 7%。

2.5.2　Yamada-Gunn 式

Yamada 和 Gunn 对 Rackett 方程做了一些改进：用偏心因子关联方程中的临界压缩因子。经 Yamada 和 Gunn 改进的 Rackett 方程，形式简单，误差一般在 1.0%左右。其形式为

$$V^{SL} = V_c(0.29056 - 0.08775\omega)^{(1-T_r)^{2/7}} \tag{2-55a}$$

或

$$V^{SL} = \frac{RT_c}{p_c}(0.29056 - 0.08775\omega)^{[1+(1-T_r)^{2/7}]} \tag{2-55b}$$

2.5.3　Spencer-Danner 式

Spencer 等用 $Z_c \dfrac{RT_c}{p_c}$ 代替 Rackett 方程中 V_c，从而提出下列改进式

$$V^{SL} = \frac{RT_c}{p_c} Z_{RA}^{[1+(1-T_r)^{2/7}]} \tag{2-56}$$

式中，Z_{RA} 与 Rackett 方程中采用的实际的 Z_c 有区别，对每种物质，它是从饱和液体体积数据拟合得到的。正是 Z_{RA} 与 Z_c 的差别使得本式计算精度有所提高。

2.5.4 Yen-Woods 式

Yen-Woods 在 Martin 方程式的基础上作了简化，提出了式(2-57)，用来估算物质的饱和液体密度，温度可接近临界点。

$$\frac{\rho^{SL}}{\rho_c} = 1 + \sum_{j=1}^{4} K_1 (1 - T_r)^{j/3} \qquad (2-57)$$

式中，ρ^{SL} 和 ρ_c 分别为饱和液体密度和临界密度；$K_j(j=1,2,3)$ 为 Z_c 的函数，即

$$K_j = a + bZ_c + cZ_c^2 + dZ_c^3 \qquad (2-58)$$

参数 a、b、c、d 的值列于表 2-1。

表 2-1 式中的 a、b、c 和 d 值

K_j	a	b	c	d
$K_1(Z_c=0.21\sim0.29)$	17.4425	-214.578	989.625	-1522.06
$K_2(Z_c\leqslant0.26)$	-3.28257	13.6377	107.4844	-384.201
$K_3(Z_c>0.26)$	60.2091	-402.063	501.0	641.0

$j=4$ 时

$$K_4 = 0.93 - K_2 \qquad (2-59)$$

Yen 和 Woods 用式(2-57)~式(2-59)计算了 62 种物质的饱和液体摩尔体积，共计 693 点，Z_c 的区间为 0.21~0.29，计算值与文献值的误差在 2.1% 以内。

2.5.5 Lydersen、Greenkorn 和 Hougen 对应态法

Lydersen 等提出了一个基于对比态原理的普遍化对比密度计算方法。如同两参数的气体压缩因子法一样，它可用于任何液体，其形式为

$$\rho_r = \frac{\rho^L}{\rho_c} = \frac{V^L}{V_c} \qquad (2-60)$$

式中，ρ_r 为对比密度。液体的普遍化关联如图 2-14 所示。根据给定条件和已知临界体积，就可用图 2-14 和式(2-60)直接确定体积 V^L。

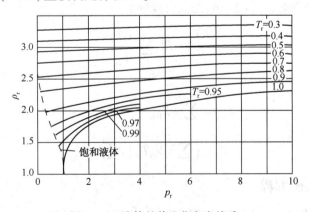

图 2-14　液体的普遍化密度关系

【例 2-8】　①估算 37℃ 时饱和液体氨的摩尔体积，已知实验值为 29.14cm³·mol⁻¹；②估算 37℃、10.13MPa 时液体氨的密度，已知实验值为 28.6cm³·mol⁻¹。

解：由附录 1 查得氨的临界参数

$T_c = 405.6K$, $p_c = 11.28MPa$, $V_c = 72.5 \text{ cm}^3 \cdot \text{mol}^{-1}$, $\omega = 0.250$

① 采用 Yamada 和 Gunn 改进的 Rackett 方程

$$T_r = \frac{T}{T_c} = \frac{273.15 + 37}{405.6} = 0.765$$

由式(2-55a)得

$$V^{SL} = 72.5 \times (0.29056 - 0.08775\omega)^{[1-0.765]^{2/7}} = 30.41 \text{cm}^3 \cdot \text{mol}^{-1}$$

$$\text{误差} = \frac{30.41 - 29.14}{29.14} = 4.3\%$$

② $T_r = 0.765$，$p_r = \frac{10.13}{11.28} = 0.90$

查图 2-14，$T_r = 0.7$、$p_r = 0.90$ 时，$\rho_r = 2.51$；$T_r = 0.8$、$p_r = 0.90$ 时，$\rho_r = 2.3$

内插得 $T_r = 0.765$、$p_r = 0.90$ 时，$\rho_r = 2.37$

将 V_c 值代入式(2-60)得

$$V^L = \frac{V_c}{\rho_r} = \frac{72.5}{2.37} = 30.59 \text{cm}^3 \cdot \text{mol}^{-1}$$

$$\text{误差} = \frac{30.59 - 28.6}{28.6} = 7\%$$

2.6 液体混合物的 p-V-T 关系

一般来说，若采用合适的混合规则，上面介绍的经验关联式都可以用来计算液体混合物的体积(密度)。

2.6.1 Spencer–Danner 式

当用于液体混合物时，式(2-56)的混合规则为

$$\frac{RT_c}{p_c} = R\left(\sum_i \frac{x_i T_{ci}}{p_{ci}} \right) \tag{2-61}$$

式中

$$Z_{RA} = \sum_i x_i Z_{RAi} \tag{2-62}$$

$$T_c = \left(\sum_i x_i V_{ci} T_{ci} \right) / \sum_i x_i V_{ci} \tag{2-63}$$

2.6.2 Rackett 方程

Rackett 曾推荐式(2-64)用于烃类混合物泡点密度 ρ_{bp} 的计算。

$$\left(\frac{1}{\rho_{bp}} \right) = V_{bp} = V_{cm} Z_{cm}^{\left(1 - \frac{T}{T_{cb}}\right)^{2/7}} \tag{2-64}$$

式中，V_{cm} 和 Z_{cm} 是纯组分临界压缩因子的摩尔平均值；T_{cb} 基本上是一虚拟临界温度，其计

算式为

$$T_{cb} = \sum_i x_i b_i T_{ci} / \sum_i x_i b_i \qquad (2-65)$$

其中 b_i 是权重因子，其形式为

$$b_i = \exp\left[0.000633 \sum_i x_i (T_{ci} - T_{cj})^{9/7} + \ln C_i\right] \qquad (2-66)$$

式中，C_i 是一个可调的权重因子，对脂肪烃其值为 1；对芳烃、环烷烃以及非烃类则为一特定值，参看表 2-2。

表 2-2　权重因子可调系数

物 质	C	物 质	C	物 质	C
环戊烷	0.74	甲苯	0.7	一氧化碳	0.82
环己烷	0.78	二甲苯	0.74	二氧化碳	1.16
苯	0.67	氮	0.82	硫化氢	0.74

习　　题

2-1　在纯物质的 p-V 图上绘制

① 饱和液相线；

② 饱和汽相线；

③ 高于临界温度的等温线；

④ 低于临界温度的等温线；

⑤ 临界温度的等温线。

2-2　若 N_2 的初态为 $3m^3$、$1×10^5Pa$、295K，终态为 $150×10^5Pa$、183K，试问终态时体积是多少？

2-3　如果希望将 22.7kg 的乙烯在 294K 时装入 $0.085m^3$ 的钢瓶中，试问压力是多少？

2-4　使用三项 Virial 方程计算乙烯在 25℃ 和 3.0 MPa 时的摩尔体积和压缩因子。已知 25℃ 时乙烯的 Virial 系数为：$B = -140\ cm^3 \cdot mol^{-1}$，$C = 7200\ cm^6 \cdot mol^{-2}$。

2-5　$0.3m^3$ 丙烷罐破裂压力为 2.8MPa，如装入丙烷压力不超过罐破裂压力的一半，问 125℃ 时，最多能装入多少公斤丙烷？用普遍化关系式求解。

2-6　一压缩机，每小时处理 454kg 甲烷(1)和乙烷(2)的等摩尔混合物，气体在 $50×10^5Pa$，422K 离开压缩机，试问离开压缩机的气体体积流率为多少 $m^3 \cdot h^{-1}$？

2-7　一气体混合物含 40mol% 氮(1)和 60 mol% 正丁烷(2)，计算 10g 混合物在 4.0MPa、188℃ 的体积。已知 $B_{11} = 14cm \cdot mol^{-1}$，$B_{22} = -265cm \cdot mol^{-1}$，$B_{12} = -9.5cm \cdot mol^{-1}$。

2-8　已知等分子的二氧化碳(1)和丙烷(2)的混合物，由以下方程计算 444K 和 13MPa 下的摩尔体积：

① R-K 方程；

② 虚拟临界参数。

2-9　试用下列方法计算由 30%(摩尔)的氮(1)和 70% 正丁烷(2)所组成的二元混合物，在 462K、$69×10^5Pa$ 下的摩尔体积。

① 使用 Pitzer 三参数压缩因子关联式；

② 使用 RK 方程；

③ 使用三项 Virial 方程，Virial 系数实验值为 $B_{11} = 14 \times 10^{-6}$, $B_{22} = -265 \times 10^{-6}$, $B_{12} = -9.5 \times 10^{-6}$（$B$ 的单位为 $m^3 \cdot mol^{-1}$），$C_{111} = 1.3 \times 10^{-9}$, $C_{222} = 30.25 \times 10^{-9}$, $C_{112} = 4.95 \times 10^{-9}$, $C_{122} = 7.27 \times 10^{-9}$（$C$ 的单位为 $m^6 \cdot mol^{-2}$）。

第3章 流体的热力学性质

流体的热力学性质，是指气体或液体在平衡状态下的 p、V、T、C、H、S、U、A、G、f 等性质，其中，p、V、T、C 是大家熟悉的、可以直接测量的热力学性质，而其他热力学性质是不能直接测量的。p、V、T 是表征流体宏观状态的三个基本物理量，是流体热力学性质的重要组成部分，但只有它们的数据是远远不够的，那些不可直接测量的性质也是化工过程计算、分析及化工装置设计中不可缺少的重要依据。例如，焓 H 和熵 S 的计算是化工过程模拟和设计中经常遇到的基本问题，通过计算焓变进行过程的热量衡算；通过计算熵变分析过程的能量利用情况；压缩机、膨胀机和泵的功率负荷核算、换热器的能量平衡计算、精馏塔热平衡计算等均涉及到焓的计算；在相平衡与化学平衡的判断、分离设备的设计中，常用到 Gibbs 自由能 G、逸度 f 等热力学性质等。

由相律 $f=C-\pi+2$（C 为组分数；π 为相数）可知，对于均相、定组成、封闭系统，自由度 f 等于2，即系统任意两个独立的强度性质确定后，其他性质将随之而定，说明平衡态下，各热力学性质间存在固定关系。所以，这些不能直接测量的性质，都可与 p、V、T、C 关联，建立起一定的关系。上一章详细介绍了流体的 p-V-T 关系，借助流体的 p-V-T 关系，将这些不能直接测量的热力学性质表示成已知的 p、V、T、C 的函数，进而用于化工过程计算、分析以及化工装置设计是本章的重点任务。

3.1 热力学基本方程

根据热力学第一定律可以导出，封闭系统内能的变化与过程的功和热之间的关系为

$$\mathrm{d}U = \delta Q + \delta W \tag{3-1}$$

倘若该过程为可逆过程，过程无非体积功，则有 $\delta W = -p\mathrm{d}V$；根据热力学第二定律有 $\delta Q = T\mathrm{d}S$，代入式（3-1）得

$$\mathrm{d}U = T\mathrm{d}S - p\mathrm{d}V \tag{3-2}$$

式（3-2）是在可逆的条件下得到的，但式中所涉及的变量均为与过程无关的状态函数，所以式（3-2）也适用于封闭系统内发生的平衡态间转化的非可逆过程。

根据 H、A、G 的定义式

$$H = U + PV$$
$$A = U - TS$$
$$G = H - TS$$

由式（3-2）分别可得

$$\mathrm{d}H = T\mathrm{d}S + V\mathrm{d}p \tag{3-3}$$
$$\mathrm{d}A = -p\mathrm{d}V - S\mathrm{d}T \tag{3-4}$$
$$\mathrm{d}G = V\mathrm{d}p - S\mathrm{d}T \tag{3-5}$$

式（3-2）~式（3-5）称为热力学基本方程，适用于定组成、封闭系统。

在热力学基本方程中，U、H、A、G是p、V、T及S的函数，只要有S与p、V、T的关联式，即可求得这四个函数的全微分。麦克斯韦(Maxwell)关系式即是S与p、V、T间的桥梁。

3.2 麦克斯韦(Maxwell)关系式

热力学性质都是状态函数，相当于数学上的点函数。从数学角度讲，若x、y、z都是点函数，而z是自变量x、y的连续函数，则由叠加原理可得

$$dz = \left(\frac{\partial z}{\partial x}\right)_y dx + \left(\frac{\partial z}{\partial y}\right)_x dy \tag{3-6}$$

且存在循环关系

$$\left(\frac{\partial x}{\partial y}\right)_z \left(\frac{\partial y}{\partial z}\right)_x \left(\frac{\partial z}{\partial x}\right)_y = -1 \tag{3-7}$$

式(3-7)非常有用，利用该式，可将任一变量表示为其他两个变量的函数。将p、V、T带入式(3-7)，可得p、V、T的循环关系式

$$\left(\frac{\partial V}{\partial T}\right)_p \left(\frac{\partial T}{\partial p}\right)_V \left(\frac{\partial p}{\partial V}\right)_T = -1 \tag{3-8}$$

在式(3-6)中，若令

$$\left(\frac{\partial z}{\partial x}\right)_y = M, \quad \left(\frac{\partial z}{\partial y}\right)_x = N$$

则式(3-6)简化为

$$dz = Mdx + Ndy \tag{3-9}$$

因二阶混合偏导数与顺序无关，所以

$$\left(\frac{\partial^2 z}{\partial x \partial y}\right) = \left(\frac{\partial N}{\partial x}\right)_y = \left(\frac{\partial M}{\partial y}\right)_x \tag{3-10}$$

对于均相、定组成、封闭系统，自由度f为2，可以写出

$$U = U(S, V) \tag{3-11}$$

$$H = H(S, p) \tag{3-12}$$

$$A = A(V, T) \tag{3-13}$$

$$G = G(p, T) \tag{3-14}$$

U、H、A、G是具有点函数性质的状态函数，它们的微分是全微分，根据式(3-11)~式(3-14)，由叠加原理可得

$$dU = \left(\frac{\partial U}{\partial S}\right)_V dS + \left(\frac{\partial U}{\partial V}\right)_S dV \tag{3-15}$$

$$dH = \left(\frac{\partial H}{\partial S}\right)_p dS + \left(\frac{\partial H}{\partial P}\right)_S dp \tag{3-16}$$

$$dA = \left(\frac{\partial A}{\partial V}\right)_T dV + \left(\frac{\partial A}{\partial T}\right)_V dT \tag{3-17}$$

$$dG = \left(\frac{\partial G}{\partial P}\right)_T dp + \left(\frac{\partial G}{\partial T}\right)_p dT \tag{3-18}$$

将式(3-2)~式(3-5)与式(3-15)~式(3-18)比较，可得 U、H、A、G 的一阶偏导数

$$\left(\frac{\partial U}{\partial S}\right)_V = T = \left(\frac{\partial H}{\partial S}\right)_p \tag{3-19}$$

$$-\left(\frac{\partial U}{\partial V}\right)_S = p = -\left(\frac{\partial A}{\partial V}\right)_T \tag{3-20}$$

$$\left(\frac{\partial H}{\partial p}\right)_S = V = \left(\frac{\partial G}{\partial p}\right)_T \tag{3-21}$$

$$-\left(\frac{\partial A}{\partial T}\right)_V = S = -\left(\frac{\partial G}{\partial T}\right)_p \tag{3-22}$$

将式(3-2)~式(3-5)与式(3-9)比较，结合式(3-10)得

$$\left(\frac{\partial T}{\partial V}\right)_S = -\left(\frac{\partial p}{\partial S}\right)_V \tag{3-23}$$

$$\left(\frac{\partial T}{\partial p}\right)_S = \left(\frac{\partial V}{\partial S}\right)_p \tag{3-24}$$

$$\left(\frac{\partial p}{\partial T}\right)_V = \left(\frac{\partial S}{\partial V}\right)_T \tag{3-25}$$

$$\left(\frac{\partial V}{\partial T}\right)_p = -\left(\frac{\partial S}{\partial p}\right)_T \tag{3-26}$$

式(3-23)~式(3-26)称为麦克斯韦(Maxwell)关系式。Maxwell 关系式为 U、H、A、G 的二阶偏导数，表达了 S 与 p、V、T 之间的函数关系，将 Maxwell 关系式与 p-V-T 关系相结合即可实现 S 随 p 或 V 变化的计算。

Maxwell 关系式适用于封闭、无相变、无化学变化的双变量系统，其用途主要是将那些不易测量的 S 的偏导数表示为易测量的热力学数据的偏导数形式。

S 随 T 的变化不能由 Maxwell 关系式计算。对于恒容或恒压系统，通过流体的热容可以建立 S 与 T 的关系。

3.3 纯流体熵变和焓变的计算

S 和 H 在化工计算中占有极其重要的地位。对它们的计算可采用变换法：首先根据状态函数的全微分性质将焓变或熵变的全微分变换为偏导数，再利用热力学基本方程式、Maxwell 关系式、定义式将焓变或熵变表示为易测量的 p、V、T 及 C 的数据。

3.3.1 熵变的计算

(1) 以 T 和 V 为独立变量

以 T 和 V 为独立变量，即 $S=f(T, V)$，根据叠加原理，S 的全微分式为

$$dS = \left(\frac{\partial S}{\partial T}\right)_V dT + \left(\frac{\partial S}{\partial V}\right)_T dV \tag{3-27}$$

恒容条件下将热力学基本方程式 $dU = TdS - pdV$ 两边同除以 dT 得

$$\left(\frac{\partial U}{\partial T}\right)_V = T\left(\frac{\partial S}{\partial T}\right)_V$$

由恒容热容的定义式 $C_V = \left(\dfrac{\partial U}{\partial T}\right)_V$ 得

$$\left(\frac{\partial S}{\partial T}\right)_V = \frac{1}{T}\left(\frac{\partial U}{\partial T}\right)_V = \frac{C_V}{T} \qquad (3-28)$$

将式(3-28)及 Maxwell 关系式 $\left(\dfrac{\partial p}{\partial T}\right)_V = \left(\dfrac{\partial S}{\partial V}\right)_T$ 带入式(3-27)，得

$$dS = \frac{C_V}{T}dT + \left(\frac{\partial p}{\partial T}\right)_V dV \qquad (3-29)$$

（2）以 T 和 p 为独立变量

以 T 和 p 为独立变量，即 $S = f(T, p)$，根据叠加原理，S 的全微分式为

$$dS = \left(\frac{\partial S}{\partial T}\right)_p dT + \left(\frac{\partial S}{\partial P}\right)_T dp \qquad (3-30)$$

恒压条件下将热力学基本方程式 $dH = TdS + Vdp$ 两边同除以 dT，得

$$\left(\frac{\partial H}{\partial T}\right)_p = T\left(\frac{\partial S}{\partial T}\right)_p$$

由恒压热容的定义式 $C_p = \left(\dfrac{\partial H}{\partial T}\right)_p$ 得

$$\left(\frac{\partial S}{\partial T}\right)_p = \frac{1}{T}\left(\frac{\partial H}{\partial T}\right)_p = \frac{C_p}{T} \qquad (3-31)$$

将式(3-31)及 Maxwell 关系式 $\left(\dfrac{\partial V}{\partial T}\right)_p = -\left(\dfrac{\partial S}{\partial p}\right)_T$ 代入式(3-30)，得

$$dS = \frac{C_p}{T}dT - \left(\frac{\partial V}{\partial T}\right)_p dp \qquad (3-32)$$

【例 3-1】 理想气体从 p_1、T_1 变化到 p_2、T_2，求过程的熵变 ΔS。

解：由于 S 是状态函数，所以可以把这一过程分成两步进行：一为恒压过程，一为恒温过程。

① 在压力 p_1 下，气体温度由 $T_1 \rightarrow T_2$

由式(3-32)得

$$(dS)_p = \frac{C_p}{T}dT$$

积分上式，得

$$\Delta S_p = \int_{T_1}^{T_2} \frac{C_p}{T}dT$$

当温度变化不大时，恒压热容 C_p 可取平均值 $\overline{C}_p$，则

$$\Delta S_p = \overline{C}_p \ln \frac{T_2}{T_1}$$

② 在温度 T_2 下，气体压力由 $p_1 \rightarrow p_2$

由式(3-32)得

$$(dS)_T = -\left(\frac{\partial V}{\partial T}\right)_p dp$$

对理想气体，满足 $pV=RT$，则 $\left(\dfrac{\partial V}{\partial T}\right)_p = \dfrac{R}{p}$，代入上式，得

$$(\mathrm{d}S)_T = -\frac{R}{p}\mathrm{d}p$$

积分上式，得

$$\Delta S_T = -R\ln\frac{p_2}{p_1}$$

则

$$\Delta S = \Delta S_p + \Delta S_T = \int_{T_1}^{T_2}\frac{C_p}{T}\mathrm{d}T - R\ln\frac{p_2}{p_1}$$

或

$$\Delta S = \Delta S_p + \Delta S_T = \overline{C_p}\ln\frac{T_2}{T_1} - R\ln\frac{p_2}{p_1}$$

3.3.2　焓变的计算

（1）以 T 和 p 为独立变量

当计算焓变时，以 T 和 p 为独立变量的公式形式比较简单。此时，$H=f(T,p)$。将式(3-32)代入热力学基本方程式(3-3)得

$$\mathrm{d}H = C_p\mathrm{d}T + \left[V - T\left(\frac{\partial V}{\partial T}\right)_p\right]\mathrm{d}p \tag{3-33}$$

对理想气体 $\left(\dfrac{\partial V}{\partial T}\right)_p = \dfrac{R}{p}$，由式(3-33)得

$$\Delta H^{\mathrm{ig}} = \int_{T_1}^{T_2}C_p^{\mathrm{ig}}\mathrm{d}T \tag{3-34}$$

式中，上标 ig 代表理想气体。

（2）以 T 和 V 为独立变量

式(3-33)形式虽然比较简单，但以 T 和 p 为独立变量计算热力学性质多数情况下并不方便。因为流体的体积性质通常用以 p 为显函数的状态方程来表示，所以以 T 和 V 为独立变量计算热力学性质更为方便：$H=f(T,V)$。

将式(3-29)代入热力学基本方程式(3-3)，得

$$\mathrm{d}H = C_V\mathrm{d}T + T\left(\frac{\partial p}{\partial T}\right)_V\mathrm{d}V + V\mathrm{d}p \tag{3-35}$$

将 p 表示为 $p=f(T,V)$，由叠加原理得

$$\mathrm{d}p = \left(\frac{\partial p}{\partial T}\right)_V\mathrm{d}T + \left(\frac{\partial p}{\partial V}\right)_T\mathrm{d}V$$

代入式(3-35)并整理，得

$$\mathrm{d}H = \left[C_V + V\left(\frac{\partial p}{\partial T}\right)_V\right]\mathrm{d}T + \left[T\left(\frac{\partial p}{\partial T}\right)_V + V\left(\frac{\partial p}{\partial V}\right)_T\right]\mathrm{d}V \tag{3-36}$$

式(3-36)虽然较式(3-33)复杂，但由状态方程求取偏导数较其简便得多。

将 $\mathrm{d}(pV)=V\mathrm{d}p+p\mathrm{d}V$ 代入式(3-35)，得

$$\mathrm{d}H = C_V\mathrm{d}T - \left[p - T\left(\frac{\partial p}{\partial T}\right)_V\right]\mathrm{d}V + \mathrm{d}(pV) \tag{3-37}$$

式(3-37)是以 T 和 V 为独立变量的另一种形式，与式(3-36)相比，只需计算 $\left(\dfrac{\partial p}{\partial T}\right)_V$ 一

个偏导数，公式简单，计算简便。

在熵变和焓变的计算中，需要热容的数据。热容可以用公式计算，也可以用基团贡献法推算。对于理想气体，恒压热容仅是温度的函数。

$$C_p^{ig}/R = a_0 + a_1 T + a_2 T^2 + a_3 T^3 + a_4 T^4 \tag{3-38}$$

式中，温度系数 a_0、a_1、a_2、a_3、a_4 可以从手册中获得，本书附于附录4。

液体热容是温度和压力的函数，但是热容的数值受压力变化的影响很小，在大多数情况下可以忽略不计。液体恒压热容也仅是温度的函数。

$$C_{p,1} = A + BT + CT^2 + DT^3 \tag{3-39}$$

温度系数 A、B、C、D 亦可以从手册中获得，本书附于附录5。

计算液体的熵变、焓变时，$\left(\dfrac{\partial V}{\partial T}\right)_p$ 除了可以采用状态方程计算外，采用膨胀系数计算更为简便。由膨胀系数的定义式 $\beta = \dfrac{1}{V}\left(\dfrac{\partial V}{\partial T}\right)_p$ 得

$$\beta V = \left(\frac{\partial V}{\partial T}\right)_p$$

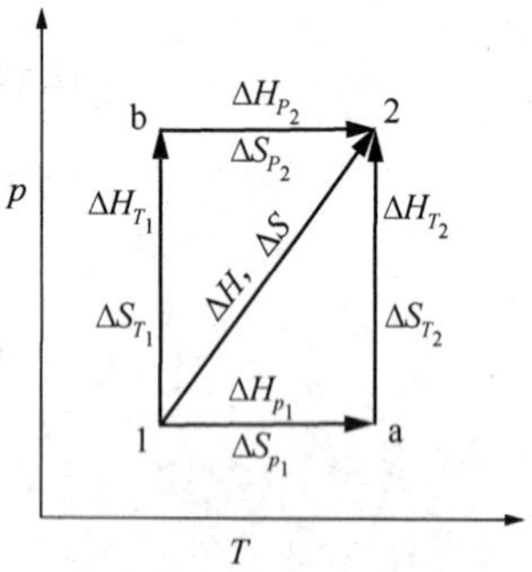

图 3-1 焓变、熵变计算

综上所述，由于 H、S 都是状态函数，因此由状态 $1(p_1$、$T_1)$ 到状态 $2(p_2$、$T_2)$ 的熵变、焓变可以通过不同途径计算，如图 3-1 所示。

当由状态 1 经状态 $a(p_1$、$T_2)$ 到状态 2 时

$$\Delta H = \Delta H_{p_1} + \Delta H_{T_2}$$
$$\Delta S = \Delta S_{p_1} + \Delta S_{T_2}$$

当由状态 1 经状态 $b(p_2$、$T_1)$ 到状态 2 时

$$\Delta H = \Delta H_{T_1} + \Delta H_{p_2}$$
$$\Delta S = \Delta S_{T_1} + \Delta S_{p_2}$$

恒压熵变、焓变分别由式(3-32)和式(3-33)计算，可得

$$\Delta S_p = \int_{T_1}^{T_2} \frac{C_p}{T} dT \tag{3-40}$$

$$\Delta H_p = \int_{T_1}^{T_2} C_p dT \tag{3-41}$$

恒温熵变由式(3-29)计算，恒温焓变由式(3-36)或式(3-37)计算，可得

$$\Delta S_T = \int_{V_1}^{V_2} \left(\frac{\partial p}{\partial T}\right)_V dV \tag{3-42}$$

$$\Delta H_T = \int_{V_1}^{V_2} \left[T\left(\frac{\partial p}{\partial T}\right)_V + V\left(\frac{\partial p}{\partial V}\right)_T \right] dV \tag{3-43}$$

$$\Delta H_T = \Delta(pV) - \int_{V_1}^{V_2} \left[p - T\left(\frac{\partial p}{\partial T}\right)_V \right] dV \tag{3-44}$$

无论是先恒压至状态 a，再恒温至状态 2，还是先恒温至状态 b，再恒压至状态 2，其值是相同的。但恒压熵变、焓变的计算涉及到热容，手册中能查到的是理想气体的热容，所以恒压过程宜设计为在低压下进行。

【例3-2】 由 RK 方程计算丙烷从 0.1MPa、298K 变化到 1.5MPa、398K 的熵变与焓变。

解：查附录 4 得丙烷的热容随温度变化的关系式(省略后两项)。

$$C_p^{ig}/R = 3.847 + 5.131 \times 10^{-3}T + 6.011 \times 10^{-5}T^2$$

① 在压力 0.1MPa 下，气体温度由 298K ⟶ 398K

低压下气体可看作理想气体，由式(3-40)得

$$\Delta S_p = 8.314 \times \int_{T_1}^{T_2} \frac{3.847 + 5.131 \times 10^{-3}T + 6.011 \times 10^{-5}T^2}{T} dT$$

$$= 8.314 \times \left[3.847\ln T + 5.131 \times 10^{-3}T + \frac{6.011 \times 10^{-5}}{2} \times T^2 \right]_{298}^{398}$$

$$= 22.38 \text{J} \cdot \text{mol}^{-1} \cdot \text{K}$$

由式(3-41)得

$$\Delta H_p = 8.314 \times \int_{T_1}^{T_2} (3.847 + 5.131 \times 10^{-3}T + 6.011 \times 10^{-5} \times T^2) dT$$

$$= 8.314 \times \left[3.847T + \frac{5.131 \times 10^{-3}}{2} \times T^2 + \frac{6.011 \times 10^{-5}}{3} \times T^3 \right]_{298}^{398}$$

$$= 1.077 \times 10^4 \text{J} \cdot \text{mol}^{-1}$$

② 在温度 398K 下，气体压力由 0.1MPa → 1.5MPa(不能看作理想气体)

查附录 1 得丙烷的临界性质为：$T_c = 369.8\text{K}$，$p_c = 4.246\text{MPa}$

$$a = \frac{0.42748 \times 8.314^2 \times 369.8^{2.5}}{4.246 \times 10^6} = 18.3 \text{Pa} \cdot \text{m}^6 \cdot \text{K}^{0.5} \cdot \text{mol}^{-2}$$

$$b = \frac{0.08664 \times 8.314 \times 369.8}{4.246 \times 10^6} = 6.27 \times 10^{-5} \text{m}^3 \cdot \text{mol}^{-1}$$

将求得的参数 a、b 代入 RK 方程 $p = \dfrac{RT}{V-b} - \dfrac{a}{T^{0.5}V(V+b)}$，试差计算得：$p_1 = 0.1\text{MPa}$，$V_1 = 3.29 \times 10^{-2} \text{m}^3 \cdot \text{mol}^{-1}$；$p_2 = 1.5\text{MPa}$，$V_2 = 1.98 \times 10^{-3} \text{m}^3 \cdot \text{mol}^{-1}$。

由 RK 方程得

$$\left(\frac{\partial p}{\partial T} \right)_V = \frac{R}{V-b} + \frac{0.5a}{T^{1.5}V(V+b)} \tag{1}$$

将式(1)代入式(3-42)，得

$$\Delta S_T = \int_{V_1}^{V_2} \left[\left(\frac{R}{V-b} + \frac{0.5a}{T^{1.5}V(V+b)} \right) \right] dV$$

$$= \left[R\ln(V-b) + \frac{0.5a}{bT^{1.5}} \ln\left(\frac{V}{V+b} \right) \right]_{V_1}^{V_2}$$

$$= \left[8.314\ln(V - 6.27 \times 10^{-5}) + \frac{0.5 \times 18.3}{6.27 \times 10^{-5} \times 398^{1.5}} \ln\left(\frac{V}{V + 6.27 \times 10^{-5}} \right) \right]_{3.92 \times 10^{-2}}^{1.98 \times 10^{-3}}$$

$$= -24.15 \text{J} \cdot \text{mol}^{-1} \cdot \text{K}$$

则

$$\Delta S = \Delta S_p + \Delta S_T = -1.77 \text{J} \cdot \text{mol}^{-1} \cdot \text{K}^{-1}$$

将式(1)代入式(3-44)得

$$\Delta H_T = \Delta(pV) + \int_{V_1}^{V_2}\left[p - T\left(\frac{R}{V-b} + \frac{0.5a}{T^{1.5}V(V+b)}\right)\right]dV = p_2V_2 - p_1V_1 + \left[\frac{1.5a}{bT^{0.5}}\ln\frac{V}{V+b}\right]_{V_1}^{V_2}$$

$$=(1.5\times10^6\times1.98\times10^{-3} - 3.29\times10^{-2}\times10^5) + \left[\frac{1.5\times18.3}{6.27\times10^{-5}\times398^{0.5}}\ln\frac{V}{V+b}\right]_{3.29\times10^{-2}}^{1.98\times10^{-3}}$$

$$= -962\text{J}\cdot\text{mol}^{-1}$$

则
$$\Delta H = \Delta H_p + \Delta H_T = 9808\text{J}\cdot\text{mol}^{-1}$$

【例 3-3】 求液体水从 0.1MPa、298K 变化到 100MPa、323K 的焓变。

解：查热力学数据手册得水的恒压热容 C_p、摩尔体积 V 及膨胀系数 β。

T/K	p/MPa	$C_p/\text{J}\cdot\text{mol}^{-1}\cdot\text{K}^{-1}$	$V/\text{cm}^3\cdot\text{mol}^{-1}$	$\beta\times10^6/\text{K}^{-1}$
298	0.1	75.305		
323	0.1	75.314	18.234	458
323	100		18.174	568

由式(3-39)得

$$\Delta H_p = \int_{T_1}^{T_2}\overline{C}_p dT = \overline{C}_p \Delta T$$

$$= \frac{1}{2}(75.305 + 75.314)(323 - 298)$$

$$= 1882.7\text{J}\cdot\text{mol}^{-1}$$

由式(3-33)得

$$\Delta H_T = \int_{p_1}^{p_2}\left[V - T\left(\frac{\partial V}{\partial T}\right)_p\right]dp$$

将 $\beta V = \left(\frac{\partial V}{\partial T}\right)_p$ 代入上式，得

$$\Delta H_T = \int_{p_1}^{p_2}(V - \beta V T)dp$$

因为压力对液相体积的影响很小，所以

$$\Delta H_T = (V - \beta V T)(p_2 - p_1) \tag{1}$$

当 $T=323\text{K}$ 时

$$V = \frac{1}{2}(18.234 + 18.174) = 18.204\text{cm}^3\cdot\text{mol}^{-1}$$

$$\beta = \frac{1}{2}(458 + 568)\times10^{-6} = 513\times10^{-6}\text{K}^{-1}$$

代入式(1)，得
$$\Delta H_T = 1517.2\text{J}\cdot\text{mol}^{-1}$$

则
$$\Delta H = \Delta H_p + \Delta H_T = 3399.9\text{J}\cdot\text{mol}^{-1}$$

3.3.3 剩余性质法计算熵变和焓变

理想气体的恒压热容是温度的单值函数，但真实气体的恒压热容是温度和压力的函数，不易获得，导致难以应用以上各式计算真实气体的熵变、焓变，因此需要寻求一种更为普遍的计算焓变、熵变的方法。为此，引入了一种新的函数，该函数利用状态函数与过程无关的

特点，将真实流体虚拟为理想气体，然后在虚拟的理想气体状态下，计算由于温度和压力的变化引起的焓变或熵变，再计算真实流体与理想气体间性质的差额来加以修正。这一新引入的函数即为真实流体与同温同压下理想气体间广度热力学性质的差值，称为剩余性质，记为 M^R，用公式表示为

$$M^R = M(T, p) - M^{ig}(T, p) \qquad (3\text{-}45)$$

式(3-45)是剩余性质定义的通式，M 和 M^{ig} 分别表示同温、同压下真实流体和理想气体广度性质的摩尔量。剩余性质具有对理想气体函数校正的性质，其值取决于 p、V、T 数据。由于剩余性质的引入，真实流体的焓变或熵变的计算将通过图3-2这一新的假设途径进行。

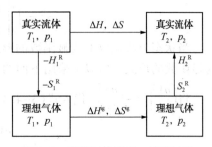

图 3-2　真实气体焓变、熵变计算

其中

$$\Delta H^{ig} = \int_{T_1}^{T_2} C_p^{ig} dT \qquad (3\text{-}34)$$

$$\Delta S^{ig} = \int_{T_1}^{T_2} \frac{C_p}{T} dT - \ln \frac{p_2}{p_1} \qquad$$

因此

$$\Delta H = -H_1^R + H_2^R + \int_{T_1}^{T_2} C_p^{ig} dT \qquad (3\text{-}46)$$

$$\Delta S = -S_1^R + S_2^R + \int_{T_1}^{T_2} \frac{C_p}{T} dT - \ln \frac{p_2}{p_1} \qquad (3\text{-}47)$$

只要计算出剩余性质，即可由式(3-46)和式(3-47)计算真实流体的焓变、熵变。真实流体其他热力学性质的计算同样可以按照图3-2的计算途径进行，但有一点要明确，既然气体是在真实状态下，那么，在同一温度、压力下，气体不可能再处于理想状态，所以剩余性质只是一个假想的概念。而我们利用这个概念可以找出真实状态与假想的理想状态之间热力学性质的差额，从而计算出真实状态下气体的热力学性质，这是处理问题的一种方法。可以采用状态方程或普遍化关系计算剩余性质。

（1）状态方程法计算剩余熵、剩余焓

1）剩余熵与 p-V-T 关系

根据剩余性质的定义式(3-45)，剩余熵可表达为

$$S^R = S(T, p) - S^{ig}(T, p)$$

在恒温条件下，上式对 p 微分，得

$$\left(\frac{\partial S^R}{\partial p} \right)_T = \left(\frac{\partial S}{\partial p} \right)_T - \left(\frac{\partial S^{ig}}{\partial p} \right)_T$$

则

$$dS^R = \left[\left(\frac{\partial S}{\partial p} \right)_T - \left(\frac{\partial S^{ig}}{\partial p} \right)_T \right] dp \quad (T \text{ 恒定})$$

由 $p_0 \to p$ 积分，得

$$\int_{S_0^R}^{S^R} dS^R = \int_{p_0}^{p} \left[\left(\frac{\partial S}{\partial p} \right)_T - \left(\frac{\partial S^{ig}}{\partial p} \right)_T \right] dp \quad (T \text{ 恒定})$$

当 $p_0 \to 0$ 时，真实气体可近似视为理想气体，此时 $S_0^R = 0$，所以

$$S^R = \int_0^p \left[\left(\frac{\partial S}{\partial p}\right)_T - \left(\frac{\partial S^{ig}}{\partial p}\right)_T \right] dp \quad (T \text{ 恒定}) \tag{3-48}$$

因 $\left(\dfrac{\partial V}{\partial T}\right)_p = -\left(\dfrac{\partial S}{\partial p}\right)_T$，$\left(\dfrac{\partial S^{ig}}{\partial p}\right)_T = -\dfrac{R}{p}$，故式(3-48)可写为

$$S^R = \int_0^p \left[\frac{R}{p} - \left(\frac{\partial V}{\partial T}\right)_p \right] dp \quad (T \text{ 恒定}) \tag{3-49}$$

当状态方程是以 V 为显函数的形式时宜采用式(3-49)计算剩余熵。但状态方程大多是 p 为显函数的形式，所以常采用下面的关系式计算剩余熵。

将 $\left(\dfrac{\partial V}{\partial T}\right)_p = -\left(\dfrac{\partial S}{\partial p}\right)_T$ 代入式(3-48)，得

$$S^R = \int_0^p \left[\left(\frac{\partial V^{ig}}{\partial T}\right)_p - \left(\frac{\partial V}{\partial T}\right)_p \right] dp \quad (T \text{ 恒定}) \tag{3-50}$$

T 恒定，由循环关系式(3-8) $\left(\dfrac{\partial V}{\partial T}\right)_p \left(\dfrac{\partial T}{\partial p}\right)_V \left(\dfrac{\partial p}{\partial V}\right)_T = -1$

得 $\qquad\qquad\qquad \left(\dfrac{\partial V}{\partial T}\right)_p dp = -\left(\dfrac{\partial p}{\partial T}\right)_V dV \quad (T \text{ 恒定})$

代入式(3-50)，得

$$S^R = \int_\infty^V \left[\left(\frac{\partial p}{\partial T}\right)_V - \frac{R}{V} \right] dV \quad (T \text{ 恒定}) \tag{3-51}$$

2）剩余焓与 $p-V-T$ 关系

根据剩余性质定义，剩余焓可表达为

$$H^R = H(T, p) - H^{ig}(T, p)$$

在恒温条件下，对 p 微分，得

$$\left(\frac{\partial H^R}{\partial p}\right)_T = \left(\frac{\partial H}{\partial p}\right)_T - \left(\frac{\partial H^{ig}}{\partial p}\right)_T$$

则 $\qquad\qquad dH^R = \left[\left(\dfrac{\partial H}{\partial p}\right)_T - \left(\dfrac{\partial H^{ig}}{\partial p}\right)_T \right] dp \quad (T \text{ 恒定})$

积分得 $\qquad \displaystyle\int_{H_0^R}^{H^R} dH^R = \int_{p_0}^p \left[\left(\frac{\partial H}{\partial p}\right)_T - \left(\frac{\partial H^{ig}}{\partial p}\right)_T \right] dp \quad (T \text{ 恒定})$

当 $p_0 \to 0$ 时，真实气体可近似视为理想气体，则 $H_0^R = 0$，所以

$$H^R = \int_0^p \left[\left(\frac{\partial H}{\partial p}\right)_T - \left(\frac{\partial H^{ig}}{\partial p}\right)_T \right] dp \quad (T \text{ 恒定}) \tag{3-52}$$

因 $\left(\dfrac{\partial H}{\partial p}\right)_T = V - T\left(\dfrac{\partial V}{\partial T}\right)_p$，$\left(\dfrac{\partial H^{ig}}{\partial p}\right)_T = 0$，故式(3-52)可写为

$$H^R = \int_0^p \left[V - T\left(\frac{\partial V}{\partial T}\right)_p \right] dp \quad (T \text{ 恒定}) \tag{3-53}$$

当用于 p 为显函数的状态方程时，将 $\left(\dfrac{\partial V}{\partial T}\right)_p dp = -\left(\dfrac{\partial p}{\partial T}\right)_V dV$ 及 $d(pV) = V dp + p dV$ 代入式(3-53)，得

$$H^R = \int_{RT}^{pV} d(pV) + \int_\infty^V \left[T\left(\frac{\partial p}{\partial T}\right)_V - p \right] dV \quad (T \text{ 恒定})$$

整理得

$$H^R = pV - RT + \int_\infty^V \left[T \left(\frac{\partial p}{\partial T} \right)_V - p \right] dV \quad (T \text{ 恒定}) \tag{3-54}$$

3) 利用舍项 Virial 方程计算

对于压力低于 1.5MPa 的气体，p-V-T 关系可以用二阶舍项 Virial 方程表示。

$$Z = \frac{pV}{RT} = 1 + \frac{Bp}{RT} \tag{2-30a}$$

方程变形为

$$V = \frac{RT}{p} + B$$

恒压下将上式对温度求偏导，得

$$\left(\frac{\partial V}{\partial T} \right)_p = \frac{R}{p} + \frac{dB}{dT} \tag{3-55}$$

代入式(3-49)，积分得

$$S^R = \int_0^p \left[\frac{R}{p} - \frac{R}{p} - \frac{dB}{dT} \right] dp = -p \frac{dB}{dT} \quad (T \text{ 恒定}) \tag{3-56}$$

将式(3-55)代入式(3-53)，得

$$H^R = \int_0^p \left[B - T \left(\frac{dB}{dT} \right) \right] dp = p \left[B - T \left(\frac{dB}{dT} \right) \right] \quad (T \text{ 恒定}) \tag{3-57}$$

【例 3-4】 采用第二 Virial 系数方程计算 1.013MPa、453K 的饱和苯蒸气的 H^R 和 S^R。

已知第二 Virial 系数为 $B = -78 \times \left(\frac{1000}{T} \right)^{2.4} \text{cm}^3 \cdot \text{mol}^{-1}$。

解：由 Virial 系数方程得

$$\frac{dB}{dT} = -78 \times 1000^{2.4} \left(-2.4 \times \frac{1}{T^{3.4}} \right) = \frac{2.9669 \times 10^9}{T^{3.4}} \text{cm}^3 \cdot \text{mol}^{-1} \cdot \text{K}^{-1}$$

代入式(3-57)，得

$$H^R = \left[-78 \times \left(\frac{1000}{453} \right)^{2.4} - 2.9669 \times 10^9 \times \frac{1}{453^{2.4}} \right] \times 1.013$$

$$= -1797 \text{J} \cdot \text{mol}^{-1}$$

将 $\frac{dB}{dT}$ 代入式(3-56)，得

$$S^R = -\frac{2.9669 \times 10^9}{453^{3.4}} \times 1.013 = -2.80 \text{J} \cdot \text{mol}^{-1} \cdot \text{K}^{-1}$$

4) 利用 RK 方程计算

对于中、高压的气体，p-V-T 关系可用 RK 方程表示

$$p = \frac{RT}{V - b} - \frac{a}{T^{0.5} V(V + b)} \tag{2-6}$$

上式在体积 V 不变的条件下对 T 求偏导，得

$$\left(\frac{\partial p}{\partial T} \right)_V = \frac{R}{V - b} + \frac{0.5a}{T^{1.5} V(V + b)} \tag{3-58}$$

将式(3-58)代入式(3-51)，得

$$S^R = \int_{\infty}^{V} \left(\frac{R}{V-b} + \frac{0.5a}{T^{1.5}V(V+b)} - \frac{R}{V} \right) dV$$

$$= \left[R\ln\frac{V-b}{V} - \frac{a}{2bT^{1.5}}\ln\frac{V+b}{V} \right]_{\infty}^{V} \qquad (3-59)$$

$$= R\ln\frac{V-b}{V} - \frac{a}{2bT^{1.5}}\ln\frac{V+b}{V} \qquad (T\text{ 恒定})$$

将式(3-58)代入式(3-54)，得

$$H^R = (pV - RT) + \int_{\infty}^{V} \left(\frac{RT}{V-b} + \frac{a}{2T^{0.5}V(V+b)} - \frac{RT}{V-b} + \frac{a}{T^{0.5}V(V+b)} \right) dV$$

$$= (pV - RT) + \left[-\frac{3a}{2bT^{0.5}}\ln\frac{V+b}{V} \right]_{\infty}^{V}$$

$$= pV - RT - \frac{3a}{2bT^{0.5}}\ln\left(\frac{V+b}{V} \right) \qquad (T\text{ 恒定})$$

$$(3-60)$$

【例3-5】 丙烯作为低温冷剂需要经三级压缩获得，其中第三级压缩机将6℃、0.615MPa的丙烯绝热可逆压缩至1.65MPa，采用 RK 方程计算丙烯的出口温度。

解：计算过程如图3-3所示。

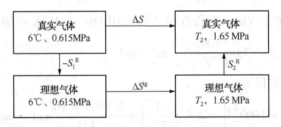

图3-3 例3-5计算过程

则

$$\Delta S = -S_1^R + \Delta S^{ig} + S_2^R \qquad (1)$$

绝热可逆压缩熵变为0，即 $\Delta S = 0$。因要做出口温度和体积两重的迭代计算，手算法难以完成，所以由 Excel 软件"规划求解"工具通过计算机计算。

查附录1、附录4得丙烯的临界参数和理想气体热容温度关联式系数；

① 将临界参数代入式(2-7a)计算 a："=0.42748*8.314^2*B2^2.5/C2/10^6"；

② 代入式(2-7b)计算 b："=0.08664*8.314*B2/C2/10^6"；

③ 输入压缩前后的压力、温度和体积(压缩前后体积均按理想气体取值)的已知值和迭代初值(迭代变量即为规划求解的可变单元格)；

④ 输入 RK 方程相应的函数式：$f(V) = \frac{RT}{V-b} - \frac{a}{T^{0.5}V(V+b)} - p$，即 "｛=8.314*C4：C5/(D4：D5-K2)-J2/C4：C5^0.5/D4：D5/(D4：D5+K2)-B4：B5*10^6｝"；

⑤ 输入式(3-59)计算 S_1^R，S_2^R："｛=8.314*LN((D4：D5-K2)/D4：D5)-J2/2/K2/C4：C5^1.5*LN((D4：D5+K2)/D4：D5)｝"；

⑥ 输入式 $\Delta S^{ig}=\int_{T_1}^{T_2}\frac{C_p}{T}dT-\ln\frac{p_2}{p_1}$：“=E2 * LN(C5/C4)+F2/1000 * (C5-C4)+G2/10^5/2 * (C5^2-C4^2)+H2/10^8/3 * (C5^3-C4^3)+I2/10^11/4 * (C5^4-C4^4)-LN(B5/B4)”；

⑦ 输入式(1)ΔS 目标函数式：“=-F4+F5+G4”；

⑧ 设置“规划求解参数”，进行规划求解。如图 3-4 所示。

宋体
12
H4
=-F4+F5+G4

	A	B	C	D	E	F	G	H	I	J	K
1		T_c/K	p_c/MPa	C_p系数	a_0	$a_1\times10^3$	$a_2\times10^5$	$a_3\times10^8$	$a_4\times10^{11}$	① a	② b
2		365	4.62		3.834	3.893	4.688	-6.013	2.283	16.279	5.6909E-05
3	③	p/MPa	T/K	V/m³ ④	RK方程-P ⑤	S^R	⑥ΔS^{ig}	⑦ ΔS			
4	始态	0.615	279.15	0.0224	-513063	-0.099	-0.4401	-0.4322			
5	末态	1.65	300	0.0224	-1540237	-0.091					

可变单元格
约束式
目标单元格
⑧
设置目标单元格(E): $H$4
求解(S)
等于: 最大值(M) 最小值(N) 值为(V) 0
关闭
可变单元格(B):
$C$5,$D$4:$D$5
推测(G)
选项(O)
约束(U):
$E$4 = 0
$E$5 = 0
添加(A)
更改(C)
全部重设(R)
删除(D)
帮助(H)

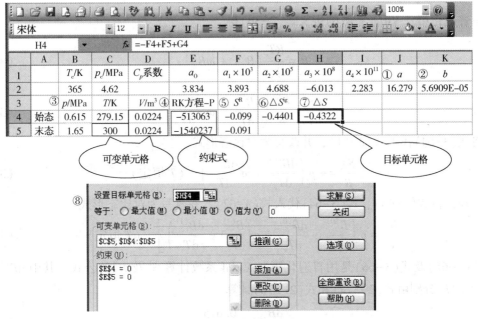

图 3-4　例 3-5 输入结果

计算结果如图 3-5 所示。计算得压缩后温度为 340.03K，即 66.88℃。

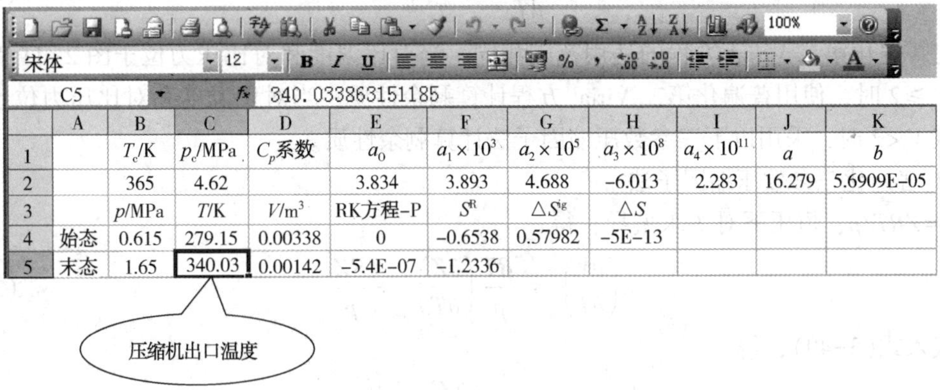

宋体
12
C5
340.033863151185

	A	B	C	D	E	F	G	H	I	J	K
1		T_c/K	p_c/MPa	C_p系数	a_0	$a_1\times10^3$	$a_2\times10^5$	$a_3\times10^8$	$a_4\times10^{11}$	a	b
2		365	4.62		3.834	3.893	4.688	-6.013	2.283	16.279	5.6909E-05
3		p/MPa	T/K	V/m³	RK方程-P	S^R	ΔS^{ig}	ΔS			
4	始态	0.615	279.15	0.00338	0	-0.6538	0.57982	-5E-13			
5	末态	1.65	340.03	0.00142	-5.4E-07	-1.2336					

压缩机出口温度

图 3-5　例 3-5 计算结果

（2）利用普遍化关系式计算 H^R 和 S^R

在工程计算中，特别是计算高压下的热力学函数时常常缺乏所需物质物性的图表，又没有足够的 p-V-T 实验数据和合适的真实气体状态方程用来计算这些物质的性质，在这种情况下，常借助于近似的方法来处理，即把上章所介绍的普遍化方法扩展到剩余性质 S^R、H^R 的计算。

① 利用普遍化第二 Virial 方程计算

将式(3-56)、式(3-57)变为无因次形式。

$$\frac{S^R}{R} = -\frac{p}{R} \times \frac{\mathrm{d}B}{\mathrm{d}T} \quad (T\ 恒定) \tag{3-61}$$

$$\frac{H^R}{RT} = \frac{p}{RT}\left[B - T\left(\frac{\mathrm{d}B}{\mathrm{d}T}\right) \right] \quad (T\ 恒定) \tag{3-62}$$

由普遍化第二 Virial 系数的定义式(2-36)得

$$B = \frac{RT_c}{p_c}(B^{(0)} + \omega B^{(1)}) \tag{3-63}$$

则

$$\frac{\mathrm{d}B}{\mathrm{d}T} = \frac{RT_c}{p_c}\left(\frac{\mathrm{d}B^{(0)}}{\mathrm{d}T} + \omega\frac{\mathrm{d}B^{(1)}}{\mathrm{d}T}\right) \tag{3-64}$$

将式(3-64)代入式(3-61),并改写为对比态形式

$$\frac{S^R}{R} = -p_r\left(\frac{\mathrm{d}B^{(0)}}{\mathrm{d}T_r} + \omega\frac{\mathrm{d}B^{(1)}}{\mathrm{d}T_r}\right) \quad (T\ 恒定) \tag{3-65}$$

同理,将式(3-63)、式(3-64)代入式(3-62),并改写为对比态形式

$$\frac{H^R}{RT} = p_r\left[\frac{B^{(0)}}{T_r} - \frac{\mathrm{d}B^{(0)}}{\mathrm{d}T_r} + \omega\left(\frac{B^{(1)}}{T_r} - \frac{\mathrm{d}B^{(1)}}{\mathrm{d}T_r}\right)\right] \quad (T\ 恒定) \tag{3-66}$$

式(3-65)及式(3-66)是用普遍化第二 Virial 系数计算 S^R 及 H^R 的公式,其中 $\mathrm{d}B^{(0)}/\mathrm{d}T_r$ 和 $\mathrm{d}B^{(1)}/\mathrm{d}T_r$ 分别由式(2-37a)和式(2-37b)计算。

$$\frac{\mathrm{d}B^{(0)}}{\mathrm{d}T_r} = \frac{0.675}{T_r^{2.6}} \tag{3-67}$$

$$\frac{\mathrm{d}B^{(1)}}{\mathrm{d}T_r} = \frac{0.722}{T_r^{5.2}} \tag{3-68}$$

与普遍化第二 Virial 方程的适用范围相同,当对比温度和对比压力位于图 2-11 斜线上方或 $V_r \geqslant 2$ 时,使用普遍化第二 Virial 方程计算剩余性质;当对比温度和对比压力位于斜线下方或 $V_r < 2$ 时,采用以下三参数压缩因子法计算剩余性质。

② 普遍化三参数压缩因子法

$V = ZRT/p$,恒压下对 T 求偏导,得

$$\left(\frac{\partial V}{\partial T}\right)_p = \frac{RT}{p}\left(\frac{\partial Z}{\partial T}\right)_p + \frac{RZ}{p} \tag{3-69}$$

代入式(3-49),得

$$S^R = R\int_0^p \left[1 - Z - T\left(\frac{\partial Z}{\partial T}\right)_p\right]\frac{\mathrm{d}p}{p} \quad (T\ 恒定) \tag{3-70}$$

将式(3-69)代入式(3-53),得

$$H^R = -RT^2\int_0^p \left(\frac{\partial Z}{\partial T}\right)_p \frac{\mathrm{d}p}{p} \quad (T\ 恒定) \tag{3-71}$$

将式(3-70)和式(3-71)变为无因次并改写为对比态形式

$$\frac{S^R}{R} = \int_0^{p_r} \left[1 - Z - T_r\left(\frac{\partial Z}{\partial T_r}\right)_{p_r}\right]\frac{\mathrm{d}p_r}{p_r} \quad (T\ 恒定) \tag{3-72}$$

50

$$\frac{H^R}{RT_c} = -T_r^2 \int_0^{p_r} \left(\frac{\partial Z}{\partial T_r} \right)_{p_r} \frac{\mathrm{d}p_r}{p_r} \quad (T\text{ 恒定}) \tag{3-73}$$

将 Pitzer 关系式 $Z = Z^{(0)} + \omega Z^{(1)}$ 代入式(3-72)和式(3-73)，分别得

$$\frac{S^R}{R} = -\int_0^{p_r}\left[T_r\left(\frac{\partial Z^{(0)}}{\partial T_r}\right)_{p_r} + Z^{(0)} - 1 \right]\frac{\mathrm{d}p_r}{p_r} - \omega\int_0^{p_r}\left[T_r\left(\frac{\partial Z^{(1)}}{\partial T_r}\right)_{p_r} + Z^{(1)} \right]\frac{\mathrm{d}p_r}{p_r} \quad (T\text{ 恒定})$$

$$\tag{3-74}$$

$$\frac{H^R}{RT_c} = -T_r^2 \int_0^{p_r} T_r\left(\frac{\partial Z^{(0)}}{\partial T_r}\right)_{p_r}\frac{\mathrm{d}p_r}{p_r} - \omega T_r^2\int_0^{p_r}\left(\frac{\partial Z^{(1)}}{\partial T_r}\right)_{p_r}\frac{\mathrm{d}p_r}{p_r} \quad (T\text{ 恒定}) \tag{3-75}$$

式(3-74)及式(3-75)中$\left(\frac{\partial Z^{(0)}}{\partial T_r}\right)_{p_r}$和$\left(\frac{\partial Z^{(1)}}{\partial T_r}\right)_{p_r}$可由普遍化压缩因子图 2-7 ~ 图 2-10 的 $Z^{(0)}-T_r$、$Z^{(1)}-T_r$ 曲线图解或计算求出。

为了书写方便，将式(3-74)中的两个积分项分别写为$\frac{(S^R)^0}{R}$和$\frac{(S^R)^1}{R}$，而式(3-75)中的两个积分项分别写为$\frac{(H^R)^0}{RT_c}$和$\frac{(H^R)^1}{RT_c}$，则式(3-74)和式(3-75)分别写为

$$\frac{S^R}{R} = \frac{(S^R)^0}{R} + \omega\frac{(S^R)^1}{R} \quad (T\text{ 恒定}) \tag{3-76}$$

$$\frac{H^R}{RT_c} = \frac{(H^R)^0}{RT_c} + \omega\frac{(H^R)^1}{RT_c} \quad (T\text{ 恒定}) \tag{3-77}$$

根据普遍化压缩因子图可以做出普遍化$\frac{(S^R)^0}{R}$、$\frac{(S^R)^1}{R}$、$\frac{(H^R)^0}{RT_c}$及$\frac{(H^R)^1}{RT_c}$图，见图 3-6 ~ 图 3-13。

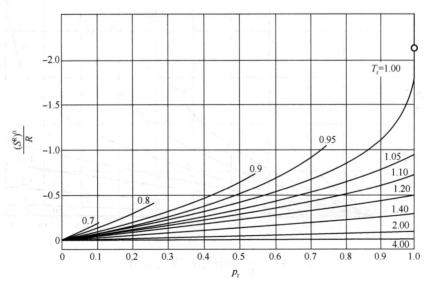

图 3-6 $\frac{(S^R)^0}{R}$的普遍化关联($p_r<1.0$)

与 Virial 方程相同，利用普遍化关联式只能计算真实气体的剩余熵、剩余焓。

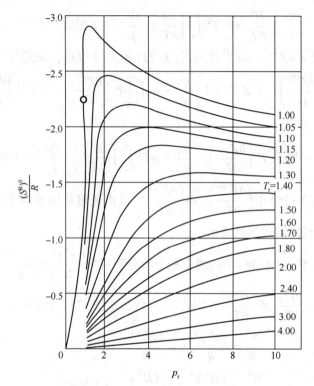

图 3-7　$\dfrac{(S^R)^0}{R}$ 的普遍化关联($p_r > 1.0$)

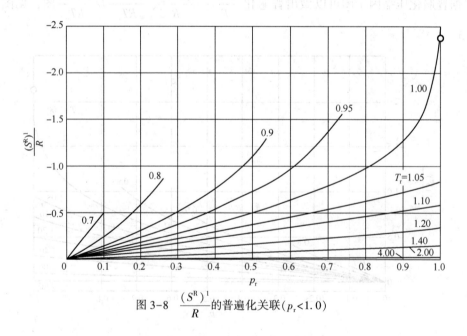

图 3-8　$\dfrac{(S^R)^1}{R}$ 的普遍化关联($p_r < 1.0$)

　　以上计算的都是过程的焓变或熵变，是相对值。如需要计算某个状态下 H、S 的绝对值，可选取一个标准态，令标准态下的 H、S 为零(S 是有绝对值的，当用于物理过程熵变计算时也可取一个标准态，并令标准态下的 S 为零)。

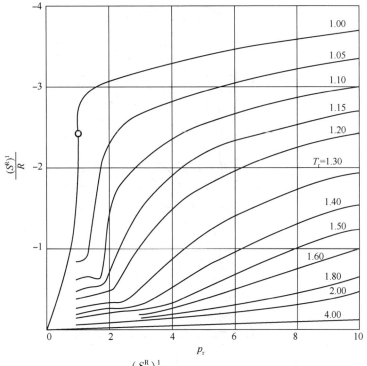

图 3-9　$\dfrac{(S^R)^l}{R}$ 的普遍化关联（$p_r > 1.0$）

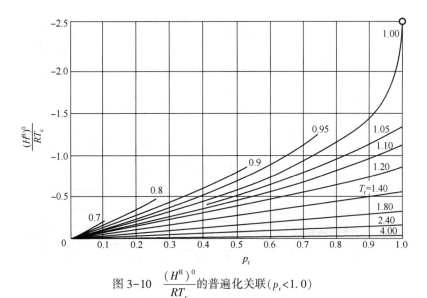

图 3-10　$\dfrac{(H^R)^0}{RT_c}$ 的普遍化关联（$p_r < 1.0$）

3.3.4　蒸发焓与蒸发熵

蒸发是液相转变为气相的过程，系统发生液-气相转变时，过程的摩尔焓变与摩尔熵变称为摩尔蒸发焓（$\Delta_v H$）与摩尔蒸发熵（$\Delta_v S$）。

$$\Delta_v H = H^v - H^l \tag{3-78}$$

$$\Delta_v S = S^v - S^l \tag{3-79}$$

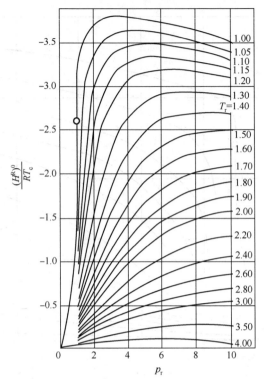

图 3-11 $\dfrac{(H^R)^0}{RT_c}$ 的普遍化关联($p_r > 1.0$)

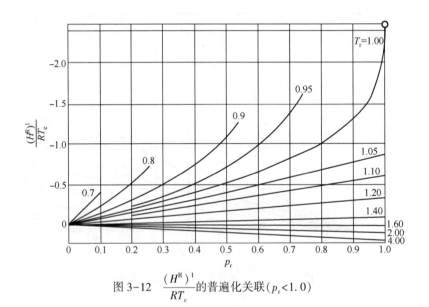

图 3-12 $\dfrac{(H^R)^1}{RT_c}$ 的普遍化关联($p_r < 1.0$)

式中，上标 v、l 分别表示气相和液相，下标 v 表示蒸发过程。

在一定 T、p 下发生相变时，饱和液相和饱和气相间的 V、U、H、S 的值相差较大，但 G 恒定，即 $G^v = G^l(T,p)$。当两相系统温度发生 dT 变化时，为了维持两相平衡，压力随之变化 dp^s（p^s 为温度 T 下饱和蒸气压），并且一直保持着 $G^v = G^l$ 的关系，其变化为 $dG^v = dG^l$。

由式(3-5)得

54

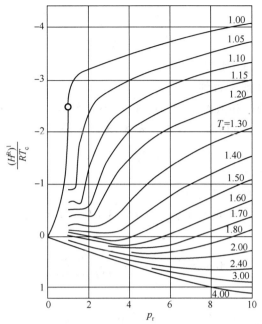

图 3-13 $\dfrac{(H^R)^l}{RT_c}$的普遍化关联($p_r > 1.0$)

$$dG^v = V^v dp^s - S^v dT$$

$$dG^l = V^l dp^s - S^l dT$$

则
$$V^v dp^s - S^v dT = V^l dp^s - S^l dT$$

整理得
$$\frac{dp^s}{dT} = \frac{S^v - S^l}{V^v - V^l} = \frac{\Delta_v S}{\Delta_v V} \tag{3-80}$$

式中，$\Delta_v V$ 为摩尔蒸发体积。

在等温、等压下积分式 $dH = TdS + Vdp$，得

$$\Delta_v H = T\Delta_v S$$

代入式(3-80)，得

$$\frac{dp^s}{dT} = \frac{\Delta_v H}{T\Delta_v V} \tag{3-81}$$

式(3-81)称为 Clapeyron 方程，适用于纯物质气液两相平衡系统。

又
$$\Delta_v V = V^v - V^l = \frac{Z^v RT}{p^s} - \frac{Z^l RT}{p^s} = \frac{\Delta Z RT}{p^s}$$

代入式(3-81)，得

$$\frac{dp^s}{dT} = \frac{\Delta_v H}{(RT^2/p^s)\Delta Z} \tag{3-82}$$

或
$$\frac{d\ln p^s}{d\ln(1/T)} = -\frac{\Delta_v H}{R\Delta Z} \tag{3-83}$$

式(3-83)称为 Clausius-Clapeyron 方程(克-克方程)，它将摩尔蒸发焓直接和饱和蒸气压与温度关联，若知道饱和蒸气压和温度的关系，可将它用于蒸发焓的计算。目前文献提供的计算饱和蒸气压的方程很多，工程上广泛使用 Antoine 方程表达饱和蒸气压与温度的关

系，其形式为

$$\ln p^s = A - \frac{B}{T + C} \tag{3-84}$$

式中，A、B、C 称为 Antoine 常数，由饱和蒸气压数据回归得到。许多组分的 Antoine 常数可由附录 3 及其他多种手册中查到。

【例 3-6】 3MPa 的饱和液态 1-丁烯，以每小时 50kmol 的流速进入蒸发器汽化加热至 478K，求每小时需要加入的热量。其中，蒸发焓采用公式 $\Delta_v H = RT_c[7.08 \times (1 - T_r)^{0.345} + 10.95\omega(1 - T_r)^{0.456}]$ 计算。

解：此过程中 $n\Delta H = Q$

查附录 1 得 1-丁烯的物性参数为

$$T_c = 419.6K, \quad p_c = 4.023MPa, \quad \omega = 0.187$$

查附录 3 得

$$\ln p^s = 6.067321 - \frac{978.664}{247.2605 + t} \tag{1}$$

查附录 4 得

$$C_p^{ig}/R = 4.389 + 7.984 \times 10^{-3}T + 6.143 \times 10^{-5}T^2 \tag{2}$$

计算过程如下图

$$\Delta H = \Delta_v H - H_1^R + \Delta H^{ig} + H_2^R \tag{3}$$

由式 (1) 得 3MPa 的饱和液态 1-丁烯的温度 t 为 130.6℃，即 403.75K。

① 计算 $\Delta_v H$

$$T_{r1} = \frac{T_1}{T_c} = \frac{403.75}{419.6} = 0.96$$

$$\Delta_v H = RT_c[7.08 \times (1 - T_r)^{0.354} + 10.95\omega (1 - T_r)^{0.456}]$$

$$= 8.314 \times 419.6 \times [7.08 \times (1 - 0.96)^{0.354} + 10.95 \times 0.178 \times (1 - 0.96)^{0.456}]$$

$$= 9470.1J \cdot mol^{-1}$$

② 计算 H_1^R

$$p_r = \frac{3}{4.023} = 0.746; \quad T_{r1} = 0.96$$

查图 2-11 判断，剩余焓应采用普遍化焓差图计算。

由图 3-10 和图 3-12 查得 $\dfrac{(H_1^R)^0}{RT_c} = -1.2$，$\dfrac{(H_1^R)^1}{RT_c} = -1.52$，代入式 (3-77) 得

$$\frac{H_1^R}{RT_c} = \frac{(H_1^R)^0}{RT_c} + \omega \frac{(H_1^R)^1}{RT_c}$$

$$= (-1.2) + 0.187 \times (-1.52)$$

$$= -1.48$$

则 $\qquad H_1^R = -5163.1 \text{J} \cdot \text{mol}^{-1}$

③ 计算 ΔH^{ig}

$$\Delta H^{ig} = \int_{T_1}^{T_2} C_p^{ig} \text{d}T$$

$$= 8.314 \times \int_{403.75}^{478} (4.389 + 7.984 \times 10^{-3} T + 6.143 \times 10^{-5} T^2) \text{d}T$$

$$= 12270.6 \text{J} \cdot \text{mol}^{-1}$$

④ 计算 H_2^R

$$T_{r2} = \frac{T_2}{T_c} = \frac{478}{419.6} = 1.14; \quad p_r = 0.746$$

查图 2-11 判断，剩余焓应采用普遍化焓差图计算。

由图 3-10 和图 3-12 查得 $\frac{(H_2^R)^0}{RT_c} = -0.54$, $\frac{(H_2^R)^1}{RT_c} = -0.4$, 代入式(3-77)得

$$\frac{H_2^R}{RT_c} = \frac{(H_2^R)^0}{RT_c} + \omega \frac{(H_2^R)^1}{RT_c}$$

$$= (-0.54) + 0.187 \times (-0.4)$$

$$= -0.615$$

则 $\qquad H_2^R = -2145.5 \text{J} \cdot \text{mol}^{-1}$

⑤ 将①、②、③、④的结果代入式(1)，得

$$\Delta H = 9470 + 5163.1 + 12270.6 - 2145.5 = 24758.2 \text{J} \cdot \text{mol}^{-1}$$

⑥ 计算 Q

$$Q = n\Delta H = 50 \times 10^9 \times 24758.2 = 1.238 \times 10^9 \text{J} \cdot \text{h}^{-1}$$

3.3.5 热力学性质图表

物质的热力学性质可用三种形式表示，即方程式、图、表，每一种表示法都有优缺点。方程式法可以用分析法进行微分，结果较精确，但计算较为费时，甚至难以手算完成。图示法易于内插求中间数据，对问题的形象化也有帮助，但精度不高，变量数目受限制。表格法能给出确定点的精确值，但要使用内插，比较麻烦。

为了方便手工完成化工设计和工程计算，人们将常用物质，如空气、水、二氧化碳、氨、甲烷等的热力学性质制成专用的热力学图表。除了可以在一张图上直接读取物质的 p、V、T、H、S 等热力学性质外，热力学性质图还能形象地表示热力学性质的规律和过程进行的路径，一些基本的热力学过程，如等压过程、等温过程、等熵过程等都可以直观地显示在图上。

（1）热力学性质图

热力学性质图包括 p-V 图、p-T 图、H-T 图、T-S 图、$\ln p$-H 图、H-S 图等，其中 p-V 图、p-T 图在第 2 章已经介绍，它们只用于表达热力学关系，不能直接读取数据。常用于工程计算的是 T-S 图、$\ln p$-H 图、H-S 图。这些热力学性质图都是根据实验所得的 p、V、T 数据、汽化潜热和热容数据，经过一系列微分、积分等运算而成的，当实验数据不完整时，可通过状态方程等计算方法来进行补充和引申。

1）温-熵图（T-S 图）

如图 3-14 所示，T-S 图以 S 为横坐标，热力学温度为纵坐标。在图中标出了单相区和

两相区，图中包括等压线、等温线、等熵线、等干度线（干度为汽相的质量分数或摩尔分数，记为 x）、等焓线、饱和汽相线、饱和液相线等。如已知两个参数（若为饱和状态，已知一个参数），就可在图中找到对应状态的位置，并可读出该状态下其他热力学函数值。

图 3-14 中 AC 为饱和液体线，CB 为饱和蒸汽线，在饱和液体线左侧，临界温度以下的区域为液相区，在饱和蒸汽线右侧的区域为汽相区，在此区域中的蒸汽为过热蒸汽，包络线 ACB 之内为汽液共存区，该区域内的蒸汽为湿蒸汽，湿蒸汽中所含饱和蒸汽的摩尔（质量）百分数称为干度 x（也叫品质）。在两相区标有一系列的等 x 线，在等 x 线上的湿蒸汽具有相同的干度。纯组分的等压线在两相区为一水平线（2-3 线），空气因为是混合物，所以其等压线在两相区是向右斜上方的，在液相区和汽相区等压线均是向右倾斜上升的（分别为 1-2 线和 3-4 线）。各个等压线上焓值相等的状态点的联线为等焓线，压力一定时，焓值随温度的升高而增加，在低压区等焓线接近水平线。

应用 T-S 图可直接查到物质处于某状态下的焓值、熵值，而且可以把许多热力学过程在图中表示出来。例如某一过程若为等焓过程，沿着等焓线就可以立即观察到温度和压力的变化，等焓降压至某一压力时，相应的温度是多少，立即可以从图上读出。

T-S 图是最有用的热力学性质图，在讨论过程的热效应和功时该图非常有用。附录 8 和附录 9 分别为空气和氨的 T-S 图。

对于湿蒸汽，系统处于汽液两相平衡状态，按相律只有一个自由度，因此湿蒸汽的压力和温度是一一对应的。湿蒸汽的状态参数由干度根据杠杆规则计算，即

$$M = M^l(1 - x) + M^v x \tag{3-85}$$

式中　M——广度性质；

上标 l——饱和液相；

上标 v——饱和汽相。

在需要计算两相混合物的广度性质时，热力学性质表中只给出了饱和相的值，此时两相混合物的广度性质就应根据上式来计算。

2）压-焓图（$\ln p$-H 图）

如图 3-15 所示，压-焓图纵坐标为 p，横坐标为 H，多应用于制冷循环。图中同样标出了单相区和两相区，绘制了等压线（1-2-3-4）、等温线（5-2-3-6）、等熵线、等容线、饱和汽相线、饱和液相线等。两相区内水平线的长度表示蒸发热（汽化热）的数据。纯组分的等温线在两相区为一水平线，在液相区等温线几乎是垂直的，在过热蒸汽区等温线陡峭下降，在低温区又接近垂直。附录 10 为 R12（CCl_2F_2）的 $\ln p$-H 图。

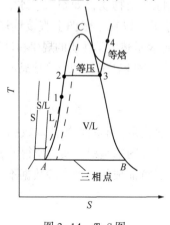

图 3-14　T-S 图

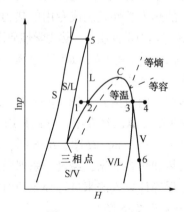

图 3-15　$\ln p$-H 图

3）焓-熵图（H-S图）

构成 H-S 图和构成 T-S 图使用相同的数据，它包含的数据也是工程计算、分析最常用的。从 H-S 图查得的 H 的数据较在 T-S 图更为准确，尤其等焓过程和等熵过程，应用最为方便，因而广泛应用于喷管、扩压管、压缩机、透平机以及换热器等设备的计算分析过程中。

【例 3-7】 试问 1.42MPa、110℃ 的 NH_3，流经节流阀后压力变为 0.1MPa，其终温为多少？如果是通过无摩擦的膨胀机进行绝热可逆膨胀至 0.1MPa，其终温应为多少？液态 NH_3 含量多少？

解：节流过程为等焓过程，即 $\Delta H = 0$。从附录 9 中查出 $p_1 = 1.42$MPa，$t_1 = 110$℃ 时，$H_1 = 1920$kJ · kg^{-1}；$p_2 = 0.1$MPa，$H_2 = 1920$kJ · kg^{-1} 时，$t_2 = 98$℃。

绝热可逆过程为等熵过程，即 $\Delta S = 0$。在附录 9 中查出 $p_1 = 1.42$MPa，$t_1 = 110$℃ 时，$S_1 = 8.9$kJ · kg^{-1} · K^{-1}，由初始态沿等熵线至压力 0.1MPa，可求出 $t_2 = -31$℃。液态 NH_3 含量为 $(1-x)$，根据式（3-85）得

$$S_2 = S^l(1 - x) + S^v x$$

式中，$S_2 = S_1 = 8.9$kJ · kg^{-1} · K^{-1}，$S^l = 3.7$ kJ · kg^{-1} · K^{-1}，$S^v = 9.3$kJ · kg^{-1} · K^{-1}

解得 $x = 0.93$

液态 NH_3 含量为 0.07

（2）热力学性质表

物质的热力学性质数据常常采用列表的形式，有关 H、S 的基点以及计算所得数据与热力学性质图是相同的。水蒸气表是收集最广泛、最完善的一种热力学表，附录 6 水和水蒸气表分为未饱和水表、以温度为序和以压力为序的饱和水蒸气表和过热水蒸气表。表中所列的 H、S 等值以水的三相点为基准，按照热力学基本关系式计算得到。其中水的三相点参数为 $p = 611.2$Pa，$V = 1000.22$cm^3 · kg^{-1}，$T = 273.16$K。规定此时的内能和熵值为零，焓值为

$$H = U + pV = 0.000614\text{kJ} \cdot \text{kg}^{-1}$$

【例 3-8】 水蒸气从 1MPa、603.15K 可逆绝热膨胀到 0.1MPa，试求 1kg 蒸汽所做的轴功。

解：$p_1 = 1$MPa 时查附录 6 得 $T = 179.91$℃ $= 453.05$K$< T_1$，因此，初始态为过热蒸汽。查附录 6 得 1MPa 下 593.15K 和 633.15K 时的焓值、熵值列于下表。

T/K	H/kJ · kg^{-1}	S/kJ · kg^{-1} · K^{-1}
593.15	3093.9	7.1962
633.15	3178.9	7.3349

内插得

$$H_1 = 3093.9 + \frac{603.15 - 593.15}{633.15 - 593.15}(3178.9 - 3093.9) = 3115.2\text{kJ} \cdot \text{kg}^{-1}$$

$$S_1 = 7.1962 + \frac{603.15 - 593.15}{633.15 - 593.15}(7.3349 - 7.1962) = 7.2309\text{kJ} \cdot \text{kg}^{-1} \cdot \text{K}^{-1}$$

水蒸气绝热可逆膨胀，等熵过程，所以 $S_1 = S_2$。

$p_2 = 0.1$MPa 时查附录 6 得

$H^l = 417.46$kJ · kg^{-1}，$S^l = 1.3026$kJ · kg^{-1} · K^{-1}，$H^v = 2675.5$kJ · kg^{-1}，$S^v = 7.3594$

$kJ \cdot kg^{-1} \cdot K^{-1}$，$S_2 = S_1 = 7.2309 kJ \cdot kg^{-1} \cdot K^{-1}$，处于两个饱和态数值之间，所以末态为湿蒸汽状态。

由式(3-85)得

$$S_2 = S^l(1 - x) + S^v x$$

解得　　$x = 0.979$

由式(3-85)得

$$H_2 = H^l(1 - x) + H^v x = 2628.1 kJ \cdot kg^{-1}$$

则　　　$$W_S = \Delta H = H_2 - H_1 = -487.1 kJ \cdot kg^{-1}$$

3.4　混合物的焓值计算

许多实际的化工问题常涉及气体或液体的多组分混合物，混合物性质的实验测定比纯物质困难得多，所以借助热力学方法，推算混合物热力学性质意义重大。

均相封闭系统的热力学关系，也适用于均相、定组成混合物。混合物性质计算过程与纯物质的计算过程十分类似，计算公式形式相同，只需要将其中纯物质的摩尔性质改为混合物的摩尔性质，将纯物质的参数改为混合物的虚拟参数，因此计算混合物性质时必须引入混合规则(见2.4节)。

与上一章相同，在研究混合物时，纯物质的参数、方程常数和摩尔性质都带有表示组分的下标。混合物的热力学性质除了是 T 和 p 的函数外，还与组成有关。理想气体混合物的热力学性质，如 V、U、H 及 S 等可直接通过各组分的组成及其相应的热力学性质进行线性加和求得。对于真实气体混合物和液体混合物(或液体溶液)，需要从其他数据，如 p-V-T 数据计算它们的热力学性质。

3.4.1　理想气体混合物的焓

在理想气体状态下，气体混合物的焓值和各组分的焓值之间为线性关系

$$H^0 = \sum_i y_i H_i^0 \tag{3-86}$$

式中，y_i 是混合物中组分 i 的摩尔分数；H^0、H_i^0 分别为理想气体状态下，混合物和纯物质 i 的摩尔焓。H_i^0 可根据其恒压热容按下式计算

$$H_i^0 = H_{p,i}^0 + \int_{T_0}^{T} C_{p,i}^0 \mathrm{d}T \tag{3-87}$$

式中　$C_{p,i}^0$——理想气体 i 在参考温度 T^0 下的恒压热容，$J \cdot mol^{-1} \cdot K^{-1}$；

$H_{p,i}^0$——理想气体 i 在参考状态 T^0、p^0 下的焓值，$J \cdot mol^{-1}$。

参考状态及其焓值的选择，原则上是任意的，但常用绝对温度和绝对压力都等于零的状态作为基准。

一些手册中列有大量纯烃和有关纯组分的理想气体焓的数据，为方便使用，通常将这些数据回归成多项式的形式，常用的形式有

$$H_i^0 = A_{0i} + A_{1i}T + A_{2i}T^2 + A_{3i}T^3 + A_{4i}T^4 + A_{5i}T^5 \tag{3-88}$$

和

$$H_i^0 = B_{0i} + B_{1i}\left(\frac{T}{100}\right) + B_{2i}\left(\frac{T}{100}\right)^2 + B_{3i}\left(\frac{T}{100}\right)^3 + B_{4i}\left(\frac{T}{100}\right)^4 \tag{3-89}$$

式中，T 为系统的温度，K；A_{0i}，$\cdots$，A_{5i} 和 B_{0i}，$\cdots$，B_{4i} 为 i 组分的常数，可由热力学性质手册查得。

焓的单位也可用质量单位如 kcal·kg^{-1} 表示。式中焓的基准，对烃类物质，以-129℃时饱和液体的焓为基准，$H_i^0 = 0$ kcal·kg^{-1}；对非烃类物质，以 0K 时的理想气体焓为基准，$H_i^0 = 0$ kcal·kg^{-1}。

3.4.2 气体和液体混合物的焓

气体和液体混合物于指定 T、p 和组成 y 下的摩尔焓 H 可按下式计算

$$H = (H - H^0) + H^0 \tag{3-90}$$

式中，$(H-H^0)$ 称为等温焓差，为同温、同压下真实气体或液体混合物的摩尔焓与理想气体混合物的摩尔焓的差额，即混合物的剩余焓。与纯物质的剩余性质相同，由第 2 章介绍的状态方程计算，计算时只要将相应的方程系数替换为混合物的系数即可(Virial 方程只能计算气体混合物的焓差)。

气体和液体混合物的熵值采用类似方法计算。

3.5 变组成系统的热力学性质

对于流体混合物，若系统中存在传质过程或化学反应，会使系统的组成发生变化，对这类系统的热力学描述，必须要考虑组成对热力学性质的影响。

3.5.1 敞开系统的热力学关系式和化学势

对于含有 C 个组分的均相敞开系统，其热力学性质间的关系可以由封闭系统的热力学基本关系式及 H、A 和 G 的定义推导而来。

对含有 n mol 物质的均相封闭系统，n 是一个常数，式(3-2)可写成

$$d(nU) = Td(nS) - pd(nV)$$

式中，n 是所有组分的物质的量的总和，U、S、V 是混合物的摩尔性质。

总热力学能可看成是总熵和总体积的函数，即

$$nU = f(nS, nV)$$

由叠加原理得 nU 全微分为

$$d(nU) = \left[\frac{\partial(nU)}{\partial(nS)}\right]_{nV,n} d(nS) + \left[\frac{\partial(nU)}{\partial(nV)}\right]_{nS,n} d(nV)$$

式中，下标 n 表示所有组分的物质的量保持不变。对比 $d(nU)$ 的两个表达式可得

$$\frac{\partial(nU)}{\partial(nS)_{nV,n}} = T \tag{3-91}$$

$$\frac{\partial(nU)}{\partial(nV)_{nS,n}} = -p \tag{3-92}$$

对于敞开系统，即系统与环境之间有物质交换时，系统的总内能 nU 不仅是 nS 和 nV 的函数，还与进入或离开系统的物质的量有关，即

$$nU = f(nS, \ nV, \ n_1, \ n_2\cdots, \ n_i, \ \cdots)$$

式中，n_i 代表组分 i 的物质的量。此时 nU 的全微分为

$$\mathrm{d}(nU) = \left[\frac{\partial(nU)}{\partial(nS)}\right]_{nV,n} \mathrm{d}(nS) + \left[\frac{\partial(nU)}{\partial(nV)}\right]_{nS,n} \mathrm{d}(nV) + \sum_i \left[\frac{\partial(nU)}{\partial(n_i)}\right]_{nV,nS,n_{j\neq i}} \mathrm{d}n_i$$
$$(3-93)$$

将式(3-91)、式(3-92)代入式(3-93)得

$$\mathrm{d}(nU) = T\mathrm{d}(nS) - p\mathrm{d}(nV) + \sum_i \left[\frac{\partial(nU)}{\partial(n_i)}\right]_{nV,nS,n_{j\neq i}} \mathrm{d}n_i \qquad (3-94)$$

式中的求和项，是对存在于系统内的所有组分而言的，下标 $n_{j\neq i}$ 表示除组分 i 外，所有其他组分的物质的量都保持不变。

式(3-93)是均相敞开系统的热力学基本关系式之一，其中的偏导数定义为组分的化学势，用 μ_i 表示，即

$$\mu_i = \left[\frac{\partial(nU)}{\partial n_i}\right]_{nS,nV,n_{j\neq i}} \qquad (3-95)$$

将式(3-95)代入式(3-94)得

$$\mathrm{d}(nU) = T\mathrm{d}(nS) - p\mathrm{d}(nV) + \sum_i \mu_i \mathrm{d}n_i \qquad (3-96)$$

对 n mol 物质，H、A 和 G 分别定义为

$$nH = nU + p(nV) \qquad (3-97)$$
$$nA = nU - T(nS) \qquad (3-98)$$
$$nG = nH - T(nS) \qquad (3-99)$$

式中，H、A、G 为混合物的摩尔性质。对式(3-97)~式(3-99)进行全微分，再结合式(3-96)，可得均相敞开系统的其他热力学基本关系式

$$\mathrm{d}(nH) = T\mathrm{d}(nS) + p\mathrm{d}(nV) + \sum_i \mu_i \mathrm{d}n_i \qquad (3-100)$$

$$\mathrm{d}(nA) = -(nS)\mathrm{d}T - p\mathrm{d}(nV) + \sum_i \mu_i \mathrm{d}n_i \qquad (3-101)$$

$$\mathrm{d}(nG) = -(nS)\mathrm{d}T + (nV)\mathrm{d}p + \sum_i \mu_i \mathrm{d}n_i \qquad (3-102)$$

将 H、A 和 G 的全微分分别与式(3-100)~式(3-102)比较，可得另外三个化学势的表达式

$$\mu_i = \left[\frac{\partial(nH)}{\partial n_i}\right]_{nS,p,n_{j\neq i}}; \mu_i = \left[\frac{\partial(nA)}{\partial n_i}\right]_{T,nV,n_{j\neq i}}; \mu_i = \left[\frac{\partial(nG)}{\partial n_i}\right]_{T,p,n_{j\neq i}}$$

实际上，四个化学势是相等的，即

$$\mu_i = \left[\frac{\partial(nU)}{\partial n_i}\right]_{nS,nV,n_{j\neq i}} = \left[\frac{\partial(nH)}{\partial n_i}\right]_{nS,p,n_{j\neq i}} = \left[\frac{\partial(nA)}{\partial n_i}\right]_{T,nV,n_{j\neq i}} = \left[\frac{\partial(nG)}{\partial n_i}\right]_{T,p,n_{j\neq i}}$$
$$(3-103)$$

式(3-103)是广义的化学势定义式，表达了不同条件下热力学性质随组成的变化率，其物理意义是物质在相间传递和化学反应中的推动力。必须注意式(3-103)中的各个下标，每个化学势表达式的独立变量是不同的，在使用时应避免出错。由于相变和化学反应过程常常是在等温和等压条件下进行的，所以化学势的概念通常只是狭义地指 $\left[\frac{\partial(nG)}{\partial n_i}\right]_{T,p,n_{j\neq i}}$。

均相敞开系统的热力学基本关系式表征的是系统与环境之间能量和物质的传递规律，在解决相平衡和化学平衡中起重要作用。这些关系式适用于均相系统的平衡态之间的变化，当 $\mathrm{d}n_i=0$ 时，它们就还原为封闭系统的热力学基本关系式(3-2)~式(3-5)。

把二阶导数关系式(3-10)应用于式(3-96)、式(3-100)~式(3-103)，可得与 Maxwell 关系式相似的一系列关系式。

$$\left(\frac{\partial T}{\partial V}\right)_{S,n} = -\left(\frac{\partial p}{\partial S}\right)_{V,n} \tag{3-104}$$

$$\left(\frac{\partial T}{\partial p}\right)_{S,n} = \left(\frac{\partial V}{\partial S}\right)_{p,n} \tag{3-105}$$

$$\left(\frac{\partial p}{\partial T}\right)_{V,n} = \left(\frac{\partial S}{\partial V}\right)_{T,n} \tag{3-106}$$

$$\left(\frac{\partial V}{\partial T}\right)_{p,n} = -\left(\frac{\partial S}{\partial p}\right)_{T,n} \tag{3-107}$$

式(3-104)~式(3-107)适用于定组成混合物。

另外，还可以写出 12 个包含 μ_i 的方程式，其中最重要的两个方程式为

$$\left(\frac{\partial \mu_i}{\partial p}\right)_{T,n} = \left[\frac{\partial(nV)}{\partial n_i}\right]_{T,p,n_{j\neq i}} \tag{3-108}$$

$$\left(\frac{\partial \mu_i}{\partial T}\right)_{p,n} = -\left[\frac{\partial(nS)}{\partial n_i}\right]_{T,p,n_{j\neq i}} \tag{3-109}$$

敞开系统的热力学基本关系式表达了其与环境之间的能量和物质的传递规律，特别是化学势表达了不同条件下热力学性质随组成的变化，在描述相平衡中具有特别重要的意义。

3.5.2 偏摩尔性质

(1) 偏摩尔性质定义

化学势表达了不同条件下组成对系统性质的影响。在式(3-103)中的 4 个化学势中，以 T、p、$n_{j\neq i}$ 不变条件下的化学势 $\left[\frac{\partial(nG)}{\partial n_i}\right]_{T,p,n_{j\neq i}}$ 最有意义，称为偏摩尔 Gibbs 自由能，用 $\overline{G}_i$ 表示，即 $\mu_i=\overline{G}_i$。

为了考虑其他性质随组成的变化，将在 T、p、$n_{j\neq i}$ 不变条件下总广度性质 nM 对于 i 组分物质的量 n_i 的偏导数统称为偏摩尔性质，即

$$\overline{M}_i = \left[\frac{\partial(nM)}{\partial n_i}\right]_{T,p,n_{j\neq i}} \quad (M = V、U、H、G、S、A、C_p、\rho\cdots) \tag{3-110}$$

偏摩尔性质的含义是指在给定的 T、p 和组成下，向含有组分 i 的无限多溶液中加入 1mol 组分 i 所引起的广度性质的变化。偏摩尔性质与温度及压力一样是溶液的强度性质。

偏摩尔性质对分析一定温度和压力下的混合物摩尔性质与组成的关系十分有用，也是推导许多热力学关系式的基础。

(2) 用偏摩尔性质表达混合物的摩尔性质

事实上，溶液的各组分均匀混合，不再具有纯组分的性质，式(3-110)定义了溶液性质在各组分间的分配。在 3.3 节中通过状态方程和混合规则建立了混合物的摩尔焓与组成间的关系。其实，混合物也可以看作均相敞开系统，因为偏摩尔性质反映了组成变化对系统性质

的影响，故从偏摩尔性质也能得到摩尔性质与组成的关系。

恒温、恒压下系统的任一广度性质均是各组分物质的量的函数，即

$$nM = f(n_1, n_2, n_3 \cdots)$$

由叠加原理可得

$$\mathrm{d}(nM) = \left[\frac{\partial(nM)}{\partial n_1}\right]_{T,p,n_{j\neq1}} \mathrm{d}n_1 + \left[\frac{\partial(nM)}{\partial n_2}\right]_{T,p,n_{j\neq2}} \mathrm{d}n_2 + \left[\frac{\partial(nM)}{\partial n_i}\right]_{T,p,n_{j\neq3}} \mathrm{d}n_3 + \cdots$$

$$= \overline{M}_1 dn_1 + \overline{M}_2 dn_2 + \overline{M}_3 dn_3 + \cdots$$

在恒温、恒压下，若系统的组成恒定，那么偏摩尔量保持不变。若在 $\overline{M}_1$，$\overline{M}_2$，$\overline{M}_3$，$\cdots$ 为常数的情况下对上式从 0 至 n 积分，可得

$$nM = \overline{M}_1 n_1 + \overline{M}_2 n_2 + \overline{M}_3 n_3 + \cdots = \sum_i n_i \overline{M}_i \tag{3-111}$$

两边同除以 n 得到另一种形式为

$$M = \sum_i x_i \overline{M}_i \tag{3-112}$$

式中，x_i 是混合物中组分 i 的摩尔分数。

式(3-112)表明混合物的摩尔性质与组分的偏摩尔性质呈线性关系。这样，就可以把组分的偏摩尔性质完全当成混合物中组分的摩尔性质加以处理。对于纯物质，摩尔性质与偏摩尔性质是相同的，即

$$\lim_{x_i \to 1} \overline{M}_i = M_i \tag{3-113}$$

(3) 偏摩尔性质的热力学关系

研究混合物的热力学性质，涉及三类性质，可用下列符号表达并区分。

混合物的摩尔性质：M，如 U、H、S、G、V；

偏摩尔性质：$\overline{M}_i$，如 $\overline{U}_i$、$\overline{H}_i$、$\overline{S}_i$、$\overline{G}_i$、$\overline{V}_i$；

纯组分的摩尔性质：M_i，如 U_i、H_i、S_i、G_i、V_i。

可以证明，每一个关联定组成混合物的热力学方程都对应存在一个关联混合物中组分 i 的热力学方程。例如，根据 H、A、G 的定义式，定组成混合物的摩尔性质遵守下列关系

$$H = U + pV \tag{3-114}$$

$$A = U - TS \tag{3-115}$$

$$G = H - TS \tag{3-116}$$

对 $n$mol 物质，式(3-114)为 $nH = nU + n(pV)$，在 T、p、$n_{j \neq i}$ 不变条件下对 n_i 微分，得

$$\left[\frac{\partial(nH)}{\partial n_i}\right]_{T,p,n_{j\neq i}} = \left[\frac{\partial(nU)}{\partial n_i}\right]_{T,p,n_{j\neq i}} + p\left[\frac{\partial(nV)}{\partial n_i}\right]_{T,p,n_{j\neq i}}$$

根据偏摩尔性质的定义，上式可写成

$$\overline{H}_i = \overline{U}_i + p\overline{V}_i \tag{3-117}$$

同理，可得

$$\overline{A}_i = \overline{U}_i - T\overline{S}_i \tag{3-118}$$

$$\overline{G}_i = \overline{H}_i - T\overline{S}_i \tag{3-119}$$

又如，适用于定组成混合物的摩尔 Gibbs 自由能的微分式为

$$\mathrm{d}G = V\mathrm{d}p - S\mathrm{d}T$$

对 n mol 物质，有

$$\mathrm{d}(nG) = (nV)\mathrm{d}p - (nS)\mathrm{d}T$$

nG 可表示为 T 和 p 的函数，即

$$nG = f(T, p)$$

根据式(3-111)得

$$nG = \sum n_i \overline{G}_i$$

当 n_i 不变时，$\overline{G}_i$ 也可表示为 T 和 p 的函数

$$\overline{G}_i = f(T, p)$$

由叠加原理得

$$\mathrm{d}\overline{G}_i = \left(\frac{\partial \overline{G}_i}{\partial p}\right)_{T,n} \mathrm{d}p + \left(\frac{\partial \overline{G}_i}{\partial T}\right)_{p,n} \mathrm{d}T \tag{3-120}$$

将 $\mu_i = \overline{G}_i$ 代入式(3-120)，并与式(3-108)和式(3-109)对比，结合偏摩尔性质的定义式(3-110)，得

$$\left(\frac{\partial \mu_i}{\partial p}\right)_{T,n} = \left(\frac{\partial \overline{G}_i}{\partial p}\right)_{T,n} = \overline{V}_i \tag{3-121}$$

$$\left(\frac{\partial \mu_i}{\partial T}\right)_{T,n} = \left(\frac{\partial \overline{G}_i}{\partial T}\right)_{T,n} = -\overline{S}_i \tag{3-122}$$

将式(3-121)与式(3-122)代入式(3-120)，得

$$\mathrm{d}\overline{G}_i = \overline{V}_i \mathrm{d}p - \overline{S}_i \mathrm{d}T \quad (\text{定组成}) \tag{3-123}$$

同理可得

$$\mathrm{d}\overline{U}_i = T\mathrm{d}\overline{S}_i - p\mathrm{d}\overline{V}_i \quad (\text{定组成}) \tag{3-124}$$

$$\mathrm{d}\overline{H}_i = T\mathrm{d}\overline{S}_i + \overline{V}_i \mathrm{d}p \quad (\text{定组成}) \tag{3-125}$$

$$\mathrm{d}\overline{A}_i = -p\mathrm{d}\overline{V}_i - \overline{S}_i \mathrm{d}T \quad (\text{定组成}) \tag{3-126}$$

以上两个例子说明，组分 i 的偏摩尔性质间的关系和系统总的摩尔性质间的关系一一对应。

(4) 偏摩尔性质的计算

在热力学性质测定实验中，一般是先测定出混合物的摩尔性质随组成的变量关系，然后通过计算得到偏摩尔性质。对实验数据的不同处理，可得到不同的计算偏摩尔性质的方法。如果能把实验数据关联成 $M-n_i$ 的解析式，便可从偏摩尔性质的定义着手直接计算；也可以从偏摩尔性质的定义出发，直接推导出一个关联偏摩尔性质与混合物的摩尔性质及组成的方程式，所得的方程式称为截距法公式。由于实验得到的数据往往是以单位物质的量或单位质量为基准，以摩尔分数或质量分数表示的组成进行关联，所以通常后一种方法比较方便。

截距法公式是关联偏摩尔性质与混合物的摩尔性质及组成的方程式。

将式(3-110)的偏导数展开，得

$$\overline{M}_i = M\left(\frac{\partial n}{\partial n_i}\right)_{T,p,n_{j\neq i}} + n\left(\frac{\partial M}{\partial n_i}\right)_{T,p,n_{j\neq i}}$$

因为 $\left(\dfrac{\partial n}{\partial n_i}\right)_{T,p,n_{j\neq i}}=1$，故

$$\overline{M}_i = M + n\left(\frac{\partial M}{\partial n_i}\right)_{T,p,n_{j\neq i}} \tag{3-127}$$

对于有 C 个组分的混合物，在等温、等压的条件下，摩尔性质 M 是 $C-1$ 个摩尔分数的函数，即

$$M = f(x_1,\ x_2,\ \cdots,\ x_{i+1},\ x_{i+2},\ \cdots,\ x_C)$$

式中，x_i 选作因变量而被扣除。等温、等压时对上式全微分可得

$$\mathrm{d}M = \sum_{k\neq i}\left(\frac{\partial M}{\partial x_k}\right)_{T,p,x_{j\neq i,k}}\mathrm{d}x_k$$

式中，加和项不包括组分 i，下标表示在所有的摩尔分数中除去 x_i 和 x_k 之外均保持不变。上式两边同除以 $\mathrm{d}n_i$，并限制 $n_{j\neq i}$ 为常数，则

$$\left(\frac{\partial M}{\partial n_i}\right)_{T,p,n_{j\neq i}} = \sum_{k\neq i}\left[\left(\frac{\partial M}{\partial x_k}\right)_{T,p,x_{j\neq i,k}}\left(\frac{\partial x_k}{\partial n_i}\right)_{n_{j\neq i}}\right] \tag{3-128}$$

由于 $x_k = n_k/n(k\neq i)$，那么

$$\left(\frac{\partial x_k}{\partial n_i}\right)_{n_{j\neq i}} = \frac{1}{n}\left(\frac{\partial n_k}{\partial n_i}\right)_{n_{j\neq i}} - \frac{n_k}{n^2}\left(\frac{\partial n}{\partial n_i}\right)_{n_{j\neq i}}$$

式中，$\left(\dfrac{\partial n_k}{\partial n_i}\right)_{n_{j\neq i}}=0$，$\left(\dfrac{\partial n}{\partial n_i}\right)_{n_{j\neq i}}=1$。所以

$$\left(\frac{\partial x_k}{\partial n_i}\right)_{n_{j\neq i}} = -\frac{n_k}{n^2} = -\frac{x_k}{n}$$

代入式(3-128)，得

$$\left(\frac{\partial M}{\partial n_i}\right)_{T,p,n_{j\neq i}} = \sum_{k\neq i}\left[\left(-\frac{x_k}{n}\right)\left(\frac{\partial M}{\partial x_k}\right)_{T,p,x_{j\neq i,k}}\right] = -\frac{1}{n}\sum_{k\neq i}\left[x_k\left(\frac{\partial M}{\partial x_k}\right)_{T,p,x_{j\neq i,k}}\right]$$

代入式(3-127)，得

$$\overline{M}_i = M - \sum_{k\neq i}\left[x_k\left(\frac{\partial M}{\partial x_k}\right)_{T,p,x_{j\neq i,k}}\right] \tag{3-129}$$

式(3-129)是溶液性质和组分偏摩尔性质之间的普遍关系式，若已知溶液性质 M 时，由式(3-129)可以求算多元系统的偏摩尔性质。式中，i 为所讨论的组分；k 为不包括 i 在内的其他组分；j 指不包括 i 及 k 的组分。

对于二元系统，式(3-129)简化为

$$\overline{M}_1 = M - x_2\frac{\mathrm{d}M}{\mathrm{d}x_2} \tag{3-130a}$$

$$\overline{M}_2 = M - x_1\frac{\mathrm{d}M}{\mathrm{d}x_1} \tag{3-130b}$$

式(3-130)揭示了偏摩尔性质 $\overline{M}_i$ 在直角坐标系中 $M-x_i$ 的截距位置，故称为截距法公式。

通过实验测得在指定 T、p 下不同组成 x_i 时的 M 值，并将实验数据关联成 $M-x_i$ 的解析式，则可按式(3-130)或定义式(3-110)用解析法求出导数值来计算偏摩尔性质。

【例3-9】 在298K、101325Pa下，n_B摩尔的NaCl（B）溶于1kg水（A）中，形成溶液的体积nV（cm³）与n_B的关系为

$$nV = 1001.38 + 16.6253n_B + 1.7738n_B^{3/2} + 0.1194n_B^2 \qquad (1)$$

求$n_B = 0.5mol$时水和NaCl的偏摩尔体积$\bar{V}_A$、$\bar{V}_B$。

解：因为解析式为$V-n_i$关联，所以按定义式（3-110）计算偏摩尔体积。

由式（1）得

$$\bar{V}_B = \left(\frac{\partial nV}{\partial n_B}\right)_{T,p,n_A} = 16.6253 + 2.6607n_B^{1/2} + 0.2388n_B$$

将$n_B = 0.5mol$代入上式得

$$\bar{V}_B = 16.6253 + 2.6607 \times 0.5^{1/2} + 0.2388 \times 0.5$$
$$= 18.6261 cm^3 \cdot mol^{-1}$$

根据式（3-111）得

$$nV = n_A\bar{V}_A + n_B\bar{V}_B \qquad (2)$$

其中

$$n_A = 1000/18.05 = 55.402mol$$

将$n_B = 0.5mol$代入式（1），得

$$nV = 1001.38 + 16.6253 \times 0.5 + 1.7738 \times 0.5^{3/2} + 0.1194 \times 0.5^2$$
$$= 1010.3 cm^3$$

代入式（2），得

$$\bar{V}_A = (1010.3 - 0.5 \times 18.6261)/55.402$$
$$= 18.069 cm^3 \cdot mol^{-1}$$

【例3-10】 某实验室要配制2000cm³ 30%（摩尔分数）的甲醇水溶液作为防冻剂，试求25℃时多少体积的纯甲醇与水混合可形成2000cm³的防冻剂。已知：25℃时甲醇水溶液中甲醇与水的偏摩尔体积及甲醇和水纯组分摩尔体积分别为：

甲醇（1）：$\bar{V}_1 = 38.632 cm^3 \cdot mol^{-1}$，$V_1 = 40.727 cm^3 \cdot mol^{-1}$；

水（2）：$\bar{V}_2 = 17.765 cm^3 \cdot mol^{-1}$，$V_1 = 18.068 cm^3 \cdot mol^{-1}$。

解：根据式（3-112）可得二元防冻液的摩尔体积为

$$V = x_1\bar{V}_1 + x_2\bar{V}_2 = 0.3 \times 38.632 + 0.7 \times 17.765 = 24.025 cm^3 \cdot mol^{-1}$$

配制防冻剂需物质的量为

$$n = \frac{V_t}{V} = \frac{2000}{24.025} = 83.246mol$$

所需甲醇、水的物质的量分别为

$$n_1 = 0.3 \times 83.246 = 24.974mol$$

$$n_2 = 0.7 \times 83.246 = 58.272mol$$

则所需甲醇、水的体积为

$$V_{1t} = n_1V_1 = 24.974 \times 40.727 = 1017.12 cm^3$$

$$V_{2t} = n_2V_2 = 58.272 \times 18.068 = 1052.86 cm^3$$

（5）Gibbs-Duhem 方程

Gibbs-Duhem 方程是一个特别有用的关联混合物中各组分的偏摩尔性质的方程式。

式(3-111)是对均相流体在平衡态时的普遍表达式，微分该式得

$$d(nM) = \sum_i (n_i d\overline{M}_i) + \sum_i (\overline{M}_i dn_i) \qquad (3-131)$$

若某单相敞开系统含有 C 种物质，则系统的总广度性质是该相系统温度、压力和各组分的物质的量的函数，即

$$nM = f(T,\ p,\ n_1,\ n_2,\ \cdots,\ n_i,\ \cdots)$$

由叠加原理得

$$d(nM) = \left[\frac{\partial(nM)}{\partial T}\right]_{p,n} dT + \left[\frac{\partial(nM)}{\partial p}\right]_{T,n} dp + \sum_i (\overline{M}_i dn_i)$$

与式(3-131)比较，得

$$\left(\frac{\partial nM}{\partial T}\right)_{p,n} dT + \left(\frac{\partial nM}{\partial p}\right)_{T,n} dp = \sum_i (n_i d\overline{M}_i)$$

又可写成

$$n\left(\frac{\partial M}{\partial T}\right)_{p,n} dT + n\left(\frac{\partial M}{\partial p}\right)_{T,n} dp = \sum_i (n_i d\overline{M}_i)$$

方程两边同除以 n，得 Gibbs-Duhem 方程的一般形式

$$\left(\frac{\partial M}{\partial T}\right)_{p,x} dT + \left(\frac{\partial M}{\partial p}\right)_{T,x} dp = \sum_i (x_i d\overline{M}_i) \qquad (3-132)$$

式中，下标 x 表示所有物质的组成都保持不变。式(3-132)表达了均相敞开系统中的强度性质和各组分偏摩尔性质之间的相互依存关系。当 T、p 恒定时，式(3-132)变成

$$\sum_i (x_i d\overline{M}_i)_{T,p} = 0 \qquad (3-133)$$

当 $M=G$ 时

$$\sum_i (x_i d\overline{G}_i)_{T,p} = 0$$

此式在相平衡中获得广泛应用。

对于二元系统，在等温、等压条件下式(3-133)写成

$$x_1 d\overline{M}_1 + x_2 d\overline{M}_2 = 0$$

也可写成

$$(1 - x_2)\frac{d\overline{M}_1}{dx_2} = -x_2 \frac{d\overline{M}_2}{dx_2} \qquad (3-134)$$

将式(3-134)重排，并从 $x_2=0$($x_1=1$，$\overline{M}_1=M_1$) 到 $x_2=x_2$ 积分，可得

$$\overline{M}_1 = M_1 - \int_0^{x_2} \frac{x_2}{1 - x_2} \frac{d\overline{M}_2}{dx_2} dx_2 \qquad (3-135)$$

只要已知从 $x_2=0$ 到 $x_2=x_2$ 范围内的 $\overline{M}_2$ 值，就可以根据上式求得组分 1 在 x_2 时的偏摩尔量 $\overline{M}_1$。当然还需知道纯物质的摩尔量 M_1。

Gibbs-Duhem 方程的用途主要有两方面：

① 检验实验测得的混合物热力学性质数据的正确性；

② 从一个组分的偏摩尔量推算另一组分的偏摩尔量。

【例 3-11】 有人提出用下列方程组来表示恒温、恒压下简单二元系统的摩尔体积为

$$\overline{V}_1 - V_1 = a + (b - a)x_1 - bx_1^2$$

$$\overline{V}_2 - V_2 = a + (b - a)x_2 - bx_2^2$$

式中，V_1 和 V_2 是纯组分的摩尔体积，a、b 只是 T、p 的函数，试从热力学角度分析这些方程是否合理。

解：根据 Gibbs-Duhem 方程式(3-133)，得恒温、恒压下

$$x_1 d\overline{V}_1 + x_2 d\overline{V}_2 = 0$$

方程两端同除以 dx_1，得

$$x_1 \frac{d\overline{V}_1}{dx_1} = -x_2 \frac{d\overline{V}_2}{dx_1} = x_2 \frac{d\overline{V}_2}{dx_2}$$

由所给方程得到

$$\frac{d(\overline{V}_1 - V_1)}{dx_1} = \frac{d\overline{V}_1}{dx_1} = b - a - 2bx_1$$

即

$$x_1 \frac{d\overline{V}_1}{dx_1} = (b - a)x_1 - 2bx_1^2 \tag{1}$$

同理可得

$$\frac{d(\overline{V}_2 - V_2)}{dx_2} = \frac{d\overline{V}_2}{dx_2} = b - a - 2bx_2$$

即

$$x_2 \frac{d\overline{V}_2}{dx_2} = (b - a)x_2 - 2bx_2^2 \tag{2}$$

只有在 $x_1 = x_2$ 时式(1)才等于式(2)，才能满足 Gibbs-Duhem 方程，因此方程不合理。

习　题

3-1　证明：①以 T、V 为自变量时焓变为

$$dH = \left[C_V + V\left(\frac{\partial p}{\partial T}\right)_V \right] dT + \left[T\left(\frac{\partial p}{\partial T}\right)_V + V\left(\frac{\partial p}{\partial V}\right)_T \right] dV$$

② 证明以 p、V 为自变量时

$$dH = \left[V + C_V\left(\frac{\partial T}{\partial p}\right)_V \right] dp + C_p\left(\frac{\partial T}{\partial V}\right)_p dV$$

3-2　推导下列关系式

$$\left(\frac{\partial U}{\partial V}\right)_T = T\left(\frac{\partial p}{\partial T}\right)_V - p$$

3-3　某种气体服从方程 $p\left(\dfrac{V}{n} - b\right) = RT$，试求 $\left(\dfrac{\partial S}{\partial V}\right)_T$、$\left(\dfrac{\partial S}{\partial p}\right)_T$、$\left(\dfrac{\partial U}{\partial V}\right)_T$、$\left(\dfrac{\partial U}{\partial p}\right)_T$ 及 $\left(\dfrac{\partial H}{\partial p}\right)_T$ 的表达式，并求恒温变化时，ΔS、ΔU、ΔH、ΔG 及 ΔA 的表达式。

3-4　已知丙烷的始态为 $1.013 \times 10^5 Pa$、400K，终态为 $3.013 \times 10^5 Pa$、500K，由手册查得 $C_p^{ig} = 22.69 + 0.1733T(\text{J} \cdot \text{mol}^{-1} \cdot \text{K}^{-1})$。试求 ΔH，ΔS(可按理想气体考虑)。

3-5 利用合适的普通化关联式，计算1mol的1，3-丁二烯从2.53MPa、400K，压缩至12.67MPa、550K 时的 ΔH、ΔS、ΔV 和 ΔU。

3-6 如果规定某气体在273K、0.1MPa 的理想气体状态的焓等于零，已知 $Z = 1 + \dfrac{10^{-5}p}{RT}$，其中：$p$ 的单位为 Pa，$C_p^{ig} = 7.0 + 1.0 \times 10^{-3}T(\text{J} \cdot \text{mol}^{-1} \cdot \text{K}^{-1})$。

① 求该气体在473K、1MPa 时的剩余焓 H^R；

② 求该气体在473K、1MPa 时的焓 H。

3-7 如果规定0℃，100kPa 理想气体状态的熵值为零，求氮气在29.5℃、17MPa 的熵值。已知氮气在29.5℃、17MPa 的剩余熵 $S^R = -2.61\text{kJ} \cdot \text{kmol}^{-1} \cdot \text{K}^{-1}$，氮气的理想气体状态定压热容 $C_p = 29 \text{ kJ} \cdot \text{kmol}^{-1} \cdot \text{K}^{-1}$。

3-8 氨的 p-V-T 关系符合方程 $pV = RT - ap/T + bp$，其中 $a = 386\text{cm}^3 \cdot \text{K} \cdot \text{kmol}^{-1}$，$b = 15.3 \text{ cm}^3 \cdot \text{mol}^{-1}$。计算在流动过程中将1mol氨由500K、1.2MPa 压缩至500K、18MPa 的焓变。

3-9 某气体符合状态方程 $p = \dfrac{RT}{V-b}$，其中 b 为常数。计算该气体由 V_1 等温可逆膨胀到 V_2 的熵变。

3-10 如果规定丁烷饱和液体在273.15K（饱和蒸气压 $p^S = 103.2\text{kPa}$）时的 S 值为零，计算丁烷蒸气在 425K、5.7MPa 下的 S。已知丁烷的热容 $C_p = 111\text{J} \cdot \text{mol}^{-1} \cdot \text{K}^{-1}$，丁烷在273.15K 时的蒸发焓 $\Delta_v H = 22.47\text{kJ} \cdot \text{mol}^{-1}$，425K、5.7MPa 下丁烷的 $S^R = -28.8\text{J} \cdot \text{mol}^{-1} \cdot \text{K}^{-1}$。

3-11 若纯氮的状态方程式在所考虑的区间内可用下式表示

$$PV = RT + 30.0p$$

其中 p、V、T 的单位分别是 MPa、$\text{cm}^3 \cdot \text{mol}^{-1}$ 和 K。已知氮的等压热容为 $C_p = 30.6\text{J} \cdot \text{mol}^{-1} \cdot \text{K}^{-1}$。现将25℃、100kPa 的氮压缩到10000kPa，如果压缩是可逆绝热过程，试计算

① 最终温度；

② 最小压缩功。

3-12 在 T-S 图上表示下列过程

① 压力为 p_1 的压缩液体等压加热到过热蒸汽；

② 压力为 p_2 的压缩液体等压加热到过热蒸汽；

③ 压力为 p_1 过热蒸汽绝热可逆膨胀到压力为 p_2 的过热蒸汽；

④ 压力为 p_1 过热蒸汽绝热节流膨胀到压力为 p_2 的过热蒸汽。

3-13 在 T-S 图上表示下列过程

① 饱和蒸汽绝热可逆压缩到过热蒸汽；

② 饱和蒸汽绝热不可逆压缩到过热蒸汽；

③ 饱和液体绝热可逆膨胀成湿蒸汽；

④ 饱和液体等焓膨胀成湿蒸汽；

⑤ 压缩液体吸热至过热蒸汽。

3-14 在 $\ln p$-H 图上表示下列过程

① 过热蒸汽等压冷却、冷凝，冷却成过冷液体；

② 饱和蒸汽绝热可逆压缩至过热蒸汽；

③ 饱和液体等焓膨胀成湿蒸汽；

④ 饱和液体等熵膨胀成湿蒸汽;

⑤ 过冷液体等压加热至过热蒸汽。

3-15 一过热蒸汽在膨胀机中分别经绝热可逆膨胀过程和绝热不可逆膨胀过程达到相同的压力(末态都是过热蒸汽),在 H-S 图上画出这两个过程,并且显示出两个过程所做轴功的大小。

3-16 空气在膨胀机中进行绝热可逆膨胀,始态 $T_1 = 230K$,$p_1 = 101.3 \times 10^5 Pa$。

① 若要求在膨胀终了时才出现液滴,试问终压不得低于多少?

② 若终压为 $1.013 \times 10^5 Pa$,空气中液相含量为多少? 终温为多少? 膨胀机对外作用功为多少?

3-17 使用 Pitzer 三参数压缩因子关系式计算由 40%(摩尔)的二氧化碳和 60% 丙烷所组成的二元混合物,在 404K、11MPa 下的剩余焓和剩余熵。

3-18 在 303K、$10^5 Pa$ 下,苯(1)和环己烷(2)的液体混合物的摩尔体积 V 和苯的摩尔分数 x_1 的关系为:$V = 109.4 - 16.8x_1 - 2.64x_1^2 \, cm^3 \cdot mol^{-1}$。已知

$$\overline{V}_1 = V - x_2 \frac{dV}{dx_2}; \ \overline{V}_2 = V - x_1 \frac{dV}{dx_1}$$

试导出 $\overline{V}_1$、$\overline{V}_2$ 的表达式。

3-19 某二元混合物中组分 1 和 2 的偏摩尔焓可用下式表示:

$$\overline{H}_1 = a_1 + b_1 x_2^2, \ \overline{H}_2 = a_2 + b_2 x_1^2$$

证明 b_1 必等于 b_2。

3-20 有人给出某二元溶液的偏摩尔体积与摩尔组成的关系为

$$\overline{V}_1 = 420 + Ax_1^2 + Bx_2^2; \ \overline{V}_2 = 600 + Bx_1^2$$

如果上述表达式正确,参数 A 与 B 要满足什么关系?

3-21 在一定的温度和常压下,二元溶液中的组分 1 的偏摩尔焓如服从下式

$$\overline{H}_1 = H_1 + \alpha x_2^2$$

式中,α 为常数,并已知纯组分的焓是 H_1、H_2,求 $\overline{H}_2$ 和 H 的表达式。

3-22 如果 T、p 恒定时,某二元系统中组分(1)的偏摩尔 Gibbs 自由能符合 $\overline{G}_1 = G_1 + RT\ln x_1$,证明组分(2)应符合方程式 $\overline{G}_2 = G_2 + RT\ln x_2$。其中,$G_1$、$G_2$ 是 T、p 下纯组分摩尔 Gibbs 自由能。式中,x_1、x_2 为摩尔分率。

第4章　化工过程的能量分析

热力学第一定律和第二定律不能用数学证明，它们是大量实践经验的总结。第一定律和第二定律的建立，奠定了热力学基础。本章运用热力学第一定律、第二定律，结合理想功、损失功、有效能等概念，对化工过程中能量的转换、传递与使用进行热力学分析，评价设备、装置或过程的能量利用的有效程度，确定其能量利用的总效率，揭示出能量损失的薄弱环节与原因，为分析、改进工艺与设备、提高能量利用率指明方向。

4.1　热力学第一定律及其应用

世界是由物质组成的。自然界中一切物质都具有能量，能量可以有不同的形式，一种形式的能量可以转换成另一种形式，但是它既不能被创造，也不能被消灭，能量的总值是不变的——此即热力学第一定律。热力学第一定律实质上就是能量守恒与转换定律。

根据热力学第一定律，热能与机械能的相互转换作为能量守恒及转换的应用特例，可表述为"机械能可以转换为热能，热能也可以转换为机械能，在转化过程中，能量总数不变"。如果将进行热能与机械能相互转换的热力系统与外界环境合在一起看作孤立系统，该定律可表述为"在孤立系统内，能量的总量保持不变"。其表达式为

$$E_{sys} + E_{sur} = 恒量 \tag{4-1}$$

式中，E_{sys}为所研究的热力系统的能量，E_{sur}为外界环境的能量。

将式(4-1)微分得

$$\delta E_{sys} + \delta E_{sur} = 0 \tag{4-2}$$

积分得

$$\Delta E_{sys} + \Delta E_{sur} = 0 \tag{4-3}$$

式(4-3)表明，在所研究的系统中，任何能量变化，都必须相应在外界有一个相等而相反的变化。即如果热力系统要产生机械能，那么外界必须提供相应量的热能才能使其成为可能。

4.1.1　能量的种类

能量就其形式而言，可分为内能、动能、位能、电能、磁能、表面能、热与功等，这些能量又分为系统能量和传递能两种。

（1）系统能量

系统能量是指因为物质本身具有质量和一定的状态（运动速度、构型、处于一定的重力场中等），即因物系自身的存在而蓄积的能量，其数值的大小只与物质所处的状态有关，是状态函数。系统能量分为宏观能量和微观能量两种。

1）宏观能量

宏观能量是物质相对于外部参照系所具有的能量，可分为宏观动能（E_k）和宏观势能

(E_p)两种。

① 宏观动能(E_k)　物质作为一个整体，由于其宏观运动速度而具有的机械能称为宏观动能，用E_k表示。质量为$m(kg)$的物质，以$u(m \cdot s^{-1})$的速率运动，它所具有的动能为$0.5mu^2(J)$。

② 宏观势能(E_p)　宏观势能即重力位能。在重力场中，物质作为一个整体在某一高度与基准面相比所具有的机械能称为重力位能，用E_p表示。质量为$m(kg)$的物质，所处高度若高于基准面$z(m)$时，它所具有的重力位能为$mgz(J)$。

2）微观能量

微观能量即是内能。内能是物质内部所具有的能量总和，用U表示，单位为J。它包括物质内部由于分子热运动所形成的内动能；分子间相互作用的内位能；分子内原子、原子核、电子等各种粒子运动及粒子间相互作用而形成的分子内部能量，但不包括整体的宏观动能和宏观势能。

内能、宏观动能和宏观势能是因为物质本身具有质量和一定的状态，即因物系自身的存在而蓄积的能量，称为储存能，是状态函数，仅仅与过程的始末状态有关，与过程本身无关。系统的能量即为以上三种能量之和。

（2）传递能

1）热

系统与环境之间在不平衡势的作用下会发生能量交换，热是其中一种能量传递的形式。

从经验知道，一个热的物体和一个冷的物体接触，热的变冷的，冷的变热了，说明在它们之间有某种东西在相互传递。这种系统与环境间由于温差而传递的能量称为热，用Q表示，单位为J。过程不同，系统与环境传递的热也不同，因此热是一个过程量，不是状态函数，对过程中传递的微小热用δQ表示。

作为能量的交换量，Q不仅有大小，而且有方向。用正负号表示能量的传递方向，规定系统吸热为正值、放热为负值。

热不能储存在物体之内，而只能作为一种在物体之间转移的能量形式。当热加到某系统后，其储存的不是热，而是增加了该系统的内能。

2）功

在除温差以外的其他推动力影响下，系统与环境间传递的能量称为功，用W表示，单位为J。与热相同，功也是过程量，对过程中传递的微小功用δW表示。对其正负号规定为：系统对环境做功为负值、系统从环境得功为正值。

热与功是在能量传递过程中才能表现出的两种能量形式，它们不能贮存在系统之内。

化工热力学主要讨论体积功、流动功和轴功。

① 体积功　体积功是指系统因其体积发生变化反抗环境压力(p_{amb})而与环境交换的能量。体积功本质上就是机械功，用力与位移的乘积计算。如图4-1所示，一气缸内的气体（系统）体积为V，受热后膨胀了dV，相应使活塞产生位移dl。若活塞的面积即气缸的内截面积为A_s，则位移$dl = dV/A_s$；又假设活塞无质量、与气缸壁无摩擦，则气体膨胀时反抗的外力F只源于作用在活塞上的环境压力p_{amb}，则$F = p_{amb} \cdot A_s$。根据功的定义有

$$\delta W = -F \cdot dl = -p_{amb}dV \tag{4-4}$$

对于可逆过程，p_{amb}与系统压力p相等。

② 流动功　物理化学课程中接触的系统主要是封闭系统，但在工业生产上经常碰到的

是流体连续通过设备。流体的主要特征之一是自身没有固定的形状，它的形状与盛放它的容器的形状一致，流体承受的压力不同，它的体积不同。流体在流动过程中，压力和体积在不断地变化。在连续流动过程中，系统与环境交换的功 W，实际上由两部分组成。一部分是通过泵、压缩机等机械设备的转动轴，使系统与环境交换的轴功 W_S；另一部分是物质被推入系统时，接受环境所给予的功，以及离开系统时推动前面物质对环境所做的功。将流体移入具有一定压力的系统中需要对它做功，需要的功的大小可以用举起重物所做的功表示。如图4-2所示，设想有一气缸，气缸内有一面积为 A 的无重量活塞，有重物置于其上对活塞产生平均压力为 p。若由外界将气体推入气缸内，则需要对抗压力 p 做功，如果移入质量为 m 的气体后使活塞上升高度 h，则在此过程中外界需付出的功量为

$$W = pAh = pV$$

此功量即为物质被推入系统时，系统接受环境所给予的功，称为外界对系统的推挤功。

单位质量流体从压力为零变到压力为 p_1 时接受的推挤功为 p_1V_1，相同流体从压力为零变到压力为 p_2 时接受的推挤功为 p_2V_2，压力不同，流体就要流动，流体以状态 p_1、V_1 进入系统到流体以状态 p_2、V_2 离开系统时，由于流体流动而引起系统与环境交换的功量称为流动功，用 W_f 表示，则

$$W_f = p_1V_1 - p_2V_2 = -\Delta(pV) \tag{4-5}$$

其微分形式为

$$\delta W_f = -\mathrm{d}(pV) \tag{4-6}$$

式中，V 为单位质量流体所占有的容积，称为比容。只有在连续流动过程中才有这种功。

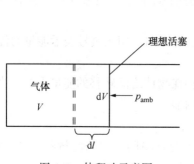

图4-1　体积功示意图

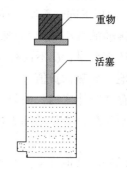

图4-2　流动功示意图

③ 可逆轴功　流体流动过程中通过机械设备的旋转轴在系统和环境之间交换的功称为轴功，用 W_S 表示。在化工设备中，常用的动力设备，如耗功设备(泵、风机和压缩机)、产功设备(蒸汽透平、燃气轮机等)都是通过机械设备的轴的转动实现系统与环境之间轴功的交换的。

单位质量的流体通过动力设备时，如果在可逆条件下(无摩擦，过程的推动力无限小)，流体所做的可逆体积功 W_R 为

$$W_R = -\int_{V_1}^{V_2} p\mathrm{d}V \tag{4-7}$$

在流动过程中，可逆体积功由可逆轴功 $W_{S,R}$ 和流动功组成，可得可逆轴功

$$W_{S,R} = W_R - W_f$$

将式(4-6)和式(4-7)代入上式得

$$W_{S,R} = -\int_{V_1}^{V_2} p\mathrm{d}V - (p_1V_1 - p_2V_2)$$

由式 $\mathrm{d}(pV) = p\mathrm{d}V + V\mathrm{d}p$，从状态$(p_1, V_1)$到状态$(p_2, V_2)$积分得

$$-\int_{V_1}^{V_2} p\mathrm{d}V = \int_{p_1}^{p_2} V\mathrm{d}p + p_1V_1 - p_2V_2$$

代入上式得

$$W_{S,R} = \int_{p_1}^{p_2} V\mathrm{d}p \qquad (4-8)$$

4.1.2 热力学第一定律的数学表达式——能量平衡方程

（1）封闭系统的能量平衡方程

对于与环境没有物质交换，只有能量交换的封闭系统，热力学第一定律的数学表达式(4-3)中的ΔE_{sur}为热和功之和，当然，符号相反。因此，封闭系统单位质量物料的能量平衡关系为

$$\Delta(U + 0.5u^2 + g\Delta z) = Q + W$$

式中，U为单位质量流体具有的内能，$kJ \cdot kg^{-1}$；Q和W对应的是单位质量流体与环境交换的热和功，$kJ \cdot kg^{-1}$。

对于静止的封闭系统，式中的动能项$0.5u^2 = 0$，忽略位能，上式简化为

$$\Delta U = Q + W \qquad (4-9)$$

（2）稳流系统的能量平衡方程

工程上绝大多数热功设备都有物质不断进入和流出，是一个敞开系统。在化工生产中，通常涉及的都是敞开系统，但大多数情况下流体通过各种设备和管线时，系统内流体的质量不变，同时系统内任何一点的物料状态不随时间而变化，即系统没有质量和能量的积累，这种敞开系统通常被称为稳流系统。

如图4-3所示为一稳流系统。对于单位质量流体，状态1的能量记为E_1，状态2的能量记为E_2，则

$$E_{sys} = E_2 - E_1$$

即稳流系统能量平衡方程为

$$E_2 - E_1 = Q + W \qquad (4-10)$$

其中

$$E_1 = U_1 + 0.5u_1^2 + gz_1$$
$$E_2 = U_2 + 0.5u_2^2 + gz_2$$

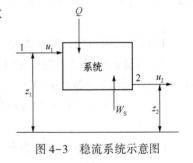

图4-3 稳流系统示意图

在稳态流动过程中，单位质量流体与环境交换功的W，实际上由轴功和流动功两部分组成，即

$$W = W_S + W_f = W_S + p_1V_1 - p_2V_2$$

式中，V_1和V_2分别代表状态1和状态2的比容，$m^3 \cdot kg^{-1}$。

将以上相关各式代入式(4-10)，得

$$(U_2 + 0.5u_2^2 + gz_2) - (U_1 + 0.5u_1^2 + gz_1) = Q + W_S + p_1V_1 - p_2V_2$$

即

$$\Delta U + \Delta pV + 0.5\Delta u^2 + g\Delta z = Q + W_S$$

将焓的定义$H = U + pV$代入上式，可得稳流系统单位质量流体的能量平衡方程为

$$\Delta H + 0.5\Delta u^2 + g\Delta z = Q + W_S \tag{4-11}$$

式中，H 为单位质量流体具有的焓值，$kJ \cdot kg^{-1}$；W_S 为单位质量流体与环境交换的轴功，$kJ \cdot kg^{-1}$。

（3）能量平衡方程的应用

在化工生产中，绝大多数过程都属于稳流过程，在应用能量方程式时尚可根据实际情况作进一步简化。

① 流体流经压缩机、透平机、泵等设备时，流体在设备进出口之间的位能变化与焓变相比较，其值很小，可忽略不计，即 $g\Delta z \approx 0$。则式（4-11）简化为

$$\Delta H + 0.5\Delta u^2 = Q + W_S$$

如动能变化与焓变相比较，其值很小，也可忽略不计，$0.5\Delta u^2 \approx 0$，则进一步简化为

$$\Delta H = Q + W_S$$

利用该式，可求设备的出口温度或轴功。若散热很慢，$Q \approx 0$，则 $\Delta H = W_S$。

② 当流体流经管道、阀门、换热器、混合器、反应器等设备时，系统与环境没有功的交换，$W_S = 0$，且动能、位能变化与焓变相比可忽略，$0.5\Delta u^2 \approx 0$，$g\Delta z \approx 0$，则式（4-11）简化为

$$\Delta H = Q$$

即利用焓变求热交换量（热负荷）Q。

③ 流体流经喷管、扩压管时，位能变化可忽略，$g\Delta z \approx 0$。同时 $W_S = 0$，$Q = 0$。由于进出口截面积变化较大，因此动能变化不能忽略，则式（4-11）简化为

$$\Delta H = -0.5\Delta u^2$$

从上式可以看出，流体流经喷管、扩压管时，通过改变流动的截面积，将流体自身的焓值转变为了动能。根据此式可方便地计算流体的出口流速。

④ 流体经过绝热反应、绝热混合、节流膨胀时，忽略动、位能变化，即 $0.5\Delta u^2 \approx 0$，$g\Delta z \approx 0$。且 $W_S = 0$，$Q = 0$，则式（4-11）简化为

$$\Delta H = 0$$

根据此式可方便地求得绝热过程中系统的温度变化。

⑤ 由稳态流动系统的能量平衡方程可进一步导出机械能平衡方程。机械能是机械功、电功以及系统的外部能量（功、位能）的总称，它不包括内能和以热形式出现的能量。

将稳态流动方程写成微分形式

$$dH + udu + gdz = \delta Q + \delta W_S \tag{4-12}$$

因为上式左式中各项均为状态函数，所以右式的 Q 和 W_S 可由可逆过程计算，则 $\delta Q = \Delta q_R = TdS$（$S$ 为系统熵值）。又由热力学基本关系式得 $dH = TdS + Vdp$。将 δQ 和 dH 的计算式代入式（4-12），得

$$Vdp + udu + gdz = \delta W_{S,R}$$

对真实流体而言，考虑流体由于摩擦而引起的机械能损失，需在方程中增加摩擦损失项 δF，即为机械能平衡方程

$$Vdp + udu + gdz + \delta F = \delta W_{S,R}$$

当方程应用于无黏性、不可压缩流体，且流体无轴功交换时，$\delta F = 0$，$V \approx$ 常数，$W_S = 0$。上式简化为

$$Vdp + udu + gdz = 0 \tag{4-13}$$

此式也可写成

$$\frac{\Delta p}{\rho}+0.5\Delta u^2+g\Delta z=0 \tag{4-14}$$

式(4-14)就是著名的伯努利(Bernoulli)方程。

【例4-1】 压力为0.7MPa，温度为1089K的氮气，以35.4kg·h⁻¹的流速进入一透平机膨胀到0.1MPa，若透平机的输出功率为3.0kW，热损失为6705kJ·h⁻¹，透平机进、出口连接钢管的内径为0.016m，气体热容为1.005kJ·kg⁻¹·K⁻¹，试求透平机排气的温度和速度。假设气体是理想的。

解：以1kg气体为计算基准。透平机进气、排气压力较低，因此可看作理想气体。

$$\Delta H+g\Delta z+\frac{1}{2}\Delta u^2=Q+W_s$$

透平机进、出口管路截面积 $A=\pi r^2=\frac{\pi}{4}(0.016)^2=2.010\times10^{-4}m^2$

透平机进气摩尔体积 $V_1=\frac{RT_1}{p_1}=\frac{1089\times8.314}{0.7\times10^6}=0.0129m^3\cdot mol^{-1}$

透平机进气流速 $u_1=\frac{mV_1}{MA_1}=\frac{35.4\times1000\times0.0129}{28\times2.01\times10^{-4}\times3600}=22.54m\cdot s^{-1}$

透平机排气摩尔体积 $V_2=\frac{RT_2}{p_2}=\frac{8.314T_2}{10^5}=8.314\times10^{-5}T_2$

透平机排气流速 $u_2=\frac{mV_2}{MA_2}=\frac{35.4\times1000\times8.314\times10^{-5}\times T_2}{28\times2.01\times10^{-4}\times3600}=0.145T_2$

$$\Delta H=\int_{T_1}^{T_2}C_p dT=C_p\Delta T=1.005(T_2-1089)$$

流体流经透平机位能变化可忽略不计，$g\Delta z\approx0$，则

$$\Delta H+0.5\Delta u^2=Q+W_s$$

将求得的 u_1、u_2、ΔH 及已知的 Q、W_s 代入上式，得

$$1.005(T_2-1089)+0.5\times(0.145^2T_2^2-22.54^2)=\frac{-6705}{35.4}-\frac{3\times3600}{35.4}$$

解得　$T_2=241.2K$

则　　　　　　　　　　$u_2=0.145T_2=34.97m\cdot s^{-1}$

【例4-2】 303K的空气，以10m·s⁻¹的速率流过一垂直安装的热交换器，被加热到423K，若换热器进、出口管截面积相等，忽略空气流过换热器的压降，换热器高度为3m，空气的恒压平均热容 $\overline{C}_p=1.005kJ\cdot kg^{-1}\cdot K^{-1}$。试求100kg空气从换热器吸收的热量。可按理想气体处理。

解：以1kg流体为基准。

$$\Delta H+g\Delta z+\frac{1}{2}\Delta u^2=Q+W_s$$

因为可按理想气体处理，所以

$$m\Delta H=m\int_1^2 dH=m\int_{T_1}^{T_2}\overline{C}_p dT=m\overline{C}_p(T_2-T_1)$$

$$= 1.206 \times 10^4 \text{kJ} \cdot \text{kg}^{-1}$$

进、出换热器空气比容 $\qquad V_1 = \dfrac{RT_1}{p_1 M}, \quad V_2 = \dfrac{RT_2}{p_2 M}$

进、出换热器空气密度 $\qquad \rho_1 = \dfrac{p_1 M}{RT_1}, \quad \rho_2 = \dfrac{p_2 M}{RT_2}$

则 $\qquad \dfrac{\rho_1}{\rho_2} = \dfrac{T_2}{T_1}$

进、出换热器空气流速 $\qquad u_1 = \dfrac{G}{\rho_1 A_1}, \quad u_2 = \dfrac{G}{\rho_2 A_2}$

则 $\qquad \dfrac{u_1}{u_2} = \dfrac{\rho_2}{\rho_1} = \dfrac{T_1}{T_2}$

则 $\qquad u_2 = \dfrac{T_2}{T_1} \cdot u_1 = 10 \times \dfrac{423}{303} = 13.96 \text{m} \cdot \text{s}^{-1}$

所以 $\qquad 0.5 m \Delta u^2 = 0.5 \times 100 \times (13.96^2 - 10^2) = 4744 \text{J} = 4.744 \text{kJ}$

$$mg\Delta z = 100 \times 9.81 \times 3 = 2.94 \times 10^3 \text{J} = 2.94 \text{kJ}$$

因为 $W_\text{S} = 0$，所以

$$mQ = m\Delta H + 0.5 m \Delta u^2 + mg\Delta z = 1.2 \times 10^4 + 2.94 + 4.744 = 1.21 \times 10^4 \text{kJ}$$

即 100kg 空气从换热器吸收的热量为 $1.21 \times 10^4 \text{kJ}$。

【例 4-3】 一气体混合物含 50%A 和 50%B(摩尔分数)。为了分离此混合物，建议先把它冷却至液相，然后将液相混合物送到 0.1MPa 压力下操作的精馏塔。该过程初期冷却至 200K(未凝聚)是由 Joule-Thomson 节流达到的。如果节流阀上游的温度是 300K，则上游的压力应为多少？这种气体混合物的体积性质由下式给出

$$V = \frac{RT}{p} + 50 - \frac{10^5}{T}$$

式中，V 为混合物的摩尔体积，单位为 $\text{cm}^3 \cdot \text{mol}^{-1}$。

理想气体的热容为 $C_{p,\text{A}} = 29.3 \text{J} \cdot \text{mol}^{-1} \cdot \text{K}^{-1}$，$C_{p,\text{B}} = 37.7 \text{J} \cdot \text{mol}^{-1} \cdot \text{K}^{-1}$。

解：节流过程无轴功，忽略散热、动能变化和位能变化。以 1mol 物料为计算基准，由式(4-11)得

$$H_1 = H_2$$

由式(3-87)得

$$H_\text{A}^0 = H_{p,\text{A}}^0 + \int_{T_0}^{T} C_{p,\text{A}}^0 \mathrm{d}T$$

$$H_\text{B}^0 = H_{p,\text{B}}^0 + \int_{T_0}^{T} C_{p,\text{B}}^0 \mathrm{d}T$$

代入式(3-86)得

$$H^0 = x_\text{A} H_{p,\text{A}}^0 + x_\text{B} H_{p,\text{B}}^0 + x_\text{A} \int_{T_0}^{T} C_{p,\text{A}}^0 \mathrm{d}T + x_\text{B} \int_{T_0}^{T} C_{p,\text{B}}^0 \mathrm{d}T \qquad (1)$$

由式(3-53)得

$$H - H^0 = \int_0^p \left[V - T \left(\frac{\partial V}{\partial T} \right)_p \right] \mathrm{d}p \qquad (2)$$

由已知式得

$$\left(\frac{\partial V}{\partial T}\right)_p = \frac{R}{p} + \frac{10^5}{T^2}$$

$$V - T\left(\frac{\partial V}{\partial T}\right)_p = \frac{RT}{p} + 50 - \frac{10^5}{T} - \frac{RT}{p} - \frac{10^5}{T} = 50 - \frac{2\times10^5}{T}\text{cm}^3 = 5\times10^{-5} - \frac{0.2}{T}\text{m}^3$$

代入式（2）得

$$H - H_0 = \left(5\times10^{-5} - \frac{0.2}{T}\right)p \tag{3}$$

将式（1）、式（3）代入式（3-90）$H = (H-H^0) + H^0$，得

$$H = \left(5\times10^{-5} - \frac{0.2}{T}\right)p + x_A H^0_{p,A} + x_B H^0_{p,B} + x_A \int_{T_0}^{T} C^0_{p,A}\mathrm{d}T + x_B \int_{T_0}^{T} C^0_{p,B}\mathrm{d}T$$

则

$$H_1 = \left(5\times10^{-5} - \frac{0.2}{T_1}\right)p_1 + x_A H^0_{p,A} + x_B H^0_{p,B} + x_A \int_{T_0}^{T_1} C^0_{p,A}\mathrm{d}T + x_B \int_{T_0}^{T_1} C^0_{p,B}\mathrm{d}T$$

$$H_2 = \left(5\times10^{-5} - \frac{0.2}{T_2}\right)p_2 + x_A H^0_{p,A} + x_B H^0_{p,B} + x_A \int_{T_0}^{T_2} C^0_{p,A}\mathrm{d}T + x_B \int_{T_0}^{T_2} C^0_{p,B}\mathrm{d}T$$

所以

$$\left(5\times10^{-5} - \frac{0.2}{T_1}\right)p_1 = \left(5\times10^{-5} - \frac{0.2}{T_2}\right)p_2 + x_A \int_{T_1}^{T_2} C^0_{p,A}\mathrm{d}T + x_B \int_{T_1}^{T_2} C^0_{p,B}\mathrm{d}T$$

将 $T_1 = 300\text{K}$、$T_2 = 200\text{K}$、$p_2 = 0.1\text{MPa}$、$x_A = x_B = 0.5$、$C_{p,A} = 29.3\text{J}\cdot\text{mol}^{-1}\cdot\text{K}^{-1}$、$C_{p,B} = 37.7\text{J}\cdot\text{mol}^{-1}\cdot\text{K}^{-1}$ 代入上式，得

$$\left(5\times10^{-5} - \frac{0.2}{300}\right)p_1 = \left(5\times10^{-5} - \frac{0.2}{200}\right)\times10^5 + 0.5\times(29.3+37.7)\times(200-300)$$

解得　　$p_1 = 5.586\times10^6\text{Pa}$

4.2　热力学第二定律及功、热间的转化

随着工业的发展，合理地利用能源十分重要。到目前为止，世界上动力的获得虽然有多种途径，如利用燃料的化学能、太阳能、地热和核能等，但主要还是从燃料（包括石油、煤、天然气等）燃烧产生热量，再由热机（如蒸汽动力机械、内燃机及燃气轮机等）把热转化为机械功。即使用核能来发电，也涉及从热转变为功：先通过核裂变使能量以热的形式释放出来，再通过蒸汽动力设备发电。

化工生产不仅需要消耗各种形式的能量，更离不开能量的传递和能量之间的相互转化。应用热力学的基本原理，研究能量转换过程，特别是热功转换的特点和规律，具有重要的理论和现实意义。能量转换过程涉及的内容较多，本章只介绍压缩、膨胀、动力循环和制冷循环。

4.2.1　热力学第二定律的数学描述

自然界中进行的任何过程都要遵循一定的原则，这些原则就是热力学第一定律和第二定律。热力学第一定律是从能量转化的量的角度来衡量、限制并规范过程的发生，但是并不是符合了热力学第一定律，过程就一定能够实现，还必须同时满足热力学第二定律的要求。由热力学第一定律可知，功、热之间是可以相互转化的。但现实中这种转化并不等价，功可以全部转化为热，而热要全部转化为功必须消耗外部的能量。能量传递的方向不受第一定律制

约，而由第二定律限制，热、功的不等价性是热力学第二定律的一个基本内容，有两种定性的描述。

第一种是克劳修斯(Clausius)说法：热不能自动地从低温物体传给高温物体；

第二种是开尔文(Kelvin)说法：不可能从单一热源吸收热量使之完全变为有用功而不引起其他变化。

热力学第一定律没有说明过程发生的方向，它告诉我们能量必须守衡；热力学第二定律告诉我们过程发生的方向，说明过程按照特定方向而不是按照任意方向进行。自然界中的物理过程能够自发地向平衡方向进行，我们可以使这些过程按照相反方向进行，但是需要消耗功。

以上是热力学第二定律的定性描述，在一些情况下可以直接判断过程的可行性，但是进行深入的研究需要定量的描述。熵增原理是热力学第二定律的数学描述。

（1）熵的定义

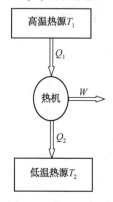

图 4-4　热机示意图

热可以通过热机循环转化为功。对于卡诺(Carnot)循环，如图 4-4 所示，由高温热源、热机、低温热源三部分组成。热机的工作介质从温度 T_1 的高温热源吸收热量 Q_1，热机向外作出净功 W，然后向低温热源 T_2 放出热量 Q_2，从而完成循环。根据 Carnot 定理，所有工作于热源 T_1 和热源 T_2 之间的热机以可逆热机的效率最大，效率值只与 T_1 和 T_2 有关，而与工作介质无关。

由热力学第一定律可知

$$W = Q_1 + Q_2$$

式中，W 和 Q_2 均为负值，Q_1 为正值。

循环过程产生的轴功 W 和从高温热源吸收的热量 Q_1 之比称为热机的效率 η。

$$\eta = \frac{-W}{Q_1} = \frac{Q_1 + Q_2}{Q_1} \tag{4-15}$$

由 Carnot 定理得

$$\eta_{max} = \frac{Q_1 + Q_2}{Q_1} = \frac{T_1 - T_2}{T_1} \tag{4-16}$$

只有当 $T_2 \rightarrow 0$ 或 $T_1 \rightarrow \infty$ 时，$\eta = 1$，亦即将热全部转化为功，但这是不可能的。所以，热与功间的转化存在着一定的方向性，热与功不等价。

从式(4-16)推得

$$\frac{Q_1}{T_1} + \frac{Q_2}{T_2} = 0$$

若该 Carnot 循环是一个无限小的可逆循环，吸热和放热都只是无限小的量，那么上式可写成

$$\frac{\delta Q_1}{T_1} + \frac{\delta Q_2}{T_2} = 0$$

将任何一个可逆循环视为无限多个小的 Carnot 循环组成，于是在数学上，将上式沿着某一个可逆循环做循环积分，有

$$\oint \frac{\delta Q_R}{T} = 0 \qquad\qquad (4-17)$$

式中，Q_R 表示可逆热；$\frac{\delta Q_R}{T}$ 称为可逆热温商。

根据热力学性质可知，经过一个循环后热力学性质的变化量为零，可逆循环的热温商为零，那么它必定代表一个热力学性质。把这个性质定义为熵，用 S 表示，于是熵 S 的热力学定义为

$$dS = \frac{\delta Q_R}{T} \qquad\qquad (4-18)$$

（2）热力学第二定律的数学表达式与熵增原理

工作于两个恒温热源之间的所有热机，可逆热机的效率最高，如果可逆热机的效率用 η_R 表示，则 $\eta_R = \eta_{max}$，不可逆热机的效率用 η_{IR}，那么 $\eta_{IR} < \eta_R$。由式（4-15）、式（4-16）得

$$\frac{Q_1 + Q_2}{Q_1} < \frac{T_1 - T_2}{T_1}$$

整理得

$$\frac{Q_1}{T_1} + \frac{Q_2}{T_2} < 0$$

对于任何一个循环有

$$\oint \frac{\delta Q_{IR}}{T} < 0 \qquad\qquad (4-19)$$

上式说明不可逆循环的热温商小于零。

由式（4-17）~式（4-19）得

$$dS \geq \frac{\delta Q}{T} \qquad\qquad (4-20)$$

式（4-20）就是热力学第二定律的数学表达式，它给出任何过程的熵变与过程的热温商之间的关系。等号用于可逆过程，而不等号用于不可逆过程。当过程不可逆时，过程的熵变总是大于过程的热温商。

对于孤立系统，$\delta Q = 0$，则式（4-20）变为

$$dS \geq 0 \qquad\qquad (4-21)$$

式（4-21）是熵增原理的表达式。即孤立系统经历一个过程时，总是自发地向熵增大的方向进行，直至熵达到最大值，系统达到平衡。

总熵增加是能量品位降低的结果。物质与能量是不可分的，因此，从某种意义上讲，自然界中发生的任何自发过程都是能量变化过程，根据热力学第一定律，能量的大小是没有变化的，但能量的品位会发生变化，能量变化的总效果都是由有序能量变为无序能量，即高级能量变为低级能量的过程，能量的品位降低了，因此总熵增加了。

4.2.2 气体的压缩

在化学工业中广泛使用压缩机、鼓风机及通风机等压气设备。例如，为了增加反应速率，需要提高系统的压力，是通过对气体进行压缩实现的；在制冷工业中往往利用常温下的压缩气体急剧膨胀而得到低温；气体输送，如天然气的远距离输送，需要中间加压站；将压

缩气体作为工作介质来操控仪表等。

广义来说,凡是能够升高气体压力的机械设备均可称为压缩机。但是习惯上往往通过压缩比 $r(r=p_2/p_1)$ 将其分为三类:$r=1.0\sim1.1$ 称为通风机,$r=1.1\sim4.0$ 称为鼓风机,$r\geqslant4.0$ 称为狭义上的压缩机。

如果按工作原理分类,压缩机分为容积式和流体动力式两种:容积式主要有往复式(活塞式)和回转式两大类;流体动力式中最常见的是离心式。

压缩机在化工过程中是一个耗功大的设备。各类压缩机的结构和工作原理虽然不同,但从热力学观点来看,气体状态变化过程并没有本质的不同,都是消耗外功,使气体压力升高的过程。在正常工况下压缩过程都可视为稳定流动过程,由稳流系统的能量平衡方程得

$$W_S = \Delta H - Q$$

此式具有普遍意义,适用于任何介质可逆和不可逆压缩的计算。为了方便,对可逆压缩过程的轴功,可按式(4-8)计算。

气体的压缩一般有等温、绝热、多变三种过程,从级数上可分为单级和多级压缩。

(1)单级往复式压缩机

往复式压缩机主要包括气缸、进气门、出气门、活塞连杆和曲轴。如图4-5所示,往复式压缩机工作时曲轴或凸轮转动,通过连杆带动活塞,使之在气缸里作往复运动,曲轴每转一周,活塞就来回运动一次。当活塞向外运动时,造成气缸内的压力降低,当压力低于进气口外部的压力时,进气门打开将气体吸入气缸,这个过程为吸气过程。当活塞回行时,进气门自动关闭,此时留在缸内的气体就受到压缩,这就是压缩过程。当缸内气体的压力增加到出口压力后,会冲开排气阀,此时活塞继续向前移动,将压缩的气体排出气缸,此过程为排气过程。当活塞第二次向外移动时,又开始下一次的吸气压缩过程,如此不断地进行循环工作。

如果不考虑一切摩擦阻力、扰动和漏气等损失,而且假设活塞运动到最左端位置时,气缸内没有余留任何容积(即假定气体没有余隙容积),则气体的压缩过程可以在图4-6所示的 p-V 图上表示。其中,f-1 表示吸气过程,1-2 表示气体压缩过程,2-g 表示排气过程。气体的压缩过程可以分为三种情况:气体压缩产生的热都传出,压缩后气体温度不升高,压缩过程为等温压缩,p-V 图上气体的压缩将沿着等温线从1到 2_T;活塞与气缸是绝热的,被压缩的气体与外界完全没有热交换,气体压缩后温度升高,压缩过程为1到 2_S 的绝热压缩;等温压缩和绝热压缩都是理想的,要做到完全的等温或绝热是不可能的,实际进行的压缩过程都是介于等温和绝热之间的多变过程,即压缩后气体的温度介于 2_T 和 2_S 之间。

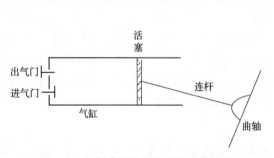

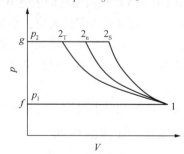

图4-5　往复式压缩机的过程示意压缩　　　图4-6　没有余隙的压缩过程的 p-V 图

根据可逆轴功的计算式(4-8)可以看出,没有余隙的压缩过程的可逆轴功可以用 p-V 图

上压缩线与 p 轴之间的面积表示，可以看出 $W_{S,绝热} > W_{S,多变} > W_{S,等温}$，即把一定量的气体从相同的初始压力和温度压缩到同一压力时，绝热压缩消耗的功最多，等温压缩消耗得最少，多变压缩介于两者之间。因此，使压缩过程接近于等温压缩是有利的。

工业上常采取以下措施减少压缩功：在小型压缩机缸体周围布置翼片，大型压缩机采用冷水夹套把压缩过程中热量及时转移出去，使压缩过程尽量接近等温过程；同时，通过冷却设备减小气体进入压缩机时的温度。

（2）多级压缩

实际的往复式压缩机不能完全没有余隙，且余隙可起到"气垫"的作用，防止活塞与气缸顶相撞损坏压缩机。如图 4-7 所示，排气过程终了时，余隙 V_3 中还充满未被排出的高压气体，所以当活塞回行时，排气门不能马上打开，必须使余隙内的气体发生再"膨胀"过程，压力降低到吸气压力时才能开始吸气。由于余隙内气体再膨胀的结果，压缩机每循环一周实际吸入的气体容积为 V_1-V_4，当压缩比增加到一定程度时，1-2 和 3-4 线完全重合，这样压缩机余隙气量在膨胀后将充满整个气缸，压缩机不再能吸入新鲜气体，不再具有压缩气体的

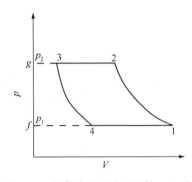

图 4-7 有余隙的压缩过程的 p-V 图

功能。因此，气体的压缩不像液体压缩一样，经过一级压缩可以达到很高的出口压力，每一级压缩只能达到一定的压缩比，同时也为了减小压缩功，气体压缩常采用多级压缩、级间冷却的方法。

级间冷却式压缩机的基本原理是将气体先压缩到某一中间压力，然后通过一个中间冷却器，使其等压冷却至压缩前的温度，然后再进入下一级气缸继续被压缩、冷却，如此进行多次压缩和冷却，使气体压力逐渐增大，而温度不至于升得过高。这样，整个压缩过程趋近于等温压缩过程。

（3）离心式压缩机

由于转速不高、间歇吸气与排气以及有余隙容积的影响，使往复式压缩机排量不大。离心式压缩机克服了这些缺点，它的转速比往复式高几十倍，能连续不断地进行没有余隙的吸气和排气，所以它的机体不大而排量较大。但离心式压缩机每级压缩比较小，若需要得到较高的压力，则需要很多级。因气体流速大，各部分的摩擦损失也较大。

因此，对于气量大而压缩比不太大的压缩过程宜采用离心式压缩机；反之，对于气量小而压缩比要求较高的压缩过程宜采用往复式压缩机。

4.2.3 气体的膨胀

气体膨胀是气体压缩的逆过程。工业上通常利用某些气体在特定状态下的节流膨胀和绝热膨胀来获得冷量，且在绝热膨胀时还可获得功。通过喷嘴的膨胀可获得低于大气的压力或速度。

（1）节流膨胀

当高压流体在管道中流动时，遇到一狭窄的通道，如阀门、孔板等，由于局部阻力，使流体压力显著降低，这种现象称为节流现象，这一迅速膨胀到低压的过程称为节流膨胀。冷冻装置经常通过节流阀使气体进行节流膨胀而制冷，取得降低温度的效果。

因节流过程进行得很快，可以认为是绝热的（$Q=0$），该过程又不对外做功（$W_S=0$），故节流膨胀属于绝热而不做功的膨胀。节流前后流体的位差与速度变化可忽略不计，$\Delta Z=0$，$\Delta u=0$，由稳态流动的能量平衡方程得 $\Delta H=0$，即节流前后流体的焓值不变，这是节流膨胀的特点。

由于节流时存在局部阻力损耗，因而是不可逆过程，节流后流体的熵值必定增加。

流体进行节流膨胀时，由于压力变化而引起的温度变化称为节流效应或 Joule-thomson 效应。节流膨胀中温度随压力的变化率称微分节流效应系数或 Joule-thomson 效应系数，记为 μ_J。

$$\mu_J = \left[\frac{\partial T}{\partial p}\right]_H \tag{4-22}$$

由循环关系式 $\left(\frac{\partial T}{\partial p}\right)_H \left(\frac{\partial p}{\partial H}\right)_T \left(\frac{\partial H}{\partial T}\right)_p = -1$，得

$$\left(\frac{\partial T}{\partial p}\right)_H = -\frac{\left(\frac{\partial H}{\partial p}\right)_T}{\left(\frac{\partial H}{\partial T}\right)_p}$$

将热力学关系式 $\left(\frac{\partial H}{\partial p}\right)_T = V - T\left(\frac{\partial V}{\partial T}\right)_p$ 和 $\left(\frac{\partial H}{\partial T}\right)_p = C_p$ 代入上式，得

$$\mu_J = \frac{T\left(\frac{\partial V}{\partial T}\right)_p - V}{C_p} \tag{4-23}$$

节流膨胀能否制冷由 μ_J 值决定。

分析式（4-22），因为节流过程 $\Delta p < 0$，所以

若 $T\left(\frac{\partial V}{\partial T}\right)_p - V > 0$，由式（4-22）得 $\mu_J > 0$，则 $\Delta T < 0$，节流后温度降低（冷效应）；

若 $T\left(\frac{\partial V}{\partial T}\right)_p - V = 0$，由式（4-22）得 $\mu_J = 0$，则 $\Delta T = 0$，节流后温度不变（零效应）；

若 $T\left(\frac{\partial V}{\partial T}\right)_p - V < 0$，由式（4-22）得 $\mu_J < 0$，则 $\Delta T > 0$，节流后温度升高（热效应）。

如果给定实际气体的状态方程，求得 $\left(\frac{\partial V}{\partial T}\right)_p$，代入式（4-23），可近似求得 μ_J 值。

对理想气体，$\left(\frac{\partial V}{\partial T}\right)_p = \frac{R}{p}$ 代入式（4-23），得 $\mu_J = 0$，即理想气体节流后温度不变。

μ_J 值也可由实验测定。若保持初态（高压气体）p_1、T_1 不变，而改变节流膨胀后压力 p_2，则可测得不同 p_2 下的温度 T_2。将所得结果绘于 $T-p$ 图上，可得在给定初态（p_1、T_1）下的等焓线 1-2。同理，可绘得在不同初态下作节流膨胀的等焓线，如图 4-8 所示。

等焓线上任一点的斜率值即为 μ_J 值。对于实际气体，μ_J 值可为正值、负值或零。$\mu_J = 0$ 的点应处于等焓线的最高点，也称为转化点，转化点的温度称为转化温度。将一系列转化点连接形成一条转化曲线。图 4-8 中 $\mu_J = 0$ 的轨迹线即为转化曲线。

转化曲线区域内 $\mu_J > 0$，转化曲线区域外 $\mu_J < 0$。利用转化曲线可以确定节流膨胀后获得低温的操作条件。

生产中人们最关心的是流体节流后能达到多低的温度，这一温度值一般由"积分节流效应"ΔT_H的表达式计算，即

$$\Delta T_H = T_2 - T_1 = \int_{p_1}^{p_2} \mu_J \mathrm{d}p \tag{4-24}$$

工程上，ΔT_H直接利用温熵图求得最为简便，见图4-9。在温熵图上根据节流状态(p_1、T_1)确定初态点1，由点1作等焓线与节流后的等压线p_2的交点2，点2的温度T_2即为节流后的温度。

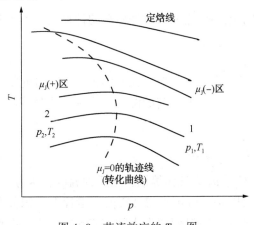

图 4-8　节流效应的 T-p 图

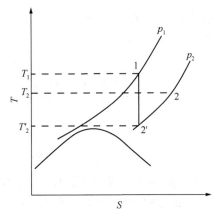

图 4-9　节流效应在 T-S 图上的表示

大多数气体的转化温度较高，在室温及压力不太高的条件下节流可产生冷效应，达到制冷目的。少数气体如氦、氢等的最高转化温度低于室温，欲使其节流后产生冷效应，必须在节流前进行预冷。

（2）绝热做功膨胀

气体的绝热膨胀是自发过程。气体从高压向低压作绝热膨胀时，若通过膨胀机来实现，则可对外做功，如果过程是可逆的，称为等熵膨胀，此过程的特点是膨胀前后熵值不变。与节流膨胀不同，对外做功膨胀后气体温度必降低。

等熵膨胀时，压力的微小变化所引起的温度变化称为微分等熵膨胀效应系数，以 μ_S 表示，其定义式为

$$\mu_S = \left(\frac{\partial T}{\partial p}\right)_S \tag{4-25}$$

由循环关系式 $\left(\frac{\partial T}{\partial p}\right)_S \left(\frac{\partial p}{\partial S}\right)_T \left(\frac{\partial S}{\partial T}\right)_p = -1$，得

$$\left(\frac{\partial T}{\partial p}\right)_S = -\frac{\left(\dfrac{\partial S}{\partial p}\right)_T}{\left(\dfrac{\partial S}{\partial T}\right)_p}$$

将 Maxwell 关系式 $\left(\frac{\partial V}{\partial T}\right)_p = -\left(\frac{\partial S}{\partial p}\right)_T$ 和 $\left(\frac{\partial S}{\partial T}\right)_p = \dfrac{C_p}{T}$ 代入上式，得

$$\mu_S = \frac{T\left(\dfrac{\partial V}{\partial T}\right)_p}{C_p} \tag{4-26}$$

对任何气体，$C_p > 0$，$T > 0$，$\left(\dfrac{\partial V}{\partial T}\right)_p > 0$，由上式可知，$\mu_S$ 必为正值。因此，任何气体进行等熵膨胀温度必降低，总是产生冷效应。

绝热膨胀的目的有两个：通过绝热膨胀对外做功。例如高压蒸汽通过透平后对外做功，带动发电机发电或带动压缩机进行气体的压缩，汽车行驶也是通过气体的绝热膨胀对外做功，通过连杆推动曲轴转动实现的；通过气体膨胀使工质的温度降低，从而获得制冷量用于制冷。

已经在 4.1 节能量平衡方程应用中推导出了绝热可逆膨胀对外做功的计算式，若忽略动能变化、势能变化及散热，则

$$\Delta H = W_S \tag{4-27}$$

如果是通过流体膨胀后温度降低获得制冷量，那么就需要研究流体进行绝热可逆膨胀时温度的变化。气体等熵膨胀时，压力变化为一定值时，所引起的温度变化称为积分等熵膨胀效应，用 ΔT_S 表示，则

$$\Delta T_S = T'_2 - T_1 = \int_{p_1}^{p_2} \mu_S \, \mathrm{d}p \tag{4-28}$$

式中，T_1、p_1 为气体等熵膨胀前温度、压力；T'_2、p_2 为气体等熵膨胀后的温度、压力。

如已知气体的状态方程，利用式(4-27)、式(4-28)可求得 ΔT_S 值。工程上，积分等熵膨胀效应 ΔT_S 也可利用温熵图直接查得，见图 4-9。在温熵图上由初态点 $1(p_1$、$T_1)$ 作垂线（等熵线）膨胀后的等压线 p_2 的交点为状态 $2'$，图中可查得 T'_2 值。

综上所述，节流膨胀和绝热做功膨胀各有优、缺点，主要表现为：在相同的条件下，绝热做功膨胀比节流膨胀产生的温降大，且制冷量也大；绝热做功膨胀适用于任何气体，而节流膨胀是有条件的，对少数临界温度极低的气体（如 H_2、He 和 CH_4），必须预冷到一定的低温进行节流，才能获得冷效应；膨胀机设备投资大，运行中不能产生液体，而节流膨胀所需的设备只是个节流阀（或一段毛细管等），其结构简单，操作方便，可用于气、液两相区的工作。因此绝热做功膨胀主要用于大、中型设备，特别是用于深冷循环中，此时能耗大，用等熵膨胀节能效果突出。节流膨胀则在任何制冷循环中都要使用，即使在采用了膨胀机的深冷循环中，由于膨胀机不适用于温度过低和有液体存在的场合，还是要和节流阀结合并用。

4.2.4 蒸汽动力循环

化工厂与其他工业均离不开动力，交通工具也需要动力驱动。将热能转化为机械能等动力的装置称为热机，热机的工作循环称为动力循环。根据热机所用工质的不同，动力循环可分为蒸汽动力循环和燃气动力循环两大类。蒸汽机和透平机的工作循环为前者。在火力发电厂及原子能发电厂，工质按蒸汽动力循环进行工作，将化石燃料和核燃料中的热能转化为电能并对外界输出；汽车依靠燃气轮机前进、喷气式飞机依靠燃气轮机飞行等属于燃气动力循环。

这里详细说明蒸汽动力循环。系统从初态开始，经历一系列的中间状态后，又重新回到初态，此封闭的热力学过程称为循环。热机需要连续工作，其工质经历的是循环过程。蒸汽动力循环就是以水为工质，由它吸收燃料燃烧、核裂变、化学反应等放出的热量变为高压蒸汽，通过蒸汽降压膨胀对外做功，然后变为机械能、电能的热力循环。

Carnot 循环为热功转化效率最高的蒸汽动力循环。但是，Carnot 循环是在两相区中进行的，工作介质在透平中膨胀时产生的液体会对设备产生严重的侵蚀现象，使得透平机无法正

常工作。在压缩过程中，气液混合物中的液体可以通过泵送入锅炉，而气体需要通过压缩机才能完成工质的循环，因此，Carnot循环不能付诸实践。Rankine（朗肯）循环是第一个有实际意义的蒸汽动力循环。

（1）Rankine循环及其热效率

Rankine循环是最简单的可付诸实践的蒸汽动力循环，为各种复杂的蒸汽动力循环的基本循环。图4-10是该装置的示意图，它由锅炉、过热器、透平机、冷凝器和水泵组成。图4-11为该循环的$T\text{-}S$图。Rankine循环由以下四个过程组成。

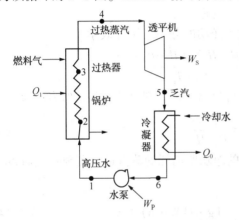

图4-10　Rankine循环的示意图　　　　图4-11　Rankine循环的$T\text{-}S$图

从锅炉、过热器出来的过热蒸汽进入透平机作绝热膨胀，对外做功（蒸汽中部分热能转换为机械能或电能），透平机出口蒸汽达到低压下湿蒸汽状态，工程上习惯称为乏汽。乏汽进入冷凝器放热，冷凝为饱和液体，然后进入水泵，使液体压力提高到锅炉入口的压力，之后，水在锅炉与过热器中吸热，由未饱和水变为过热蒸汽，至此完成循环。其中

1-2-3-4恒压汽化过程：状态1的工质水在锅炉中恒压吸热，升温、汽化，并在过热器中恒压吸热成为过热蒸汽4。单位质量工质在锅炉和过热器中共吸收Q_1的热量。

$$Q_1 = \Delta H = H_4 - H_1 \quad kJ \cdot kg^{-1} \tag{4-29}$$

4-5膨胀做功过程：过热蒸汽4在透平机中作绝热膨胀，成为低温低压的湿蒸汽5（乏汽），同时对外做功的过程。若忽略工质的摩擦与散热，此过程为可逆绝热（等熵）过程。单位质量工质所做的功W_S为

$$W_S = \Delta H = H_5 - H_4 \quad kJ \cdot kg^{-1} \tag{4-30}$$

5-6恒压恒温冷凝过程：膨胀后的湿蒸汽5在冷凝器中进行恒压，恒温放热，成为饱和水6的过程。单位质量工质冷凝所放出的热量Q_0为

$$Q_0 = \Delta H = H_6 - H_5 \quad kJ \cdot kg^{-1} \tag{4-31}$$

6-1泵输送升压过程：来自冷凝器的饱和水6在水泵中升压为过冷水1的过程，若不考虑工质的摩擦与散热，此过程可认为绝热可逆压缩过程。单位质量工质所消耗的功W_P为

$$W_P = \Delta H = H_1 - H_6 \quad kJ \cdot kg^{-1} \tag{4-32}$$

如果把水看作是不可压缩流体，则W_P可按下式计算

$$W_P = \int_{p_6}^{p_1} V dp = V(p_1 - p_6) \tag{4-33}$$

上述四个过程不断重复进行，构成对外连续做功的蒸汽动力装置。该循环忽略实际运行

过程中管路中的压力损失、摩擦扰动、蒸汽泄漏及散热等损失，因此循环中的吸热和放热过程在 T-S 图上可表示为等压过程，蒸汽的膨胀和冷凝水的升压可表示为等熵过程。所以这样的 Rankine 循环是一个理想化的蒸汽动力循环。

Rankine 循环可认为是稳流过程，作能量平衡如下

$$-W_N = -W_S - W_P = Q_1 + Q_2$$

W_N 为整个循环的总功，即蒸汽动力循环对外所做的理论净功，其数值相当于图 4-11 中的曲线 1-2-3-4-5-6-1 所包围的面积。

评价蒸汽动力循环的主要指标是热效率与汽耗率。

循环的热效率即锅炉所供给的热量中转化为净功的分率，用 η 表示。

$$\eta = \frac{-(W_S + W_P)}{Q_1} = \frac{(H_4 - H_5) + (H_6 - H_1)}{H_4 - H_1} \qquad (4-34)$$

由于水泵耗功远小于透平机作功量，所以可忽略不计，则热效率可近似表示为

$$\eta \approx \frac{-W_S}{Q_1} = \frac{H_4 - H_5}{H_4 - H_1} \qquad (4-35)$$

汽耗率是蒸汽动力装置中，输出 $1kW \cdot h$ 的净功所消耗的蒸汽量，用 SSC（specific steam consumption）表示。

$$SSC = \frac{1}{-W_N} \approx \frac{3600}{-W_S} \qquad kg \cdot (kW \cdot h)^{-1} \qquad (4-36)$$

当对外做相同的净功时，热效率越高，消耗的能量越少，汽耗率越低，工质用量越少，装置的尺寸越小，因此，热效率越高，汽耗率越低，循环越完善。

因为循环中所用的工质为水，所以，以上公式进行计算时，所需各状态点的焓值可查阅水蒸气表（见附录6）或水蒸气的焓熵图。

实际过程中每个过程总是存在摩擦、涡流、散热等不可逆因素，所以实际循环中各个过程是不可逆的。其中，锅炉和冷凝器的摩擦损失比较小，这两个设备中的过程仍可作为等压可逆过程处理；水泵消耗的功较小，不可逆性的影响也可忽略，仍可作绝热可逆压缩处理；透平机不绝热、摩擦力大，所以透平机的不可逆性不能忽略。

蒸汽通过透平机的绝热膨胀实际上是不等熵的过程，是向着熵增大的方向进行的，在图 4-11 中用 4-7 线表示。实际热效率 η_t 为

$$\eta_t = \frac{H_4 - H_7}{H_4 - H_1} \qquad (4-37)$$

此时，实际做的功应为 $H_7 - H_4$，小于等熵膨胀的功，两者之比称为等熵膨胀效率，用 η_i 表示。

$$\eta_i = \frac{H_4 - H_7}{H_4 - H_5} \qquad (4-38)$$

等熵膨胀效率也称为相对内部效率，反映的是透平机内部的损失。它与透平机的结构设计有关，一般可达到 80%~90%。

除上述的内部损失外，透平机还有外部机械损失，例如克服轴承摩擦阻力的功耗。若用 η_m 表示机械效率，则实际的总效率 η_e 为

$$\eta_e = \frac{\eta_m(H_4 - H_7)}{H_4 - H_1} = \eta_m \eta_i \frac{H_4 - H_7}{H_4 - H_1} = \eta_m \eta_i \eta \qquad (4-39)$$

【例 4-4】 某一理想朗肯循环，锅炉的压力为 4MPa，产生 440℃过热蒸汽，透平机出口压力为 0.004MPa，蒸汽流量 60t·h^{-1}，求

① 过热蒸汽每小时从锅炉吸收的热量与乏汽每小时在冷凝器放出的热量以及乏汽的温度；

② 透平机作出的理论功率与水泵消耗的理论功率；

③ 循环的热效率。

解：循环过程如图 4-11 所示。

查水蒸气表确定各点参数：

4 点：根据 $p_4 = 4$MPa、$t_4 = 440$℃，查过热水蒸气表，得

$$H_4 = 3307.1 \text{kJ} \cdot \text{kg}^{-1}, \quad S_4 = 6.9041 \text{kJ} \cdot \text{kg}^{-1} \cdot \text{K}^{-1}$$

5 点：$p_5 = 0.004$MPa，$S_5 = S_4 = 6.9041$kJ·kg^{-1}·K^{-1}，查饱和水蒸气表，得

$$H^v = 2554.4 \text{kJ} \cdot \text{kg}^{-1}, \quad H^l = 121.46 \text{kJ} \cdot \text{kg}^{-1}$$

$$S^v = 8.4746 \text{kJ} \cdot \text{kg}^{-1} \cdot \text{K}^{-1}, \quad S^l = 0.4226 \text{kJ} \cdot \text{kg}^{-1} \cdot \text{K}^{-1}$$

$$V^l = 1.004 \text{cm}^3 \cdot \text{g}^{-1}$$

设 5 点处的干度为 x，则

$$8.4746x + (1-x)0.4226 = 6.9041$$

解得

$$x = 0.8050$$

$$H_5 = 2554.4x + (1-x) \times 121.46 = 2554.4 \times 0.805 + (1-0.805) \times 121.46 = 2080.0 \text{kJ} \cdot \text{kg}^{-1}$$

6 点：$p_6 = 0.004$MPa，$H_6 = H_1 = 121.46$kJ·kg^{-1}

1 点：$p_1 = p_4 = 4$MPa

$$H_1 = H_6 + W_P = H_6 + V(p_1 - p_6)$$

所以

$$H_1 = 121.46 + 1.004 \times 10^{-3} \times (4000 - 4) = 125.5 \text{kJ} \cdot \text{kg}^{-1}$$

计算：

① 过热蒸汽每小时从锅炉吸收的热量

$$Q_1 = m(H_4 - H_1) = 60 \times 10^3 \times (3307.1 - 125.5) = 190.9 \times 10^6 \text{kJ} \cdot \text{h}^{-1}$$

乏汽在冷凝器放出的热量

$$Q_0 = m(H_6 - H_5) = 60 \times 10^3 \times (121.5 - 2080.0) = -117.5 \times 10^6 \text{kJ} \cdot \text{h}^{-1}$$

乏汽的湿度

$$1 - x = 1 - 0.805 = 0.195$$

② 透平机做出的理论功率

$$P_T = mW_S = m(H_5 - H_4)$$

$$= \frac{60 \times 10^3}{3600}(2080.0 - 3307.1)$$

$$= -20452 \text{kW}$$

水泵消耗的理论功率

$$N_P = mW_P = m(H_1 - H_6)$$

$$= \frac{60 \times 10^3}{3600}(125.5 - 121.5)$$

$$= 67 \text{kW}$$

③ 热效率

$$\eta = \frac{-3600(P_T + N_P)}{Q_1} = \frac{3600(20452-67)}{190.9 \times 10^6} = 0.3844$$

由例4-4可知，如果给定透平机的进口蒸汽温度、压力及透平机出口蒸汽的压力，那么 Rankine 循环的热效率基本上也就确定了。可见，改变蒸汽的参数可提高循环的热效率，具体措施为：

1）提高透平机的进口蒸汽温度

假定透平机的进、出口蒸汽压力不变，如图4-12所示，将蒸汽的过热温度由 T_4 提高到 T'_4，提高了平均吸热温度，做功量增大了 4'7544' 部分面积，提高了循环的热效率，并且可以降低汽耗率。同时增加了乏汽的干度，使透平机的相对内部效率也有所提高。但是蒸汽的最高温度受到金属材料性能的限制，不能无限地提高。一般过热蒸汽的最高温度以不超过873K 为宜。

2）提高透平机的进口蒸汽压力

假定透平机的出口蒸汽压力及进口蒸汽温度不变，如图4-13所示，将蒸汽的压力由 p_4 提高到 p'_4，也能提高平均吸热温度，有利于提高热效率。压力升高，做功量增加了 11'2'3'4'721 部分面积，减少了 77'3457 部分面积，变化不大，但蒸汽吸收的热量减少了，即做功量基本不变而吸热量减少了，故热效率提高了。但随着压力升高，乏汽的干度下降，即湿含量增加，因而会引起透平机相对内部效率的降低。还会使透平中最后几级的叶片受到磨蚀，缩短寿命。乏汽的干度一般不应低于0.88。另外，蒸汽压力的提高，不能超过水的临界压力。蒸汽压力提高设备制造费用也会大幅上升。

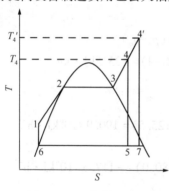

图4-12　过热蒸汽温度
对热效率影响的 T-S 图

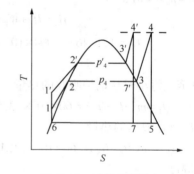

图4-13　过热蒸汽压力
对热效率影响的 T-S 图

3）降低蒸汽透平的出口压力

假定透平机的进口蒸汽温度、压力不变，降低出口蒸汽压力，可使循环的平均放热温度降低，而平均吸热温度降低很少。如图4-14所示，由于原来损失于冷凝器中的一部分热量（面积55'6'6）变成有用功，因而提高了循环的热效率。但是透平机出口蒸汽压力的降低受天然冷源(冷却水或大气)温度的限制，而不能任意地降低。此外，随着出口蒸汽压力的降低，出口蒸汽的湿度也增大，一般透平机出口压力不低于0.004MPa。

（2）Rankine 循环的改进

分析 Rankine 循环可知，改变蒸汽参数，即提高蒸汽的温度、压力、降低乏汽的压力可提高循环热效率，但蒸汽参数的改变受到设备、操作等限制。因此，对 Rankine 循环的改进，主要考虑对吸热过程的改进以提高循环的平均吸热温度，从而提高热效率。为此提出了蒸汽的再热循环、回热循环和动力与热能相结合的热电循环。

1）再热循环

提高透平机的进口压力可以提高热效率，但如不相应提高温度将引起乏汽干度降低而影响透平机的安全操作，为此提出了再热循环。再热循环是使高压的过热蒸汽在透平机中先膨胀到某一中间压力，然后全部导入锅炉中特设的再热器进行再加热，升高了温度的蒸汽，再送入低压透平膨胀到一定的排汽压力，这样就可以避免乏汽湿含量过高的缺点。图4-15 和图4-16 是再热循环的流程示意图和 T-S 图。

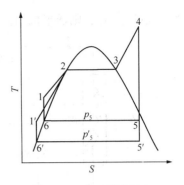

图 4-14　出口蒸汽压力
对热效率影响 T-S 图

由以上讨论得到再热循环的热效率为

$$\eta = \frac{-\sum W}{\sum Q} = \frac{-(W_{\mathrm{HP}} + W_{\mathrm{LP}} + W_{\mathrm{P}})}{Q_1 + Q_{\mathrm{RH}}} \approx \frac{-(W_{\mathrm{HP}} + W_{\mathrm{LP}})}{Q_1 + Q_{\mathrm{RH}}} \tag{4-40}$$

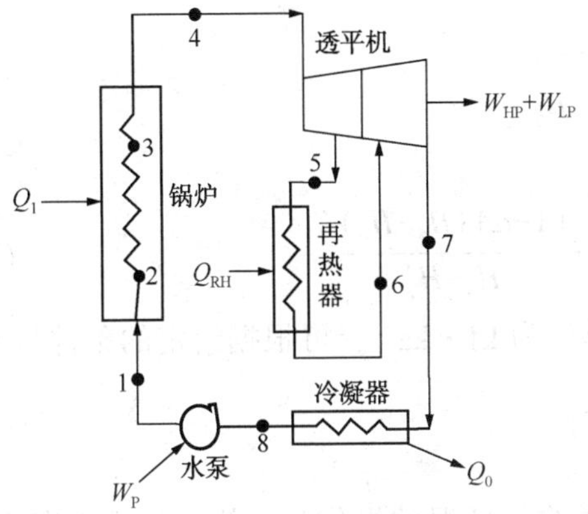

图 4-15　再热循环示意图

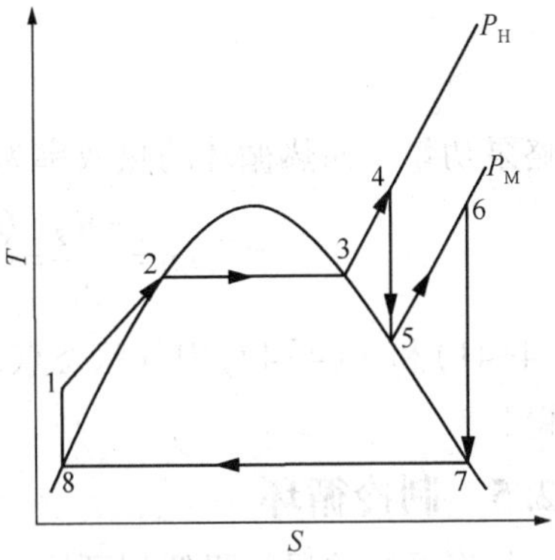

图 4-16　再热循环 T-S 图

与升高过热蒸汽压力相比，经再热循环不但增加了乏汽的干度，热效率也提高了。

2）回热循环

Rankine 循环热效率不高的原因是供给锅炉的水温低。因此预热锅炉给水，使其温度升高后再进锅炉，对于提高工质的平均吸热温度起着重要作用。预热锅炉给水可以利用蒸汽动力装置系统以外的废热，也可以从本系统中的透平机抽出一部分蒸汽来预热冷凝水，即采用回热循环的办法。现在大中型蒸汽动力装置普遍采用回热循环。回热循环就是利用本系统中蒸汽的热来加热锅炉给水，借以减少或消除工质在预热过程(由未饱和水加热到饱和水)的对外吸热量，从而提高循环的平均吸热温度，提高热效率。图4-17 和图4-18 为回热循环的流程示意图和 T-S 图。通常从透平机中抽取几种不同压力的蒸汽用来预热。抽气可以与冷凝水直接混合(开式回热预热器)，也可以通过管壁与冷凝水进行热交换(闭式回热预热器)。

采用回热循环减少了锅炉热负荷和冷凝器的换热面积，但由于回热，增加了加热器、管道、阀门等，使设备费用有所增加。

回热循环中抽气的质量分率 α 可以通过对回热器的能量分析求得。假定进入透平机的

91

水蒸气量为 1kg，则透平机的抽气量为 α kg，不考虑热损失，依据热力学第一定律可得

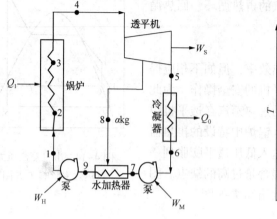

图 4-17　回热循环示意图

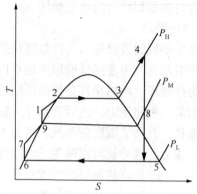

图 4-18　回热循环 T-S 图

$$\alpha(H_8-H_9)=(1-\alpha)(H_9-H_7)$$

解得

$$\alpha=\frac{H_9-H_7}{H_8-H_7} \tag{4-41}$$

忽略泵功量，回热循环的热效率为

$$\eta=\frac{-W_S}{Q_1}=\frac{Q_1+Q_0}{Q_1}=1-\frac{(1-\alpha)(H_5-H_6)}{H_4-H_1} \tag{4-42}$$

式(4-41)和式(4-42)中各状态点的焓值单位为 kJ·kg^{-1}，可根据给定的条件从水蒸气图表查得。

4.2.5　制冷循环

制冷是将系统的温度降低到环境温度以下并维持低温的操作。由热力学第二定律可知，热不能自动地由低温物体流向高温物体，要使这一非自发过程成为可能，必须消耗能量。因此，制冷循环就是消耗外功或热能，使热量由低温向高温传递的逆向循环。习惯上，制冷温度在-100℃以上者，称为普冷；低于-100℃为深冷。制冷广泛应用于化工生产中的低温反应、结晶分离、精馏、气体液化以及生活中的食品冷藏、气温调节等。

为了使指定的空间如冰箱、冷库、房间等保持低于环境的温度，就必须不断地把热量从低温空间排向温度较高的周围环境，完成该任务的设备叫制冷装置；要使指定的空间保持一定的高于环境的温度，可采用从周围环境中吸收热量的供热方法，完成该任务的设备叫热泵。从热力学原理来看，制冷与热泵的工作原理是完全相同的，都必须要消耗外功或热能，将热量从低温区向高温区转移。两者的区别在于目的不同，制冷是要维持低于周围环境的温度，而热泵是要维持高于周围环境的温度。在夏天，空调是制冷装置；而到了冬天，空调则成为了热泵。

（1）逆向 Carnot 循环

逆向 Carnot 循环是卡诺循环按反向进行，也称理想的制冷循环，由两个恒温过程和两个等熵过程组成。图 4-19 和图 4-20 是循环装置示意图和 T-S 图。

循环的具体过程为：

1-2 绝热可逆压缩过程：制冷剂在压缩机内绝热可逆压缩，是一个等熵过程，消耗外功，制冷剂的温度由 T_1 升至 T_2；

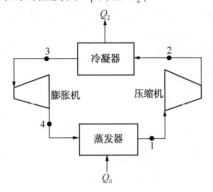

图 4-19 逆 Carnot 循环示意图

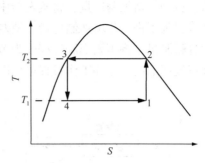

图 4-20 逆 Carnot 循环 T-S 图

2-3 等温可逆冷凝放热过程：恒温、恒压条件下制冷剂在冷凝器中向高温的环境放热，由饱和蒸汽冷凝为饱和液体，单位质量制冷剂放出冷凝热 Q_2。

3-4 绝热可逆膨胀过程：制冷剂在膨胀机内绝热可逆膨胀对外做功，该过程为等熵膨胀过程，温度由 T_2 降至 T_1。

4-1 等温可逆汽化吸热过程：恒温、恒压条件下单位质量制冷剂在蒸发器中从低温系统吸收 Q_0 热量，回到初始态 1。

由于整个循环的 $\Delta H = 0$，所以由能量平衡方程式(4-11)得

$$W_S = -Q = -Q_2 - Q_0 \tag{4-43}$$

由于该循环可视为可逆循环，所以可得出

$$Q_2 = -T_2(S_2 - S_3) = -T_2(S_1 - S_4)$$
$$Q_0 = T_1(S_1 - S_4)$$

代入式(4-43)得

$$W_S = (T_2 - T_1)(S_1 - S_4) \tag{4-44}$$

由于 $T_2 > T_1$，$S_1 > S_4$，式(4-44)得 $W_S > 0$，说明制冷循环一定消耗功。由于 $T_2 > T_1$，则 $Q_2 > Q_0$，所以制冷循环中，制冷剂向高温环境所放出的热量总是大于从低温系统所吸收的热量，两者的差额等于消耗的轴功。

制冷循环的技术经济指标用制冷系数 ε 表示。制冷剂从低温系统吸收的热量 Q_0 与压缩制冷剂所消耗的功 W_S 之比称为制冷系数，即

$$\varepsilon = \frac{Q_0}{W_S} \tag{4-45}$$

则逆向卡诺循环

$$\varepsilon_{逆} = \frac{T_1}{T_2 - T_1} \tag{4-46}$$

由式(4-46)可知，逆向卡诺循环的制冷系数仅取决于高、低温热源的温度 T_2 和 T_1，与制冷剂性质无关。

在相同温度区间工作的制冷循环以逆向 Carnot 循环的制冷系数为最大。在实际压缩制冷循环中，1-2 和 3-4 两个过程难以实现，这是因为在湿蒸汽区域压缩和膨胀会在压缩机和膨胀机气缸中形成液滴，容易损坏机器。

（2）单级蒸气压缩制冷循环

实际的制冷循环是对理想的逆向 Carnot 循环的改进。如图 4-21，单级蒸气压缩制冷循环由压缩机、冷凝器、节流阀、蒸发器组成。为了避免进入压缩机的气液混合物态的制冷剂损坏机器，也为了增加制冷量，将蒸发器中的制冷剂汽化到干蒸气状态，使压缩过程转移到过热蒸气区；为了进一步增加制冷量，使制冷剂流过过冷器；为了设备简单、运行可靠，用节流阀代替膨胀机，将等熵膨胀过程改为节流膨胀过程。

单级蒸气压缩制冷循环工作过程可用图 4-22 的 T-S 图表示。

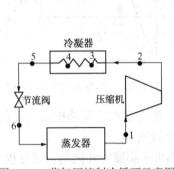
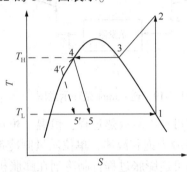

图 4-21　蒸气压缩制冷循环示意图　　　　图 4-22　蒸气压缩制冷循环 T-S 图

1-2 压缩过程：饱和蒸气 1 的工质在压缩机中被压缩为过热蒸气 2 的过程，这一过程在理想情况下可视为等熵过程。

2-3-4 恒压冷却、冷凝过程：压缩后的过热蒸气 2 在冷凝器中恒压冷却，放出热量达到冷凝压力下饱和蒸气 3，然后冷凝为饱和液体 4。

4-5 节流膨胀过程：饱和液体 4 经节流阀降压、降温为湿蒸气 5，该过程为等焓过程。

5-1 恒压、恒温蒸发过程：湿蒸气 5 在蒸发器中吸收低温系统的热量实现制冷，自身变为饱和蒸气 1，再进入压缩机完成循环。单级蒸气压缩制冷循环的性能指标如下：

① 单位制冷量 q_L　单位制冷量指在给定的操作条件下，单位质量的制冷剂在一次循环中所制取的冷量，用 q_L 表示。对蒸发器应用稳态流动能量方程式，忽略流动中流体的位能、动能的变化，可直接得到 q_L 的计算式。

$$q_L = H_1 - H_5 = H_1 - H_4 \qquad kJ \cdot kg^{-1} \qquad (4-47)$$

② 制冷剂每小时的循环量 G　在给定的制冷条件下，制冷剂每小时从冷源吸收的热量，称为装置的制冷能力，用 Q_L 表示，单位为 $kJ \cdot h^{-1}$。制冷剂每小时的循环量 G 与 q_L、Q_L 的关系为

$$G = \frac{Q_L}{q_L} \qquad kg \cdot h^{-1} \qquad (4-48)$$

③ 压缩机消耗的单位理论功 W_S　对压缩机应用稳态流动能量方程式，忽略流动中流体的位能、动能的变化，可直接计算压缩单位质量制冷剂所消耗的功 W_S。

$$W_S = H_2 - H_1 \qquad kJ \cdot kg^{-1} \qquad (4-49)$$

制冷循环所消耗的理论功率 N_T 为

$$N_T = \frac{GW_S}{3600} \qquad kW \qquad (4-50)$$

在实际操作中，由于存在各种损失，如克服流动阻力所造成的节流损失、克服机械摩擦

94

力所造成的摩擦损失等，所以实际消耗的功率要比理论功率大。

④ 制冷循环的制冷系数

$$\varepsilon = \frac{q_L}{W_S} = \frac{H_1 - H_4}{H_2 - H_1} \qquad (4-51)$$

工程上为了提高制冷系数，常采用过冷措施，如图4-22所示，将处于状态4的饱和液体在给定压力下再冷却成为状态4′的过冷液体。经过冷措施后，压缩机耗功与原循环相同，但制冷量却增加了，因此制冷系数会增大。过冷过程严格来说应沿着液相等压线运行，但是液体大多不可压缩，即液相等压线和饱和液相线很接近，而且过冷程度有限，4′和4状态点也很接近。为简单起见，状态点4′的值实际是在饱和液相线上查得的。

⑤ 冷凝器的单位放热量 Q_H 对冷凝器应用稳态流动能量方程式，忽略流动中流体的位能、动能的变化，得到单位制冷剂在冷凝器中放出的热量 Q_H 的计算式为

$$Q_H = H_4 - H_2 \quad kJ \cdot kg^{-1} \qquad (4-52)$$

蒸气压缩制冷装置中常用的制冷工质有 NH_3、Freon 等。NH_3 是一种良好的制冷剂，对应制冷温度范围有合适的压力，汽化时吸热能力大，但对金属有一定的腐蚀性，且有气味，应用场合有限制。Freon 类制冷剂汽化时的吸热能力适中，性能稳定，种类繁多，能满足不同温度范围对制冷剂的要求。如空调工况下常用 Freon22（$CHClF_2$ 或称 R22），家用电冰箱常用 Freons12（CCl_2F_2 或称 R12）等。但含氯的 Freon 类制冷剂，如 Freons12、Freons11、Freons113 等对大气臭氧层有破坏作用，世界范围内正逐步限制其生产和使用，所以已开发其相应的替代品，如用 Freon134a（$C_2H_2F_4$ 或称 R134a）或 Freon600a 代替，作为冰箱、空调的制冷剂。

进行制冷计算时，通常是已知制冷能力 Q_L，要求确定制冷剂的循环量 G、压缩机所需要的理论功率 N_T 以及制冷系数 ε。对于已经确定的制冷剂，只要知道蒸发温度 T_L、冷凝温度 T_H、过冷温度 $T_{4'}$ 即可，在制冷剂的热力学图表上找出相应的状态点，查得或计算各状态点的焓、熵值，然后代入式（4-48）、式（4-50）、式（4-51）计算。

【例4-5】 某蒸气压缩制冷装置，采用氨或 R12 作制冷剂，制冷能力 Q_L 为 $10^5 kJ \cdot h^{-1}$，设压缩机作绝热可逆压缩，试求不同工作条件下单位制冷量 q_L、制冷剂的循环量 G、理论功率 N_T 及制冷系数 ε。已知

制冷剂	冷凝温度 t_H/℃	蒸发温度 t_L/℃	过冷温度 $t_{4'}$/℃
氨（a）	30	−15	25
氨（b）	30	−30	25
氨（c）	30	−30	无过冷
R12（d）	30	−15	25

解：循环过程如图4-22所示。

（a）由附录9氨的 t-S 图，查得 $t_L = -15℃$ 时1点饱和蒸气的 $H_1 = 1660 kJ \cdot kg^{-1}$，$p_1 = 0.22 MPa$，查图并内插求得 $t_H = 30℃$ 时饱和蒸气压 $p_2 = 1.16 MPa$，由1点沿等熵线向上到 $p_2 = 1.16 MPa$ 等压线的交点，查得 $H_2 = 1890 kJ \cdot kg^{-1}$，由过冷温度 $t_{4'} = 25℃$ 查得 $H_{4'} = 540 kJ \cdot kg^{-1}$，节流前后焓值不变，$H_{5'} = H_{4'} = 540 kJ \cdot kg^{-1}$，代入式（4-47）得

$$q_L = H_1 - H_5' = 1660 - 540 = 1120 kJ \cdot kg^{-1}$$

代入式（4-48）得

$$G = \frac{Q_L}{q_L} = \frac{10^5}{1120} = 89.3 \text{kg} \cdot \text{h}^{-1}$$

代入式(4-51)得

$$\varepsilon = \frac{H_1 - H_{5'}}{H_2 - H_1} = \frac{1120}{1890 - 1660} = 4.9$$

代入式(4-50)得

$$N_T = \frac{GW_S}{3600} = \frac{89.3 \times (1890 - 1660)}{3600} = 5.7 \text{kW}$$

压缩机的压缩比为

$$\frac{p_2}{p_1} = \frac{1.16}{0.22} = 5.3$$

(b) 按上述同样方法查得

$H_1 = 1620 \text{kJ} \cdot \text{kg}^{-1}$，$p_1 = 0.11 \text{MPa}$，$H_2 = 1980 \text{kJ} \cdot \text{kg}^{-1}$，$H_{4'} = H_{5'} = 540 \text{kJ} \cdot \text{kg}^{-1}$，则

$$q_L = H_1 - H_{5'} = 1620 - 540 = 1080 \text{kJ} \cdot \text{kg}^{-1}$$

$$G = \frac{Q_L}{q_L} = \frac{10^5}{1080} = 92.6 \text{kg} \cdot \text{h}^{-1}$$

$$\varepsilon = \frac{H_1 - H_5'}{H_2 - H_1} = \frac{1080}{1980 - 1620} = 3$$

$$N_T = \frac{GW_S}{3600} = \frac{92.6 \times (1980 - 1620)}{3600} = 9.3 \text{kW}$$

$$\text{压缩比} = \frac{p_2}{p_1} = \frac{1.16}{0.11} = 10.5$$

(c) 同样查得：$H_1 = 1620 \text{kJ} \cdot \text{kg}^{-1}$，$H_2 = 1980 \text{kJ} \cdot \text{kg}^{-1}$，$t_H = 30℃$ 时 $H_4 = H_5 = 560 \text{kJ} \cdot \text{kg}^{-1}$，则

$$q_L = H_1 - H_{5'} = 1620 - 560 = 1060 \text{kJ} \cdot \text{kg}^{-1}$$

$$G = \frac{Q_L}{q_L} = \frac{10^5}{1060} = 94.3 \text{kg} \cdot \text{h}^{-1}$$

$$\varepsilon = \frac{H_1 - H_{5'}}{H_2 - H_1} = \frac{1060}{1980 - 1620} = 2.9$$

$$N_T = \frac{GW_S}{3600} = \frac{94.3 \times (1980 - 1620)}{3600} = 9.4 \text{kW}$$

$$\text{压缩比} = \frac{p_2}{p_1} = \frac{1.16}{0.11} = 10.5$$

(d) 根据已知数据，查附录 10 R12 的 $\ln p$-H 图得：$H_1 = 345 \text{kJ} \cdot \text{kg}^{-1}$，$p_1 = 0.18 \text{MPa}$，$H_2 = 373 \text{kJ} \cdot \text{kg}^{-1}$，$p_2 = 0.76 \text{MPa}$，$H_{4'} = H_{5'} = 223 \text{kJ} \cdot \text{kg}^{-1}$，则

$$q_L = H_1 - H_{5'} = 345 - 223 = 122 \text{kJ} \cdot \text{kg}^{-1}$$

$$G = \frac{Q_L}{q_L} = \frac{10^5}{122} = 819.7 \text{kg} \cdot \text{h}^{-1}$$

$$\varepsilon = \frac{H_1 - H_{5'}}{H_2 - H_1} = \frac{122}{373 - 345} = 4.4$$

$$N_T = \frac{GW_S}{3600} = \frac{819.7 \times (373-345)}{3600} = 6.4\text{kW}$$

$$\text{压缩比} = \frac{p_2}{p_1} = \frac{0.76}{0.18} = 4.2$$

计算结果列于下表：

制冷剂	$q_L/\text{kJ} \cdot \text{kg}^{-1}$	$G/\text{kJ} \cdot \text{h}^{-1}$	ε	N_T/kW	$\dfrac{p_2}{p_1}$
氨(a)	1120	89.3	4.9	5.7	5.3
氨(b)	1080	92.6	3	9.3	10.5
氨(c)	1060	94.3	2.9	9.4	10.5
R12(d)	122	819.7	4.4	6.4	4.2

比较(a)~(b)的结果得：

① 冷凝温度和过冷温度相同时，蒸发温度较高者，制冷系数较大，消耗的理论功率较小；

② 蒸发温度和冷凝温度相同时，无过冷者，制冷量较小；

③ 蒸发温度、冷凝温度和过冷温度相同时，R12 的制冷量比氨小，制冷剂循环量比使用氨时大，两者相差近 10 倍；

④ 冷凝温度一定，蒸发温度越低，p_1 越小，需要的压缩比以及功率消耗也就越大，消耗的理论功率较小，同时制冷系数较小(因此不能盲目降低蒸发温度)。

如图 4-23 所示，冰箱的工作即为蒸气压缩制冷循环过程，其中，毛细管起的是节流阀的作用。

（3）多级压缩制冷

当需要较低的蒸发温度时，冷凝温度和蒸发温度之差就比较大，即需要较高的压缩比，如例 4-5。压缩比过高，会增加压缩机功耗，还将导致出口蒸气温度过高，使制冷剂分解(例如氨在 120℃ 以上就分解)。此时最好的办法是采用多级压缩和级间冷却，这样还可以降低功率消耗，当然，机械设备就复杂了。对氨压缩制冷，制冷温度在 -25~-65℃ 时，需进行两级压缩甚至三级压缩。图 4-24 是常用的两级蒸气压缩制冷循环示意图，图 4-25 是相应的 *T-S* 图。

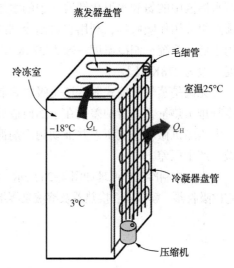

图 4-23　冰箱蒸气压缩制冷循环示意图

两级蒸气压缩制冷循环实际上可分为一个低压循环和一个高压循环，两个循环通过一个中压分离器相连，中压分离器同时负担着级间冷却的作用，所以又称为中间冷却器。

由于多级压缩使各蒸发器的压力不同，因此多级压缩制冷可以同时提供几种不同温度的低温。

采用单一制冷剂的多级压缩制冷将受到蒸发压力过低以及制冷剂凝固温度的限制。为了能获得更低的制冷温度，工程上还常采用由两种及两种以上的制冷剂各自构成独立的单级蒸

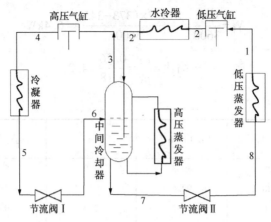

图 4-24　两级蒸气压缩制冷循环示意图

气压缩制冷的复叠式制冷。

（4）吸收式制冷

蒸气压缩制冷是靠消耗外功来完成制冷过程的。这种功主要来源于电能，而电能大部分是由热能转化来的，即制冷系统所需要的功最终来自于热能。吸收式制冷是一种以热能为动力的制冷方法。

吸收式制冷选用的工质是混合溶液，如氨水溶液、水溴化锂溶液等。其中低沸点组分如氨水溶液中的氨和水溴化锂溶液中的水用作制冷剂，利用它们的蒸发和冷凝来实现制冷；高沸点组分用作吸收剂，利用它对制冷剂的吸收和解吸作用来完成工作循环。氨吸收制冷通常用于低温系统，制冷温度一般为 278K 以下；溴化锂吸收制冷适用于空气调节系统，制冷温度一般为 278K 以上。

无论是蒸气压缩式制冷还是吸收式制冷，都是制冷剂在低压下蒸发吸收热量和在高压下冷凝排出热量，二者的差别在于如何造成这种压力差和如何推动制冷剂循环：蒸气压缩式制冷由压缩机做功造成压差并推动制冷剂循环；吸收式制冷，由第二种介质来推动循环，由泵做功产生压差。

吸收式制冷工作原理如图 4-26 所示。图中虚线包围部分相当于蒸气压缩式制冷中的压缩机，它由吸收器、解吸器、换热器及溶液泵等组成，其余部分与蒸气压缩式制冷循环中的相同。

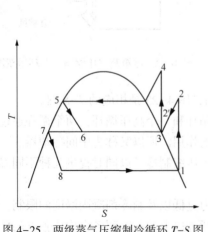

图 4-25　两级蒸气压缩制冷循环 T-S 图

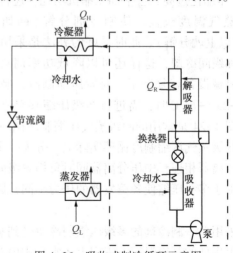

图 4-26　吸收式制冷循环示意图

从蒸发器中出来的低压蒸气不是进入压缩机而是进入吸收器，与来自解吸器中的稀氨水或浓的溴化锂溶液逆流接触，这一过程中稀氨水逐渐吸收氨，成为浓氨水，或浓溴化锂溶液逐渐吸收水蒸气成为稀溶液，吸收过程中所放出的热量由冷却水带走。由吸收器中出来的浓氨水或稀溴化锂溶液经升压后，与解吸器中出来的稀氨水或浓溴化锂溶液换热后再进入解吸器，以充分利用能量。在解吸器中浓氨水或稀溴化锂溶液被低品位外部热源加热，使溶解在水中的氨或溶解在浓溴化锂溶液中的水又被驱赶出来成为蒸气，然后送往冷凝器中冷凝。

吸收式制冷循环的经济指标用热能利用系数 ξ 表示。

$$\xi = \frac{Q_L}{Q_R} \tag{4-53}$$

式中，Q_L 为吸收式制冷的制冷量(制冷能力)；Q_R 是热源供给的热量。

吸收式制冷的优点是直接利用低品位的热能以及工业生产中的余热或废热制冷，这对提高一次能源利用率、减少废热排放和温室效应等具有重要意义。而且，在装置中没有昂贵的压缩机，设备成本低。缺点是热能利用系数低、装置体积庞大。

4.2.6 热泵

热泵是以消耗一定量的机械功为代价，通过热力循环，将热能不断地由低温区输送到高温区的装置。

热能的综合利用有两种途径：一种是利用厂内的工艺废热，通过余热锅炉、蒸汽透平等一系列设备，从高温热源取得热量，使其中部分热量转变为外功加以利用，是对温度较高的工艺废热的综合利用；另一种是应用热泵，热泵的作用是将低品位能量提高到能够被利用的较高温度，达到重新用于工业生产或人工取暖的目的。热泵是对温度较低的工艺废热的综合利用。化工生产过程中存在着各种各样的低品位废热，像锅炉废气、工艺水、水蒸气的冷凝液等，因此，热泵对于热能的综合利用具有一定的经济意义。

热泵的工作原理、循环过程类似制冷装置。所不同的是工作目的与操作温度范围不同，制冷装置的工作目的是制冷，操作温度范围是环境温度与低于环境温度的低温区温度；热泵的工作目的是供热，即从自然环境或低温余热中吸取热量并将它传送到需要的高温空间中，其实质是一种能源采掘机。热泵的操作温度范围是环境(或低温区)温度与高于环境(或低温区)温度的高温区温度。

热泵循环的能量平衡方程为

$$-Q_H = Q_L + W_S$$

式中，Q_H 为热泵的供热量；Q_L 为取自低温热源的热量；W_S 为完成循环所消耗的净功量。

一般情况下，Q_L 来自低品位的热量，有时是室外空气或天然水等自然介质。即使是工业中使用的热泵，消耗的也是工业废热，一般不影响成本。热泵的操作费用取决于压缩机消耗的机械能或者电能的费用，其经济性能以单位功量所得到的供热量来衡量，称为供热系数，用 ε_H 表示，即

$$\varepsilon_H = \frac{-Q_H}{W}$$

将能量平衡方程式代入上式，可导出供热系数与制冷系数的关系式：

$$\varepsilon_H = \frac{-Q_H}{W} = \frac{Q_L + W}{W} = \frac{Q_L}{W} + 1 = \varepsilon + 1$$

上式表明，供热系数大于制冷系数，永远大于1，这说明热泵所消耗的功最后也转换成热而一同输送到高温热源，因此，热泵是一种合理的供热装置。

随着能源和环境问题的日益严峻，高效节能的热泵技术越来越受到重视，家用冷暖空调就是采用热泵进行空气调节的，其电耗远低于直接使用电加热的取暖器，且可以一机两用。大型工业热泵主要用于生产过程中的余热回收，尤其适用于热水、冷凝水热量的回收利用。化工行业是能耗大户，而精馏是化工生产中技术最成熟、应用最广泛的能耗极高的单元操作。传统的精馏方式热力学效率很低，能量浪费很大，热泵与精馏单元结合，构成热泵精馏，其对降低精馏系统的能耗具有重要意义。热泵精馏把精馏塔塔顶蒸气所带热量加压升温，使其用作塔底再沸器的热源，回收塔顶蒸气的冷凝潜热。

4.2.7 深度冷冻循环

用人工制冷方法获得-100℃以下的低温称为深度冷冻，简称深冷。深冷循环也是由一系列热力过程组成，利用气体的节流膨胀与等熵膨胀来获得低温与冷量。深冷技术已有一百多年的历史，主要用于低沸点气体的液化，如空气、天然气和石油气等的液化。

深冷循环在工程中的应用非常广泛，且有多种循环形式，本节介绍最基本的深冷循环——Linde循环和Claude循环。

（1）Linde（林德）循环

Linde循环是最简单的深冷循环，利用一次节流膨胀液化气体。1895年德国工程师Linde首先应用此法液化空气，故称为Linde循环。如图4-27所示，此循环由压缩机、冷却器、换热器、节流阀及气液分离器组成。

图4-28为Linde循环的T-S图。

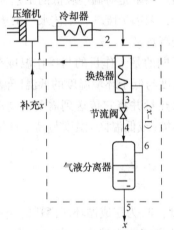

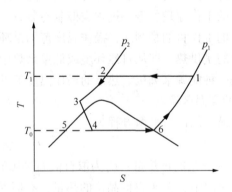

图4-27　Linde循环示意图　　　　图4-28　Linde循环T-S图

气体从状态点$1(T_1, p_1)$经多级压缩压力增加到p_2，并在级间设冷却器使其温度恢复至T_1。状态$2(T_1, p_2)$的高压气体进入换热器预冷到相当低的温度（状态3），然后经节流阀膨胀至低压p_1、液化温度T_0的气液混合物（状态4）。气液混合物4进入气液分离器，经沉降分离，饱和液体5自气液分离器底部导出作为液化产品，未液化饱和气体6进入换热器去预冷新来的高压蒸气，其自身被加热到初始状态1，它和补充的新鲜气体混合再返回压缩机。

深冷循环的作用在于得到低温液体产品，这就不同于以获得冷量为目的的普通制冷循环。在深冷循环中，气体既起到制冷剂的作用而本身又被液化作为产品，因为有产品采出，所以，如图 4-27 所示，Linde 循环是一不闭合的逆向循环。

深冷循环的基本计算主要是气体的液化量、循环制冷量和压缩机的功耗。

1）液化量

以 1kg 气体为计算基准，对图 4-27 中虚线框内的部分进行能量衡算。进入的是 1kg 状态 2 的高压气体，分离出去 $x$kg（液化量）状态 5 的饱和液体，循环回压缩机 $(1-x)$kg 状态 1 的低压气体，其能量衡算式为

$$H_2 = xH_5 + (1-x)H_1$$

则

$$x = \frac{H_1 - H_2}{H_1 - H_5} \qquad (4\text{-}54)$$

式中，H_2 为状态点 2 的气体焓；H_1 为状态点 1 的气体焓；H_5 为状态点 5 的饱和液体焓。以上焓值可由热力学图表查得。

2）制冷量

在稳定工况下，液化气体需取走的热量，就是装置的制冷量，用 q_0 表示。则

$$q_0 = x(H_1 - H_5)$$

将式（4-54）代入上式得

$$q_0 = H_1 - H_2 \qquad (4\text{-}55)$$

3）压缩机理论功 W_S

如果按理想气体的可逆等温压缩考虑，那么压缩机消耗的理论功为

$$W_{S,R} = RT_1 \ln \frac{p_2}{p_1} \qquad (4\text{-}56)$$

以上讨论的是理想情况，实际情况是循环中存在着许多不可逆损失，如压缩过程的不可逆损失、换热过程中不完全热交换热损失（用 q_2 表示）、气体液化装置绝热不完全，环境介质热量传给低温设备而引起冷量换失（用 q_3 表示）等。考虑这两项不可逆损失，则

实际液化量 $\qquad x = \dfrac{H_1 - H_2 - q_2 - q_3}{H_1 - H_5} \qquad (4\text{-}57)$

实际制冷量 $\qquad q_0 = H_1 - H_2 - q_2 - q_3 \qquad (4\text{-}58)$

如以 η_T 表示压缩机的等温压缩效率，则

实际消耗功 $\qquad W_S = \dfrac{W_{S,R}}{\eta_T} = \dfrac{RT_1}{\eta_T} \ln \dfrac{p_2}{p_1} \qquad (4\text{-}59)$

（2）Claude（克劳德）循环

当气体绝热做功膨胀时，温度降低要比相同条件下节流膨胀低得多，因此，在深冷循环中，利用绝热做功膨胀无疑比利用节流膨胀经济得多。但由于膨胀机操作中不允许气体含有液滴，另外在低温下，膨胀机中的润滑油很易凝固，难以操作，故实际上一般不是单独使用膨胀机，而是常与节流阀联合使用。

1902 年，法国的 Claude 首先采用带有膨胀机的深冷循环，故称为 Claude 循环，其循环示意图和 $T\text{-}S$ 图如图 4-29 和图 4-30 所示。

此循环由压缩机、冷却器、换热器 1、换热器 2、膨胀机、换热器 3、节流阀及气液分离器组成。

气体从状态点 1(T_1, p_1) 经压缩和冷却器等温压缩至状态点 2(T_1, p_2)。状态点 2 的高压气体经换热器 1 等压冷却到状态点 3 后分成两部分，其中一部分进入膨胀机进行绝热做功

膨胀,膨胀后状态点4的低温低压气体与由换热器3来的低压气体合并,随后进入换热器2作为制冷剂使用。这一措施减少了被冷却的高压气体量,增加了作为制冷剂的低压气体量,因而可将待节流的高压气体冷却到更低的温度,从而提高了液化率,同时还回收了有用功。另一部分经换热器2和换热器3冷却到节流所需的低温(状态点6),然后经节流阀膨胀至低压 p_1、液化温度 T_0 的气液混合物(状态7)。气液混合物7进入气液分离器,经沉降分离,饱和液体8作为液化产品采出,未液化饱和气体9出换热器3后与来自膨胀机的低压气体汇合,汇合后的气体依次进入换热器2、换热器1冷却高压蒸气,其自身被加热到初始状态1,然后和补充的新鲜气体混合再返回压缩机。

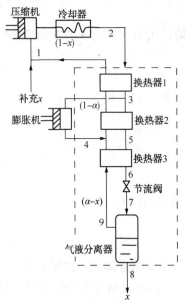

图 4-29 Claude 循环示意图

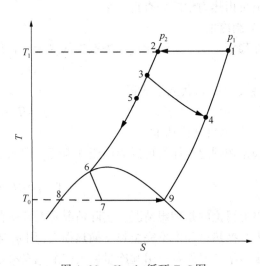

图 4-30 Claude 循环 T-S 图

Claude 循环的液化量、制冷量和压缩机功耗的计算如下。

1) 液化量

以 1kg 气体为计算基准,其中 α 为节流膨胀的量,$(1-\alpha)$ 为进入膨胀机的量,x 为液化量,$(1-x)$ 为循环回压缩机的量。不完全热交换热损失用 q_2 表示,系统中冷量换失用 q_3 表示。对装置中虚线框内的部分进行能量衡算,其能量衡算式为

$$H_2+(1-\alpha)H_4+q_2+q_3=xH_8+(1-x)H_1+(1-\alpha)H_3$$

则

$$x=\frac{(H_1-H_2)+(1-\alpha)(H_3-H_4)-q_2-q_3}{H_1-H_8} \tag{4-60}$$

式中,H_2 为状态点 2 的气体焓;H_1 为状态点 1 的气体焓;H_8 为状态点 8 的饱和液体焓。

2) 制冷量

$$q_0=(H_1-H_2)+(1-\alpha)(H_3-H_4)-q_2-q_3 \tag{4-61}$$

将式(4-61)与式(4-58)比较,Claude 循环的制冷量比 Linde 循环增加了 $(1-\alpha)(H_3-H_4)$。

3) 循环的功耗 W

Claude 循环的功耗应为压缩机的功耗减去膨胀机的回收功。若压缩机的等温压缩效率为 η_T,膨胀机效率为 η_m,则实际循环的功耗 W 为

$$W = \frac{RT_1}{\eta_T} \ln \frac{p_2}{p_1} - \eta_m (1-\alpha)(H_3 - H_4) \qquad (4-62)$$

4.3 理想功、损失功和热力学效率

化工生产中，人们希望尽量合理、充分地利用能量，获得更多的功，提高能量的利用率。热力学中的许多计算是在理想条件下，即以可逆过程的假设作为基础，但对真实过程或者说不可逆过程仍然可做定性分析。因此，对于能量利用率的分析仍然采用由理想到实际的方法。本节根据热力学基本原理，阐述理想功和损失功的概念及计算，以便评定实际过程中能量利用的完善程度，为提高能量利用效率、改进生产提供一定的依据。

4.3.1 理想功

系统从一个状态变到另一状态时，可以通过各种过程来实现，当经历的过程不同时，其所能产生(或消耗)的功是不同的。理想功指系统的状态变化是在一定的环境条件下按完全可逆的过程进行时所表现出的功，即系统在做功过程中，在给定条件下理论上可能产生的最大功或者必须消耗的最小功。理想功用 W_{id} 表示。

所谓完全可逆过程，包含两方面的含义：①系统内部一切的变化必须可逆；②系统与环境之间的传热也必须是可逆的。

为了达到上述要求，在系统内部要包括一个卡诺机来实现系统中各个不同温度与环境温度之间的可逆传热。由于此种机器是循环的，故它不产生状态的净变化，也不会使系统内产生任何性质的变化。

假定过程是完全可逆的，系统所处的环境构成了一个温度为 T_0 的恒温热源，根据第二定律，系统与环境的传热量应为

$$Q_R = T_0 \Delta S \qquad (4-63)$$

此方程既适用于非流动过程，也适用于稳态流动过程，但过程必须是可逆的。

对于封闭系统的非流动过程，热力学第一定律可表示为

$$W = \Delta U - Q$$

将式(4-63)代入上式，得

$$W_R = \Delta U - T_0 \Delta S \qquad (4-64)$$

式中，W_R 为系统对环境或环境对系统所做的可逆功，ΔS 和 ΔU 分别为系统的熵变和内能变化，T_0 为环境的绝对温度。

非流动系统在膨胀过程中要对大气做功，相反，在压缩过程中则接受大气所给的功。在前一种情况下，此种功是不能被利用的；在后一种情况下，这是自然的，并不需要为此付出任何代价，因此式(4-64)直接计算的 W_R 并不是理想功，必须从式(4-64)中减去这部分与周围大气所交换的功($-p_0 \Delta V$)，其差值才是理想功。因此，非流动过程的理想功为

$$W_{id} = \Delta U - T_0 \Delta S + p_0 \Delta V \qquad (4-65)$$

式(4-65)给出了非流动过程的理想功，它代表封闭系统所能做的最大有用功或对系统压缩操作时消耗的最小功，它仅与系统变化前后的状态及环境的温度、压力有关，与具体的变化途径无关。

实际生产中经常遇到的是稳态流动过程。对于稳态流动过程，热力学第一定律可表示为

$$\Delta H + 0.5\Delta u^2 + g\Delta z = Q + W_S \qquad (4-11)$$

假定过程是完全可逆的，那么其中的轴功就是理想功，将 $Q_R = T_0\Delta S$ 代入上式，得

$$W_S = W_{id} = \Delta H + \frac{1}{2}\Delta u^2 + g\Delta z - T_0\Delta S \qquad (4-66)$$

在许多情况下，式(4-66)中的动能差和位能差往往可以忽略不计，式(4-66)可简化为

$$W_{id} = \Delta H - T_0\Delta S \qquad (4-67)$$

对于理想功应明确：

① 理想功是有用可逆功，并不是可逆功的全部；

② 理想功是完成给定状态变化时对外所做的最大有用功或所消耗的最小有用功，所以它可以作为评价实际过程的标准。

理想功是一个理论的极限值，用来作为实际功的比较标准，因此所假设的可逆过程必须按照与之相应的实际过程发生同样的状态变化来拟定。

4.3.2 损失功

损失功 W_L 是系统从同一始态到同一终态的真实过程与完全可逆过程相比，环境多消耗（或系统少做）的有用功。

由于实际过程的不可逆性，导致在给定状态变化的理想功和产生相同状态变化的不可逆的实际功之间的差值，此差值即为损失功。

$$W_L = W_{ac} - W_{id} \qquad (4-68)$$

式中，W_{ac} 是不可逆的实际功。对于稳态流动系统，W_{ac} 是真实稳态流动过程的轴功。

将式(4-11)和式(4-66)代入式(4-68)，得

$$W_L = T_0\Delta S - Q \qquad (4-69)$$

式中，ΔS 为系统的熵变；Q 为实际过程中系统与温度恒定为 T_0 的环境交换的热量。

由式(4-69)可以看出，损失功由二部分组成：

① 由过程的不可逆性引起的熵增造成的；

② 由热损失造成的。

如果环境对系统的传热量为 Q_0，那么，$Q = -Q_0$。因为环境可视为热容量极大的恒温热源，它不因为吸入或放出热量而发生变化，所以对环境来说，可视为可逆热量，因此

$$Q = -T_0\Delta S_0 \qquad (4-70)$$

式中，ΔS_0 为环境熵变。

将式(4-70)代入式(4-69)，得

$$W_L = T_0(\Delta S + \Delta S_0) = T_0\Delta S_T$$

式中，ΔS_T 为总熵变。

根据热力学第二定律，任何热力学过程都是熵增的过程，极限值是熵变为 0，因此，式(4-69)可表示为

$$W_L \geqslant 0$$

当过程是完全可逆的，取等号，损失功等于零；对于不可逆过程，取不等号，损失功是正值。此结果表明，过程的不可逆性越大，总熵的增加也越大，损失功也越大，故每个不可逆性都是有代价的。

4.3.3 热力学效率

对于对外做功过程，将式(4-68)变形为

$$W_{id} = W_{ac} + (-W_L)$$

上式表明，过程的理想功在数值上等于两部分功量之和，第一部分是过程的实际功 W_{ac}，第二部分是变为不可利用的那部分功量即损失功 W_L。理想功为给定的状态变化中所能做的最大功，实际功与理想功之比能够反映实际过程能量的利用情况，该比值称为热力学效率 η_t，即

$$\eta_t = \frac{W_{ac}}{W_{id}} \tag{4-71}$$

对于耗功的过程，式(4-68)应变形为

$$W_{ac} = W_{id} + W_L$$

上式右边第一部分是理想功，代表该过程在给定的状态变化中所需的最小功。第二部分代表过程由于不可逆性所引起的损失功。因此，对于接受功的过程，实际所需要的功量应大于理想功，于是，其热力学效率应为理想功对实际功之比，即

$$\eta_t = \frac{W_{id}}{W_{ac}} \tag{4-72}$$

仅在系统经历完全可逆过程时 η_t 才等于 1，任何真实过程的 η_t 都是越接近 1 越好。实际上，对化工过程进行热力学分析，其中的一种方法就是通过计算理想功 W_{id}、损失功 W_L 和热力学效率 η_t，找到工艺中损失功较大的部分，然后有针对性地进行节能改造。

【例4-6】 1.5MPa、550℃的过热水蒸气推动透平机做功，并在 0.08MPa 下排出，此透平机既不绝热也不可逆，输出的轴功相当于可逆绝热膨胀功的 85%。由于隔热不好，每千克的蒸汽有 7.12kJ 的热量散失于 293K 的环境，求此过程的理想功、损失功和热力学效率。

解： 查附录 6 水和水蒸气表得 1.5MPa、550℃的过热蒸汽的焓、熵分别为

$$H_1 = 3583.6 \text{kJ} \cdot \text{kg}^{-1}, \quad S_1 = 7.7095 \text{kJ} \cdot \text{kg}^{-1} \cdot \text{K}^{-1}$$

假设过程为绝热可逆膨胀，则 $S'_2 = S_1 = 7.7095 \text{kJ} \cdot \text{kg}^{-1} \cdot \text{K}^{-1}$。0.08MPa 时 $S^v = 7.434$ $\text{kJ} \cdot \text{kg}^{-1} \cdot \text{K}^{-1}$，所以透平机出口物料仍为过热蒸汽。查附录 6 并经二元拟线性插值求得 $H'_2 = 2773.8 \text{kJ} \cdot \text{kg}^{-1}$，因此绝热可逆轴功为

$$W'_S = \Delta H' = H'_2 - H_1 = 2773.8 - 3583.6 = -809.8 \text{kJ} \cdot \text{kg}^{-1}$$

透平机的实际轴功为

$$W_S = 0.85 W'_S = -688.4 \text{kJ} \cdot \text{kg}^{-1}$$

应用稳态流动能量方程，当不考虑动能差和位能差时

$$\Delta H = Q + W_S$$

得到透平机出口物料实际状态的焓为

$$H_2 = Q + W_S + H_1 = (-7.1) + (-688.4) + 3583.6 = 2888.1 \text{kJ} \cdot \text{kg}^{-1}$$

查附录 6 并经二元拟线性插值求得

$$S_2 = 7.9635 \text{kJ} \cdot \text{kg}^{-1} \cdot \text{K}^{-1}$$

由式(4-67)得

$$W_{id} = \Delta H - T_0 \Delta S = (2888.1 - 3583.6) - 293 \times (7.9635 - 7.7095) = -769.9 \text{kJ} \cdot \text{kg}^{-1}$$

由式(4-68)得

$$W_L = W_{ac} - W_{id} = W_S - W_{id} = (-688.4) - (-769.9) = 81.5 \text{kJ} \cdot \text{kg}^{-1}$$

或根据式(4-69)计算 W_L

$$W_L = T_0 \Delta S - Q = 293 \times (7.9635 - 7.7095) - (-7.1) = 81.5 \text{kJ} \cdot \text{kg}^{-1}$$

上述损失功是由两部分损失的能量组成，一部分是由于过程中有摩擦等不可逆性引起的熵增，另一部分是由于散热损失。

热力学效率为

$$\eta_t = \frac{W_{ac}}{W_{id}} = \frac{W_S}{W_{id}} = \frac{-688.4}{-769.9} = 89.41\%$$

4.4 有效能与有效能效率

4.4.1 有效能与无效能的定义

根据热力学第一定律，对某过程或系统的能量进行衡算，确定能量的数量利用率是很重要的，但它不能全面地评价能量的利用情况。例如，流体经过节流阀，前后流体焓值未发生变化，但损失了做功能力；冷、热流体进行热交换，在理想的绝热情况下，热物流放出的热量等于冷物流吸收的热量，冷热两物流的总能量保持不变，但它们总的做功能力却下降了。大量的实例说明物质具有的能量不仅有数量的大小，而且品位也有高低，即各种不同形式的能量转换为功的能力是不同的，因此把功作为衡量能量质量高低的量度。理论上完全可以转化为功的能量称为高级能量，如机械能、电能和水利能等；不能完全转化为功的能量称为低级能量，如热力学能、焓和以热量形式传递的能量；完全不能转化为功的能量称为僵态能量，如大气、大地和海洋等具有的热力学能。

为了度量能量的可利用度或比较在不同状态下可转换为功的能量大小，Keenen 提出了有效能的概念。系统在某一状态时，具有一定的能量，系统发生状态变化时，有一部分能量以功和热的形式释放出来，由于系统经历的过程不同，做功能力也不同。因此，如果要比较两个系统的做功能力，需要规定它们的终态相同，经历的过程相同。在热力学上，通常规定终态即为环境状态(T_0, p_0)，经历的过程为完全可逆。环境状态(T_0, p_0)在热力学上被称为基态或热力学僵态。在此状态下，系统通常没有做功能力。系统在一定状态下的有效能，就是系统从该状态变至基态的过程中所做的理想功，用 E_x 表示。而不能转变为有用功部分的能量称为无效能，用 A_N 表示。

4.4.2 稳态流动过程有效能计算

化工过程中所感兴趣的是稳流系统。根据有效能的定义，在数值上，它是一种终态为基态的理想功。如物流所处的状态记为1，当系统的动能差、位能差及势能差忽略不计时，对于状态1的物流，由式(4-67)可得

$$E_x = -W_{id} = -(H_0 - H_1) + T_0(S_0 - S_1)$$

即由实际状态(p, T)变至基态(p_0, T_0)时

$$E_x = (H - H_0) - T_0(S - S_0) = T_0 \Delta S - \Delta H \tag{4-73}$$

由式(4-73)可知，有效能也是状态函数，但它又与其他状态函数不同。有效能的大小除了决定于系统的状态(p, T)外，还和基态(环境状态)的性质有关。

式(4-73)为计算有效能的基本公式，适用于各种物理的、化学的或两者兼而有之的有效能的计算。它的大小取决于系统状态和基态的差异。这种差异可能是物理参数如温度、压力等不同而引起，也可能是组成(包括物质的化学结构、物态和浓度)不同引起的。前一种称为物理有效能，后一种称为化学有效能。有效能和理想功的计算公式形式相同，只是始末状态不一致。下面介绍化工过程中几种常见的有效能计算式。

（1）电能、机械能的有效能

以功的形式传递的能量如电能、机械能全部是有效能，即

$$E_x = W$$

（2）热有效能

温度为 T 的恒温热源的热量 Q，其有效能按 Carnot 循环所转化的最大功计算，即

$$E_x = -W_{Carnot} = \left(1 - \frac{T_0}{T}\right)Q \qquad (4-74)$$

上式说明，热能是一种品位较低的能量，仅有一部分是有效能。它的有效能大小与热量有关，还与环境温度 T_0、热源温度 T 有关。T 越接近于 T_0，有效能越小。因此，在 Rankine 循环中宜提高蒸气的出口温度，提高有效能，以增大循环的热效率。

当热量传递是在变温情况下，其有效能应按式(4-73)计算。对于等压变温过程

$$\Delta H = \int_T^{T_0} C_p dT, \quad \Delta S = \int_T^{T_0} \frac{C_p}{T} dT$$

则

$$E_{xQ} = T_0 \Delta S - \Delta H = T_0 \int_T^{T_0} \frac{C_p}{T} dT - \int_T^{T_0} C_p dT = \int_{T_0}^T \left(1 - \frac{T_0}{T}\right) C_p dT \qquad (4-75)$$

式中，C_p 为恒压摩尔热容。该式表示等压过程中系统温度不同于环境温度而对有效能所作出的贡献。

（3）压力有效能

由热力学关系式知，等温过程时

$$\Delta H = \int_p^{p_0} \left[V - T\left(\frac{\partial V}{\partial T}\right)_p\right] dp, \quad \Delta S = \int_p^{p_0} \left[-\left(\frac{\partial V}{\partial T}\right)_p\right] dp \qquad (4-76)$$

则

$$E_{xP} = T_0 \Delta S - \Delta H = T_0 \int_p^{p_0} \left[-\left(\frac{\partial V}{\partial T}\right)_p\right] dp - \int_p^{p_0} \left[V - T\left(\frac{\partial V}{\partial T}\right)_p\right] dp$$

$$= \int_p^{p_0} \left[V - (T - T_0)\left(\frac{\partial V}{\partial T}\right)_p\right] dp$$

对于理想气体，$V = \dfrac{RT}{p}$

每摩尔气体的压力有效能为

$$E_{xP} = RT_0 \ln \frac{p}{p_0} \qquad (4-77)$$

式(4-76)与式(4-77)给出了等温过程中系统压力不同于环境压力而对有效能所作出的贡献。

系统温度、压力等不同于环境而具有的有效能称为物理有效能。化工生产中的加热、冷却、压缩和膨胀等过程需考虑物理有效能。物理有效能除了由式(4-73)计算外，也可由式(4-75)~式(4-77)计算。

【例 4-7】 设有压力分别为 1.013MPa、6.868MPa、8.611MPa 的饱和蒸汽以及 1.013MPa、573K 的过热蒸汽，若这四种蒸汽都经过充分利用，最后排出 0.1013MPa、298K 的冷凝水，试比较每千克蒸汽的有效能和所能放出的热，并就计算结果对蒸汽的合理利用加以讨论。

解：由式(4-73)，蒸汽的有效能为

$$E_x = T_0\Delta S - \Delta H$$

由附录 6 水和水蒸气表查出水和四种蒸汽的焓、熵值，然后根据上式计算相应的有效能，所查数据及计算结果列于下表。蒸汽所能放出的热即为 $\Delta H = (H - H_0)$。

状态	压力 p/MPa	温度 T/K	熵 S/kJ · kg^{-1} · K^{-1}	焓 H/kJ · kg^{-1}	ΔH/kJ · kg^{-1}	E_x/ kJ · kg^{-1}	$\dfrac{E_x}{H-H_0}\times100\%$
水	0.1013	298	0.367	104.8			
饱和蒸汽	1.013	453	6.582	2776	2671	814	30.66
过热蒸汽	1.013	573	7.13	3053	2948	934	31.68
饱和蒸汽	6.868	557.5	5.826	2775	2670	1043	39.06
饱和蒸汽	8.611	573	5.787	2783	2678	1092	40.78

由计算结果可见：

① 压力相同(1.013MPa)时，过热蒸汽的有效能较饱和蒸汽大，故其做功本领也较大，所以蒸汽动力循环中锅炉出口温度宜高些。

② 温度相同(573K)时，高压蒸汽的焓值反较低压蒸汽小，所以通常用低压蒸汽作为工艺加热之用，以减少设备投资费用。

③ 温度相同(573K)时，高压蒸汽的有效能较低压蒸汽大，而且热转化为功的效率也较高。

④ 温度不同(557.5K 和 453K)时，饱和蒸汽所能放出的热量基本相等，但高温蒸汽的有效能比低温蒸汽大(1043-814)/814×100% = 28.13%。因此，盲目地把高温高压蒸汽用作加热就是一种浪费，一般用来供热的大都是 0.5～1.0MPa 的饱和蒸汽。

(4) 化学有效能

处于环境温度与压力(T_0，p_0)下的系统，与环境之间由于组成不同进行物质交换(物理扩散或化学反应)，最后达到平衡，此时所做的最大功为化学有效能。

由于涉及物质组成，在计算化学有效能时，不但要确定环境的温度与压力，而且要指定基准物和浓度。计算中，一般是首先计算系统状态和环境状态的焓差和熵差，然后代入式(4-73)即可。表 4-1 列出了一些元素指定的环境状态。

【例 4-8】 计算碳的化学有效能。已知元素 O 的环境状态是空气($y_{O_2} = 0.21$)，按理想气体处理。

解：在表 4-1 中，规定 C 的环境状态为 $T_0 = 298K$、$p_0 = 0.101MPa$ 下的纯气体 CO_2，C 的化学有效能应该是 298.15K，101.325KPa 条件下的 C 与空气中的 O($y_{O_2} = 0.21$)完全可逆地转变为同温、同压下的纯 CO_2 气体过程中所能转化为的能量，即

$$E_x = T_0\Delta S - \Delta H$$
$$\Delta H = H_{CO_2} - H_C - H_{O_2}$$
$$\Delta S = S_{CO_2} - S_C - S_{O_2}$$

由于上述过程中的气体均为常温、常压，可视为理想气体，对于1mol C物质，上两式变为

$$\Delta H = H^{\ominus}_{CO_2} - H^{\ominus}_{C} - H^{\ominus}_{O_2} = \Delta_f H^{\ominus}_{CO_2} \tag{1}$$

$$\Delta S = S^{\ominus}_{CO_2} - S^{\ominus}_{C} - (S^{\ominus}_{O_2} - R\ln 0.21) \tag{2}$$

以上两式中，$\Delta_f H^{\ominus}_{CO_2}$是$CO_2$的标准摩尔生产焓；$H^{\ominus}_{CO_2}$、$H^{\ominus}_{C}$、$H^{\ominus}_{O_2}$和$S^{\ominus}_{CO_2}$、$S^{\ominus}_{C}$、$S^{\ominus}_{O_2}$分别是$CO_2$、C和$O_2$的标准摩尔熵和标准摩尔焓；减去$R\ln 0.21$是因为空气中的氧仅占21%，因此会与纯氧有熵差。由附录2中一些物质的标准热化学数据查得

$$\Delta_f H^{\ominus}_{CO_2} = -393.5 \text{kJ} \cdot \text{mol}^{-1}$$

$$S^{\ominus}_{C} = 5.74 \text{J} \cdot \text{mol}^{-1} \cdot \text{K}^{-1}$$

$$S^{\ominus}_{O_2} = 205.15 \text{J} \cdot \text{mol}^{-1} \cdot \text{K}^{-1}$$

$$S^{\ominus}_{CO_2} = 213.78 \text{J} \cdot \text{mol}^{-1} \cdot \text{K}^{-1}$$

代入式(1)和式(2)得

$$\Delta H = -393.5 \text{kJ} \cdot \text{mol}^{-1}, \quad \Delta S = -10.09 \text{J} \cdot \text{mol}^{-1} \cdot \text{K}^{-1}$$

代入式(4-73)得

$$E_x = T_0 \Delta S - \Delta H = 393.5 - 298.15 \times 10.09 \times 10^{-3} = 390.5 \text{kJ} \cdot \text{mol}^{-1}$$

表4-1 化学有效能元素基准环境状态($T_0 = 298K$、$p_0 = 0.101MPa$)

元素	环境状态		元素	环境状态	
	基准物	浓度		基准物	浓度
Al	$Al_2O_3 \cdot H_2O$	纯固体	H	H_2O	纯液体
Ar	空气	$y_{Ar} = 0.01$	N	空气	$y_{N_2} = 0.78$
C	CO_2	纯气体	Na	NaCl 水溶液	$m = 1\text{mol} \cdot \text{kg}^{-1}$
Ca	$CaCO_3$	纯固体	O	空气	$y_{O_2} = 0.21$
Cl	$CaCl_2$ 水溶液	$m = 1\text{mol} \cdot \text{kg}^{-1}$	p	$Ca_3(PO_4)_2$	纯固体
Fe	Fe_2O_3	纯固体	S	$CaSO_4 \cdot 2H_2O$	纯固体

4.4.3 无效能

在给定环境下，能量中可转变为有用功的部分称为有效能，余下的不能转变为有用功部分的能量称为无效能，用A_N表示。

根据式(4-73)，对于稳态流动过程，物系的物理有效能为

$$E_x = (H - H_0) - T_0(S - S_0) = H - [H_0 + T_0(S - S_0)] = H - A_N$$

式中，H代表流动物系的总能量，其无效能为$H_0 + T_0(S - S_0)$。

总之，能量是由有效能和无效能两部分组成的。有效能是能量中有用的部分，无效能是不能再利用的能量。功可以全部转换为热，而热不能全部转变为功。热源的热量中包括两部分，一部分是可以转变为功的能量，其量的大小等于热源与环境温度组成的卡诺热机的卡诺功，这部分能量就是热量中的有效能；另一部分是没有用的能量，即排到环境中去的部分，这部分能量就是热量中的无效能。机械能、电能等可以完全转变为功，全部是有效能，不存在无效能。可以得出结论：高级能量全部是有效能，只有低级能量中才包括无效能，僵态能量中全部是无效能。反之亦然，有效能是高级能量，无效能是僵态能量。

4.4.4 过程的不可逆性和有效能效率

一切生产过程都是不可逆过程，在不可逆过程中存在各种不可逆因素，如流体阻力、热阻、扩散阻力、化学反应阻力等，要使过程以一定的速度进行，就必须克服阻力，保持一定的推动力，必然会造成系统有效能的损失。根据有效能定义，系统在始态$(p_1，T_1)$和终态$(p_2，T_2)$的有效能E_{x1}和E_{x2}分别为

$$E_{x1} = T_0(S_0-S_1)-(H_0-H_1)$$
$$E_{x2} = T_0(S_0-S_2)-(H_0-H_2)$$

两者之差为

$$E_{x2}-E_{x1} = (H_2-H_1)-T_0(S_2-S_1) = W_{id}$$

即

$$\Delta E_x = E_{x2}-E_{x1} = W_{id} \tag{4-78}$$

由上式可见，系统由状态 1 变化到状态 2 时，有效能的变化等于按完全可逆过程完成该状态变化的理想功。同时还可以看出：$\Delta E_x > 0$，系统变化要消耗外功，消耗的最小功为ΔE_x；$\Delta E_x < 0$，系统可对外做功，绝对值最大的有用功为ΔE_x。

所以，有效能的变化为理想功。对于可逆过程，减少的有效能全部用于做功，有效能无损失。对于不可逆过程，实际做的功总是小于理想功，即小于有效能的减少量，所以有效能必然要损失。将$W_{id} = W_S-W_L$的关系代入式(4-78)，可得

$$-\Delta E_x = W_L-W_S = -W_S+T_0\Delta S_T \tag{4-79}$$

由此可见，在不可逆过程中，有部分有效能损失掉而不能做功，其损失部分称为有效能损失，用E_1表示，即

$$E_1 = T_0\Delta S_T \tag{4-80}$$

系统经历了一系列变化后，有效能的变化不仅体现在功的大小，还表现在系统和环境的总熵增上。也就是说，有效能的变化并不是绝对的全部转化为有用功，而是有没有用的损耗，那么就需要考察有效能的效率。

有效能效率η_{E_x}定义为输出的有效能与输入的有效能之比。

$$\eta_{E_x} = \frac{\left(\sum E_x\right)_{out}}{\left(\sum E_x\right)_{in}} = 1-\frac{E_1}{\left(\sum E_x\right)_{in}} \tag{4-81}$$

【例 4-9】 某工厂的高压蒸汽系统每小时能产生 3.5t 中压冷凝水，再经闪蒸产生低压蒸汽回收利用，试比较下列两种方法的有效能损失。

A：中压冷凝水 1 直接进入闪蒸器，产生低压蒸汽 2 和低压冷凝水 3；

B：中压冷凝水 1 经锅炉给水预热器与锅炉给水换热变为温度较低的中压过冷水 4，再进入闪蒸器，仍产生低压蒸汽 2 和低压冷凝水 3。

环境温度 298.15K，假设过程的热损失可忽略。各状态点的参数及焓和熵值列于下表。

序号	1	2	3	4	5	6
状态	中压冷凝水	低压蒸汽	低压冷凝水	中压过冷水	预热前锅炉给水	预热后锅炉给水
T/K	483	423	423		428	478
p/MPa	1.97	0.49	0.49	1.97	1.78	1.78
$H/kJ \cdot kg^{-1}$	897.0	2744.3	631.4		653.1	874.0
$S/kJ \cdot kg^{-1} \cdot K^{-1}$	2.4213	6.8308	1.8380		1.8887	2.3744

解：A方案：

① 低压蒸汽的量

设低压蒸汽的量为 $x\mathrm{kg} \cdot \mathrm{h}^{-1}$，对闪蒸器作能量衡算得

$$\Delta H = Q + W_\mathrm{S} = 0$$

即

$$\sum H_{入} = \sum H_{出}$$

得

$$3500 H_1 = x H_2 + (3500 - x) H_3$$

$$x = \frac{3500(H_1 - H_3)}{H_2 - H_3} = \frac{3500(897.0 - 631.4)}{2744.3 - 631.4} = 440\mathrm{kg} \cdot \mathrm{h}^{-1}$$

② 每千克中压冷凝水通过闪蒸器的熵变和有效能损失

每千克中压冷凝水通过闪蒸器的熵变

$$\Delta S = \frac{440 S_2 + (3500 - 440) S_3 - 3500 S_1}{3500}$$

$$= \frac{440 \times 6.8308 + 3060 \times 1.8380 - 3500 \times 2.4213}{3500}$$

$$= 0.0444\mathrm{kJ} \cdot \mathrm{kg}^{-1} \cdot \mathrm{K}^{-1}$$

忽略热损失，则过程总熵变为

$$\Delta S_{总} = 0.0444\mathrm{kJ} \cdot \mathrm{kg}^{-1} \cdot \mathrm{K}^{-1}$$

有效能损失

$$E_{1\mathrm{A}} = T_0 \Delta S_{总} = 298.15 \times 0.0444 = 13.24\mathrm{kJ} \cdot \mathrm{kg}^{-1}$$

B方案：

① 中压冷凝水经锅炉给水预热器后的焓值 H_4、温度 T_4

对锅炉给水预热器作能量衡算

$$H_1 - H_4 = H_6 - H_5$$

得

$$H_4 = H_1 + H_5 - H_6 = 897.0 + 653.1 - 874.0 = 676.1\mathrm{kJ} \cdot \mathrm{kg}^{-1}$$

查附录6水和水蒸气表得此焓值的中压过冷水温度为433K。

② 低压蒸汽的量

设低压蒸汽的量为 $x\mathrm{kg} \cdot \mathrm{h}^{-1}$，对闪蒸器作能量衡算得

$$3500 H_4 = x H_2 + (3500 - x) H_3$$

$$x = \frac{3500(H_4 - H_3)}{H_2 - H_3} = \frac{3500(676.1 - 631.4)}{2744.3 - 631.4} = 74\mathrm{kg} \cdot \mathrm{h}^{-1}$$

每千克中压冷凝水通过锅炉给水预热器时，锅炉给水的熵变

$$\Delta S_{给水} = S_6 - S_5 = 2.3744 - 1.8887 = 0.4857\mathrm{kJ} \cdot \mathrm{kg}^{-1} \cdot \mathrm{K}^{-1}$$

每千克中压冷凝水经过整个系统的熵变

$$\Delta S_{冷凝水} = \frac{74.1 S_2 + 3425.9 S_3 - 3500 S_1}{3500} = -0.4776\mathrm{kJ} \cdot \mathrm{kg}^{-1} \cdot \mathrm{K}^{-1}$$

过程总熵变

$$\Delta S_{总} = 0.4857 - 0.4776 = 0.0081\mathrm{kJ} \cdot \mathrm{kg}^{-1} \cdot \mathrm{K}^{-1}$$

有效能损失

$$E_{1\mathrm{B}} = T_0 \Delta S_{总} = 298.15 \times 0.0081 = 2.42\mathrm{kJ} \cdot \mathrm{kg}^{-1}$$

$E_{1A} > E_{1B}$，说明 B 方案的能量利用比 A 方案好，但 A 方案产生的低压蒸汽的量高于 A 方案。

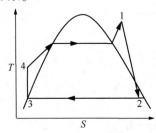

图 4-31　例 4-10 题图

【例 4-10】　操作参数同例 4-6。锅炉的加热介质采用燃气，加热后燃气的温度由 1000℃降至 200℃，燃气热容 $C_{p,气}$ = 29.3kJ·kg⁻¹·K⁻¹。冷凝器用环境水冷却，冷却水流经冷凝器后温度由 20℃升至 26℃，$C_{p,水}$ = 4.184kJ·kg⁻¹·K⁻¹。试对该蒸汽动力装置进行有效能效率分析。设环境状态 p_0 = 0.1013MPa，t = 20℃。

解：如图 4-31，以 1kg 工质为基准

① 计算各点焓值、熵值

点 1 和点 2 焓值、熵值在例 4-6 中已得出。

$$H_1 = 3428kJ·kg^{-1}, \quad S_1 = 7.488kJ·kg^{-1}·K^{-1};$$

$$H_2 = 2767kJ·kg^{-1}, \quad S_2 = 7.76kJ·kg^{-1}·K^{-1}$$

点 3：$p_3 = 0.0678MPa$ 饱和水

查附录 6 饱和水蒸气性质表并试差可得

$$H_3 = 373kJ·kg^{-1}, \quad S_3 = 1.1816kJ·kg^{-1}·K^{-1}, \quad V_3 = 1.035cm^3·g^{-1}$$

点 4：$p_4 = 1.57MPa$ 未饱和水

3→4 为等熵过程，$S_4 = S_3 = 1.1816kJ·kg^{-1}·K^{-1}$

$$W_p = V_3(p_1 - p_3) = 1.55kJ·kg^{-1}$$

$$H_4 = H_3 + W_p = 374.55kJ·kg^{-1}$$

环境状态

查未饱和水性质表得

$$H_0 = 84.3kJ·kg^{-1}, \quad S_0 = 0.2963kJ·kg^{-1}·K^{-1}$$

② 计算各点有效能

燃气的入口温度用 t_5 表示，出口温度用 t_6 表示，锅炉燃烧气用量用 $m_气$ 表示，则

$$m_气 C_{p,气}(t_5 - t_6) = H_1 - H_4$$

即

$$m_气 × 29.3 × (1000 - 200) = 3428 - 374.55$$

解得　　$m_气 = 0.1303kg$

水的入口温度用 t_7 表示，出口温度用 t_8 表示，冷凝水用量用 $m_水$ 表示，则

$$m_水 C_{p,水}(t_8 - t_7) = H_2 - H_3$$

$$m_水 × 4.184(26 - 20) = 2767 - 373$$

解得　　$m_水 = 95.36kg$

燃气的有效能

$$E_{x5} = m_气 [(H_5 - H_0) - T_0(S_5 - S_0)]$$

$$= m_气 C_{p,气}\left[(T_5 - T_0) - T_0 \ln \frac{T_5}{T_0}\right]$$

$$= 0.1303 × 29.3\left[(1273 - 293) - 293\ln\frac{1273}{293}\right]$$

$$= 2098.2kJ·kg^{-1}$$

$$E_{x6} = m_气 [(H_6 - H_0) - T_0(S_6 - S_0)]$$

$$= 0.1303 \times 29.3 \left[(472-293) - 293\ln\frac{472}{293} \right]$$

$$= 150.02\text{kJ} \cdot \text{kg}^{-1}$$

水的有效能

状态点7与环境状态相同，$E_{x7} = 0$

$$E_{x8} = m_{水} \left[(H_8 - H_0) - T_0(S_8 - S_0) \right]$$

$$= m_{水} C_{p,水} \left[(T_8 - T_0) - T_0\ln\frac{T_8}{T_0} \right]$$

$$= 95.36 \times 4.184 \left[(299-293) - 293\ln\frac{299}{293} \right]$$

$$= 24.18\text{kJ} \cdot \text{kg}^{-1}$$

1~4 状态点有效能

$$E_{x1} = (H_1 - H_0) - T_0(S_1 - S_0)$$

$$= (3428 - 84.3) - 293(7.488 - 0.2963)$$

$$= 1236.53\text{kJ} \cdot \text{kg}^{-1}$$

$$E_{x2} = (H_2 - H_0) - T_0(S_2 - S_0)$$

$$= (2767 - 84.3) - 293(7.76 - 0.2963)$$

$$= 495.84\text{kJ} \cdot \text{kg}^{-1}$$

$$E_{x3} = (H_3 - H_0) - T_0(S_3 - S_0)$$

$$= (373 - 84.3) - 293(1.1816 - 0.2963)$$

$$= 29.31\text{kJ} \cdot \text{kg}^{-1}$$

$$E_{x4} = (H_4 - H_0) - T_0(S_4 - S_0)$$

$$= (374.55 - 84.3) - 293(1.1816 - 0.2963)$$

$$= 30.86\text{kJ} \cdot \text{kg}^{-1}$$

③ 总的有效能损失

取整个装置为系统，冷凝器出口的冷却水所携带的有效能一般不能利用，可以忽略，由式(4-81)可得

$$\sum E_1 = E_{x5} - E_{x6} + W_P + W_S = 2098.2 - 150.02 + 1.55 - 653.7 = 1296.03\text{kJ} \cdot \text{kg}^{-1}$$

有效能效率

$$\eta_B = \frac{\sum B_{出}}{\sum B_{入}} = \frac{\sum B_{得}}{\sum B_{消耗}} = \frac{W_S - W_P}{B_5 - B_6} = 0.487$$

④ 各设备的有效能损失

$$E_{1,锅炉} = E_{x5} - E_{x6} + E_{x4} - E_{x1} = 2098.02 - 150.02 + 30.66 - 1236.53 = 742.33\text{kJ} \cdot \text{kg}^{-1}$$

透平机的有效能损失为

$$E_{1,透平} = E_{x1} - E_{x2} + W_S = 1236.53 - 495.84 - 653.7 = 86.99\text{kJ} \cdot \text{kg}^{-1}$$

与例4-6计算的损失功是一致的。

忽略冷凝器出口的冷却水所携带的有效能，忽略热损失，冷凝器的有效能损失为

$$E_{1,冷凝器} = E_{x2} - E_{x3} = 495.84 - 29.31 = 466.53\text{kJ} \cdot \text{kg}^{-1}$$

$$E_{1,水泵} = 0(绝热可逆)$$

⑤ 有效能效率

$$\eta_{E_x} = \frac{\left(\sum E_x\right)_{\text{out}}}{\left(\sum E_x\right)_{\text{in}}} = 1 - \frac{\sum E_1}{\left(\sum E_x\right)_{\text{in}}} = 1 - \frac{1296.03}{2098.2 - 150.02} = 0.335$$

因为锅炉和冷凝器有效能损失较大,所以有效能效率较低。节能的主攻方向是减少锅炉的有效能损失从而提高锅炉的热力学效率,即应降低传热的温差,提高蒸汽吸热过程的平均温度,包括提高锅炉的进水温度,提高蒸汽参数,采用各种改进的 Rankine 循环。此外,为了降低冷凝器的有效能损失,应降低透平机的排气压力,使有效能尽可能多地用在对外做功上。

习　题

4-1　1.0MPa 的湿蒸汽在量热计中被节流到 0.1MPa,120℃ 的过热蒸汽,求湿蒸汽的干度。

4-2　2MPa,360℃ 的过热蒸汽可逆绝热膨胀到 0.1MPa,求膨胀后蒸汽的干度。

4-3　空气在 100kPa、25℃ 以低速进入压缩机,压缩后的空气进入一个喷嘴,喷嘴出口速度为 500m·s⁻¹,温度 25℃,压力 100kPa,压缩每千克空气消耗的功 150kJ,求压缩每千克空气需要移走的热量为多少。

4-4　稳态流动的水蒸气流经一个长 25cm 的喷嘴。喷嘴入口内径为 5cm,水蒸气在入口的温度、压力和流速分别为 400℃、600kPa、25m·s⁻¹,水蒸气在喷嘴出口的温度和压力是 300℃、200kPa,求水蒸气在喷嘴出口的流速和喷嘴出口的直径。

4-5　用水泵将温度为 25℃ 的水,从 0.1MPa 加压到 5.0MPa,进入锅炉去产生蒸汽,假设加压过程是绝热的,泵的等熵效率为 0.75,求实际需要的功为多少?

4-6　某核动力循环如图所示,锅炉从温度为 320℃ 的核反应堆吸入热量 Q_1,产生压力为 7MPa、温度为 360℃ 的过热蒸汽(点 1),过热蒸汽经透平机膨胀做功后于 0.008MPa 压力下排出(点 2),乏汽在冷凝器中向 $t_0 = 20℃$ 的环境进行定压放热变为饱和水(点 3),然后经泵返回锅炉(点 4)完成循环。已知透平机的额定功率为 15×10^4 kW,透平机做不可逆的绝热膨胀,等熵效率为 0.75,水泵做等熵压缩。试求:①蒸汽的质量流量;②对该循环进行热力学分析。

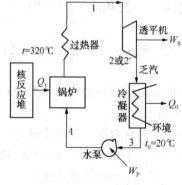

习题 4-6 附图

4-7 某一理想朗肯循环，锅炉的压力为 8.6MPa，产生 500℃ 过热蒸汽，透平机出口压力为 0.01MPa，蒸汽流量 100kg·s⁻¹，求

① 工质每小时从锅炉吸收的热量；

② 透平机和水泵的功率；

③ 循环的热效率。

4-8 某压缩制冷装置，用 R134a 作为制冷剂，制冷剂蒸发温度为 -31℃，冷却、冷凝器中的压力为 1.0MPa。假定 R134a 进入压缩机时为饱和蒸气，而离开冷凝器时为饱和液体，压缩过程按绝热可逆计算，每小时制冷量 Q_0 为 $2×10^4 kJ·h^{-1}$。求

① 所需的制冷剂流率；

② 制冷系数。

4-9 一个制冷系统将流速为 10kg·s⁻¹ 的溴从 30℃ 冷却到 -10℃，环境温度为 25℃。如果系统的热力学效率是 0.3，溴的比热容为 3.5kJ·kg⁻¹·℃⁻¹，需要的动力是多少？

4-10 比较下列水蒸气和液体水有效能大小，并简要说明理由。

① 0.1013MPa、200℃ 的过热水蒸气；

② 200℃ 饱和水蒸气；

③ 100℃ 饱和液体水；

④ 100℃ 饱和水蒸气。

4-11 1kg 的水在 100kPa 恒压从 20℃ 加热到沸点，并且在此温度下完全蒸发，然后再将蒸汽恒压加热到 200℃。如果环境温度为 20℃，求加给水的热量中最大有多少可转变成功？

4-12 求 25℃，0.1013MPa 的水变成 0℃，同压力下冰的过程的理想功，并根据理想功的正负号分析过程需要消耗外功还是能够用于对外做功。设环境温度分别为：① 25℃；② -25℃。

4-13 50atm、310K 的空气进行对外做功的绝热膨胀，膨胀到 1atm。膨胀机的等熵效率为 $\eta_S = 0.75$，环境温度为 298K，求膨胀后气体的温度和损失功。

4-14 15bar、673K 的过热蒸汽经过喷嘴绝热膨胀至 1bar，其等熵效率为 90%，计算此过程中的有效能损失和有效能效率。设环境温度 $T_0 = 298K$，压力 $p_0 = 1.013bar$。

4-15 一个换热器完全保温，热流体入口温度 423K，出口温度 308K，流量 2.5kg·min⁻¹，恒压热容 4.36kJ·kg⁻¹·K⁻¹；冷流体入口温度为 298K，出口温度为 383K，恒压热容 4.69kJ·kg⁻¹·K⁻¹，试计算冷热流体的有效能变化、损失、效率。环境温度 $T_0 = 298K$。

第5章 相 平 衡

在化工、石化和炼油生产中，涉及相间物质传递的平衡分离单元过程应用非常普遍，其中主要有精馏、吸收、萃取、结晶、吸附等。当两相接触时在相间会发生能量交换和物质交换，直至各相的性质(如温度、压力和组成等)不再发生变化为止，当达到这种状态时我们称两相处于平衡状态。平衡两相的组成通常是互异的，各种平衡分离过程正是利用这种平衡组成的差别进行分离。相平衡研究平衡状态时系统的温度、压力、各相的体积、各相的组成以及其他热力学函数间的关系，它是分离技术及分离设备开发设计的理论基础。由于分离在化工操作中的重要性，相平衡计算在化工计算和设计中常占有很大的比重。

相平衡涉及的内容十分广泛，包括汽液平衡、气液平衡、液液平衡、液固平衡、固汽平衡、固固平衡等。

5.1 相平衡基础

5.1.1 相平衡判据

相平衡的基本问题之一是各相平衡时所必须满足的热力学必要条件，这些条件就叫热力学相平衡判据。

假设多组分多相系统中含有 α、β、γ、$\cdots$、π 相，组分为 $i=1$，2，$\cdots$，C。为保持系统的热平衡和机械平衡，系统内各相之间必须要温度相等、压力相等，否则，依据热力学第二定律，存在温差时，热会自发地从高温传向低温；存在压差时，流体会自发地发生流动，这样就不符合"平衡"的定义了。因此，热平衡和机械平衡的判据如下

$$T^{\alpha} = T^{\beta} = \cdots = T^{\pi} \tag{5-1}$$

$$p^{\alpha} = p^{\beta} = \cdots = p^{\pi} \tag{5-2}$$

另外，在物理化学中，根据平衡物系的 Gibbs 自由能最小的原则，有

$$(dG)_{T,p} = 0 \tag{5-3}$$

将式(5-3)用于封闭系统平衡的两个相，设两相分别为 α 相和 β 相，每一相可视为一个能向另一相传递物质的敞开系统。由单相敞开系统的热力学关系式(3-102)可写出

$$d(nG)^{\alpha} = -(nS)^{\alpha}dT + (nV)^{\alpha}dp + \sum \mu_i^{\alpha} dn_i^{\alpha}$$

$$d(nG)^{\beta} = -(nS)^{\beta}dT + (nV)^{\beta}dp + \sum \mu_i^{\beta} dn_i^{\beta}$$

等温等压下 α、β 两相平衡时，$dT=0$，$dp=0$，则

$$d(G)_{T,p} = d(nG)^{\alpha} + d(nG)^{\beta} = \sum \mu_i^{\alpha} dn_i^{\alpha} + \sum \mu_i^{\beta} dn_i^{\beta} = 0 \tag{5-4}$$

因两相合并为封闭系统，与环境无物质交换，系统内又无化学反应，由质量平衡得 $dn_i^{\alpha} = -dn_i^{\beta}$，代入式(5-4)，得

$$\sum (\mu_i^{\alpha} - \mu_i^{\beta}) dn_i^{\alpha} = 0 \qquad (dn_i^{\alpha} \neq 0)$$

因此
$$\mu_i^{\alpha}=\mu_i^{\beta} \tag{5-5}$$

对于多相(π 相)多组分(C 个组分)系统，写为

$$\mu_i^{\pi}=\mu_i^{\alpha}=\cdots=\mu_i^{\beta}(i=1,2,\cdots,C) \tag{5-6}$$

上式是以化学位表示的相平衡判据式，它表明在多相相平衡系统中，任一种组分在各相中的化学位相等。

5.1.2 相律

对于有 C 个组分 π 个相的系统，描述物系的强度变量有 T、p 和各相组成，总独立变量数应为 $[\pi(C-1)+2]$。但在平衡系统中，这些变量并非是完全独立的，也就是说，描述物系的平衡状态无需使用全部变量，只要指定其中有限数目的强度变量，其余变量也就随之确定了，则确定系统平衡状态所需的最少独立变量数称为自由度。利用 Gibbs 于 1875 年提出的有名的相律式(5-7)，可以确定系统的自由度数目。

$$F=C-\pi+2 \tag{5-7}$$

既然自由度表示了确定系统平衡状态所需的最少独立变量数，那么对于一个具体的相平衡计算问题，自由度也就是必须提供的已知变量的个数。如果提供了等于自由度的已知条件数，总变量数和自由度之差即是求解其他强度变量所需的独立方程数，即

$$独立方程数 = [\pi(C-1)+2]-(C-\pi+2)=C(\pi-1)$$

式(5-6)正好提供了 $C(\pi-1)$ 个独立方程，所以相平衡问题在数学上可由式(5-6)这一相平衡判据解决。

5.2 逸度和逸度系数

式(5-6)可解决相平衡问题，但由于化学位较抽象，不便于实际应用，且真实气体及混合物中组分的化学势表达式较为复杂，因此希望通过一些辅助函数来表示化学势，这些辅助函数应较易于与真实物理量联系起来，G. N. Lewis 提出的逸度的概念便提供了一个这样的辅助函数。Lewis 先从纯理想气体的化学势入手，然后再将所得的结果予以普遍化，应用至所有系统。

5.2.1 纯物质的逸度和逸度系数

对于纯物质，$\mu_i=G_i$，由热力学基本关系式(3-5)得

$$d\mu_i=V_i dp-S_i dT \tag{5-8}$$

对于理想气体，$V_i=RT/p$，代入式(5-8)并在等温下积分，得

$$\mu_i-\mu_i^{\ominus}=RT\ln\frac{p}{p^{\ominus}} \quad (T 恒定) \tag{5-9}$$

上式表明，对理想气体，抽象的化学位在等温下的变化可以简单地表示为压力这一实际物理量的对数函数。

由于式(5-9)仅能用于理想气体，为使其普遍化，Lewis 提出一种称为逸度的函数 f，并将任一纯物质系统(气体、液体或固体，理想或非理想)的等温化学位表示为

$$d\mu_i = dG_i = RT d\ln f_i \text{ 或 } \mu_i - \mu_i^{\ominus} = RT\ln\frac{f_i}{f_i^{\ominus}} \quad (T \text{ 恒定}) \tag{5-10}$$

即用逸度代替式(5-9)中的压力。式(5-10)即为逸度的定义式。式中 $\mu_i^{\ominus}$ 和 $f_i^{\ominus}$ 分别为标准态下的化学势和逸度，两者的标准态是一致的。由于逸度的定义式来源于等温变化时与理想气体化学位变化的类比，因此标准态的温度必须与系统一致，而标准态的组成和压力无需与系统一致。

对理想气体，逸度等于压力，因此纯物质逸度的定义需加上以下极限才是完整的

$$\lim_{p \to 0}\frac{f_i}{p} = 1 \tag{5-11}$$

逸度和压力之比称为逸度系数。纯物质的逸度系数用 ϕ_i 表示，定义为

$$\phi_i = \frac{f_i}{p} \tag{5-12}$$

将式(5-12)代入式(5-10)，得

$$d\mu_i = RT d\ln(\phi_i p) \tag{5-13}$$

比较式(5-13)和式(5-10)，可以认为逸度系数正好代表了真实气体对理想气体的偏差。因此，对真实气体非理想性偏差的校正可集中在对压力的校正上，当压力乘上一校正因子即逸度系数 ϕ_i 后，理想气体化学位的表达式就适用于真实气体了。式(5-13)就是真实气体化学位的表达式。

由于逸度的单位与压力的单位相同，因而逸度系数无单位。显然，理想气体的逸度系数等于1，而真实气体的逸度系数可能大于1，也可能小于1。

5.2.2 混合物中组分的逸度和逸度系数

均相混合物中组分的逸度定义与纯物质的逸度定义方法相同。由3.4节可知，对于混合物 $\mu_i = \overline{G}_i$，而且定组成混合物偏摩尔性质的关系式与纯物质的关系式是一一对应的，如 Gibbs 函数满足式(3-123)

$$d\overline{G}_i = \overline{V}_i dp - \overline{S}_i dT \tag{3-123}$$

应用于化学位，上式表示为

$$d\mu_i = \overline{V}_i dp - \overline{S}_i dT \tag{5-14}$$

式(5-14)与式(5-8)表达了混合物中组分 i 与其纯物质 i 所遵循的热力学规律是相似的，因此，混合物中组分 i 与其纯物质逸度也应有类似的关系。于是，我们可方便地得到混合物中组分逸度的定义式

$$\begin{cases} d\mu_i = d\overline{G}_i = RT d\ln\hat{f}_i \text{ 或 } \mu_i - \mu_i^{\ominus} = RT\ln\dfrac{\hat{f}_i}{f_i^{\ominus}} & (T \text{ 恒定}) \\[2mm] \lim\limits_{p \to 0}\dfrac{\hat{f}_i}{y_i p} = 1 \end{cases} \tag{5-15}$$

式中，$\hat{f}_i$ 叫作混合物中组分 i 的逸度；p 为总压；y_i 为组分 i 在混合物中的摩尔组成。

对真实气体，由于 $y_i p$ 不是分压，因此不能用 p_i 代替。但当真实气体的压力 $p \to 0$ 或为理想气体混合物时，便有

$$\hat{f}_i^{ig} = y_i p = p_i \qquad (5-16)$$

式中，上标"ig"表示理想气体。上式说明理想气体混合物中组分 i 的逸度等于其分压，它在相平衡和化学平衡中是经常使用的。

混合物组分 i 的逸度系数 $\hat{\phi}_i$ 的定义为

$$\hat{\phi}_i = \frac{\hat{f}_i}{y_i p} \qquad (5-17)$$

5.2.3　混合物的逸度和逸度系数

类似于纯物质，混合物的总逸度 f 和总逸度系数 ϕ 分别定义为

$$\begin{cases} \mathrm{d}\mu = \mathrm{d}G = RT\mathrm{d}\ln f \qquad (T\ \text{恒定}) \\ \lim_{p \to 0} = \dfrac{f}{p} = 1 \end{cases} \qquad (5-18)$$

$$\phi = \frac{f}{p} \qquad (5-19)$$

至此，已有三种逸度和三种逸度系数。逸度和逸度系数均是系统的性质，其值由状态所决定，对于纯物质，它们是温度和压力的函数；对于混合物或混合物中的组分 i，它们是温度、压力和组成的函数。

应该注意，逸度和逸度系数的这些关系式不仅适用于气体，同样也适用于液体和固体，只不过在计算液体和固体时，使用的是饱和蒸气压。而液体和固体的饱和蒸气压却是用来表征该物质的逃逸趋势的，从这种角度看，逸度也是表征系统逃逸趋势的，这也是逸度的中文名称的由来。

5.2.4　通过逸度表示的相平衡准则

逸度和化学位之间的关系有助于在概念上理解由热力学变量向物理变量的转换。要想像化学位是困难的，但是想像逸度的概念要容易得多。可将逸度视为"校正压力"。由逸度的定义式可将式（5-6）表示的相平衡准则转换为以逸度来表示。以纯物质为例，对达到相平衡的 α 和 β 两相，分别用逸度来表达两相的化学位。

$$\mu_i^\alpha - \mu_i^{\ominus\alpha} = RT\ln\frac{\hat{f}_i^\alpha}{f_i^{\ominus\alpha}} \qquad (5-20)$$

$$\mu_i^\beta - \mu_i^{\ominus\beta} = RT\ln\frac{\hat{f}_i^\beta}{f_i^{\ominus\beta}} \qquad (5-21)$$

将式（5-20）和式（5-21）代入相平衡准则式（5-6），得

$$\mu_i^{\ominus\alpha} + RT\ln\frac{\hat{f}_i^\alpha}{f_i^{\ominus\alpha}} = \mu_i^{\ominus\beta} + RT\ln\frac{\hat{f}_i^\beta}{f_i^{\ominus\beta}} \qquad (5-22)$$

现在考察两种情况。第一，假设两相的标准态相同，即假设

$$\mu_i^{\ominus\alpha} = \mu_i^{\ominus\beta} \qquad (5-23)$$

此时有
$$f_i^{\ominus\alpha} = f_i^{\ominus\beta} \qquad (5-24)$$

将式（5-23）和式（5-24）代入式（5-22），可得到通过逸度表示的相平衡准则

$$f_i^\alpha = f_i^\beta \qquad (5-25)$$

第二，假设两相的标准态温度相同，但压力和组成不同。此时可由式(5-10)表示两个标准态间的严格关系

$$\mu_i^{\ominus\alpha} - \mu_i^{\ominus\beta} = RT\ln\frac{f_i^{\ominus\alpha}}{f_i^{\ominus\beta}} \tag{5-26}$$

将式(5-26)代入式(5-22)，同样有

$$f_i^{\alpha} = f_i^{\beta}$$

相似的，对于混合物，可得出相应的通过逸度表示的相平衡准则，即

$$\hat{f}_i^{\alpha} = \hat{f}_i^{\beta} \tag{5-27}$$

综上所述，相平衡条件为：各相的温度相等，压力相等，各相中 i 组分的化学位相等，i 组分的逸度相等。

式(5-25)、式(5-27)与式(5-6)是等价的。但在工程实际计算中，逸度相等比化学位相等的方程更为方便，所以在后面的讨论中，把式(5-25)和式(5-27)当作相平衡的基本方程。

5.2.5 逸度和逸度系数的计算

将逸度相等作为相平衡准则只是解决了相平衡问题的起点，为解决相平衡的实际问题，必须进一步建立逸度和可测量的独立变量(如 T、p、V 和 y)之间的关系。为实现这一目的，可采用的方法之一是利用体积数据求取包括逸度在内的各种热力学性质。

纯物质的逸度系数和混合物中组分的逸度系数可以方便地由 p、V、T 数据计算出来，所以逸度计算往往先计算逸度系数，而后依据逸度系数的定义式求算逸度。

(1) 纯物质逸度系数的计算

恒温下式(5-8)简化为

$$\mathrm{d}\mu_i = V_i\mathrm{d}p$$

代入式(5-10)得

$$RT\mathrm{d}\ln f_i = V_i\mathrm{d}p$$

方程两端同时减去恒等式 $RT\mathrm{d}\ln p = RT\dfrac{\mathrm{d}p}{p}$，得

$$RT\mathrm{d}\ln\frac{f_i}{p} = \left(V_i - \frac{RT}{p}\right)\mathrm{d}p$$

将 $\phi_i = \dfrac{f_i}{p}$ 代入上式并整理，得

$$\mathrm{d}\ln\phi_i = \left(\frac{V_i}{RT} - \frac{1}{p}\right)\mathrm{d}p$$

恒温下将上式从压力趋近于零的 p_0 状态积分到压力为 p 的状态，且 $p\rightarrow0$ 时，$\phi_i = 1$，可得

$$\ln\phi_i = \frac{1}{RT}\int_{p_0\rightarrow0}^{p}\left(V_i - \frac{RT}{p}\right)\mathrm{d}p = \int_{p_0\rightarrow0}^{p}(Z_i - 1)\frac{\mathrm{d}p}{p} \tag{5-28}$$

式(5-28)是计算纯物质逸度系数的普适公式。Z_i 为纯物质的压缩因子。由此式可知，逸度系数既可以利用状态方程法计算，也可以用对比态法计算，如果有足够的 p、V、T 实验数据，还可以用图解积分法计算。工程上广泛采用的是前两种方法。

1）利用状态方程计算逸度系数

原则上将适宜的状态方程代入式(5-28)，便可解出任何 T、p 下的逸度系数。显然，该式更适合以 T、p 为自变量的状态方程。将舍项 Virial 方程 $Z_i = 1 + \dfrac{B_i p}{RT}$ 代入式(5-28)，可得

$$\ln\phi_i = \frac{B_i p}{RT} \tag{5-29}$$

式中，B_i 为纯物质的第二 Virial 系数。式(5-29)为二阶舍项 Virial 方程计算气相纯物质逸度系数的公式。

由于多数状态方程是把压力表示为 T 和 V 的函数，特别是多参数状态方程，常含有体积的高次项，使摩尔体积的表达式不易获得，式(5-28)应用起来并不方便，因此常将该式变换为以 T、V 为自变量的计算式。

将式(5-28)改写成下列形式

$$\ln\phi_i = \frac{1}{RT}\int_{p_0 \to 0}^{p} \left(V_i - \frac{RT}{p} \right)\mathrm{d}p = \frac{1}{RT}\int_{p_0 \to 0}^{p} V_i \mathrm{d}p - \frac{1}{RT}\int_{p_0 \to 0}^{p} \frac{\mathrm{d}p}{p} \tag{5-30}$$

由于 $V_i \mathrm{d}p = \mathrm{d}(pV_i) - V_i \mathrm{d}p$，所以

$$\int_{p_0 \to 0}^{p} V_i \mathrm{d}p = \int_{p_0 \to 0}^{p} \mathrm{d}(pV_i) - \int_{\infty}^{V_i} p\mathrm{d}V_i = pV_i - RT - \int_{\infty}^{V_i} p\mathrm{d}V_i$$

代入式(5-30)得

$$\ln\phi_i = \frac{pV_i}{RT} - 1 - \int_{\infty}^{V_i} \frac{p}{RT}\mathrm{d}V_i - \int_{p_0 \to 0}^{p} \frac{\mathrm{d}p}{p} \tag{5-31}$$

将 RK 方程 $p = \dfrac{RT}{V-b} - \dfrac{a}{T^{0.5}V(V+b)}$ 代入式(5-31)，得

$$\ln\phi_i = \frac{pV_i}{RT} - 1 - \int_{\infty}^{V_i} \frac{\mathrm{d}V_i}{V_i - b_i} + \frac{a_i}{RT^{1.5}}\int_{\infty}^{V_i} \frac{\mathrm{d}V_i}{V_i(V_i + b_i)} - \int_{p_0 \to 0}^{p} \frac{\mathrm{d}p}{p} \tag{5-32}$$

其中

$$\int_{\infty}^{V_i} \frac{\mathrm{d}V_i}{V_i - b_i} + \int_{p_0 \to 0}^{p} \frac{\mathrm{d}p}{p} = \left[\ln(V_i - b_i) \right]_{\infty}^{V_i} + \left[\ln p \right]_{p_0 \to 0}^{p}$$

$$= \ln\left[p(V_i - b_i) \right] - \lim_{\substack{p \to 0 \\ V \to \infty}} \ln\left[p(V_i - b_i) \right]$$

$$= \ln\frac{p(V_i - b_i)}{RT}$$

$$\frac{a_i}{RT^{1.5}}\int_{\infty}^{V_i} \frac{\mathrm{d}V_i}{V_i(V_i + b_i)} = \frac{a_i}{b_i RT^{1.5}}\int_{\infty}^{V_i} \left(\frac{1}{V_i} - \frac{1}{V_i + b_i} \right)\mathrm{d}V_i = \frac{a_i}{b_i RT^{1.5}}\left[\ln\frac{V_i}{V_i + b_i} \right]_{\infty}^{V_i}$$

$$= \frac{a_i}{b_i RT^{1.5}}\ln\frac{V_i}{V_i + b_i}$$

将以上各式代入式(5-32)，整理得

$$\ln\phi_i = Z_i - 1 - \ln\frac{(V_i - b_i)p}{RT} + \frac{a_i}{b_i RT^{1.5}}\ln\frac{V_i}{V_i + b_i} \tag{5-33}$$

若采用 RK 方程 Z 的形式[见式(2-7)]，则有

$$\ln\phi_i = Z_i - 1 - \ln(Z_i - B_i) + \frac{A_i}{B_i}\ln\left(1 + \frac{B_i}{Z_i}\right) \tag{5-34}$$

式(5-33)、式(5-34)即为由 RK 方程计算纯物质(气相或液相)逸度系数公式,其中的 Z_i 应由 RK 方程式(2-5)或式(2-7)求得。

相似的,SRK 方程和 PR 方程逸度系数的表达式如式(5-35)和式(5-36)所示。

SRK 方程

$$\ln\phi_i = Z_i - 1 - \ln\frac{(V_i - b_i)p}{RT} + \frac{a_i}{b_i RT}\ln\frac{V_i}{V_i + b_i} \tag{5-35}$$

PR 方程

$$\ln\phi_i = Z_i - 1 - \ln\frac{(V_i - b_i)p}{RT} + \frac{a_i}{2\sqrt{2}\,b_i RT}\ln\frac{V_i + (\sqrt{2}+1)b_i}{V_i - (\sqrt{2}+1)b_i} \tag{5-36}$$

2) 对比态法计算逸度系数

将式(5-28)写成对比压力形式,得

$$\ln\phi_i = \int_{p_0 \to 0}^{p} \frac{(Z_i - 1)}{p_r}\mathrm{d}p_r \tag{5-37}$$

此式表明,逸度系数是 p_r 和 Z_i 的函数。Z_i 的普遍化计算有两参数法和三参数法。其中,以 T_r 和 p_r 为参数的两参数法计算误差较大,目前已很少使用,应用广泛的是以 ω 为第三参数的三参数法。与第 2 章的三参数压缩因子的计算方法相同,当气体所处状态的 T_r、p_r 值落在图 2-11 斜线上方,或对比体积 $V_r \geqslant 2$ 时,宜采用普遍化第二 Virial 系数法,即

$$Z_i = 1 + \frac{B_i p_{ci}}{RT_{ci}} \cdot \frac{p_r}{T_r} \tag{2-35}$$

式中,T_{ci} 和 p_{ci} 是纯物质的临界性质,且

$$\frac{B_i p_{ci}}{RT_{ci}} = B^{(0)} + \omega_i B^{(1)} \tag{2-36}$$

将以上两式代入式(5-37),得

$$\ln\phi_i = \frac{p_r}{T_r}(B^{(0)} + \omega_i B^{(1)}) \tag{5-38}$$

其中

$$B^{(0)} = 0.083 - \frac{0.422}{T_r^{1.6}} \tag{2-37a}$$

$$B^{(1)} = 0.139 - \frac{0.172}{T_r^{4.2}} \tag{2-37b}$$

当气体所处状态的 T_r、p_r 值落在图 2-11 斜线下方,或对比体积 $V_r < 2$ 时,像处理压缩因子一样,可以将逸度系数的对数值表示为 ω 的线性方程,即

$$\ln\phi_i = \ln\phi_i^{(0)} + \omega_i \ln\phi_i^{(1)} \tag{5-39}$$

或 $$\phi_i = \phi_i^{(0)}(\phi_i^{(1)})^{\omega_i} \tag{5-40}$$

式中,$\phi_i^{(0)}$ 和 $\phi_i^{(1)}$ 分别为简单流体的普遍化逸度系数和普遍化逸度系数的校正值,两者都是 T_r 和 p_r 的函数。图 5-1~图 5-4 为它们的普遍化关系曲线。

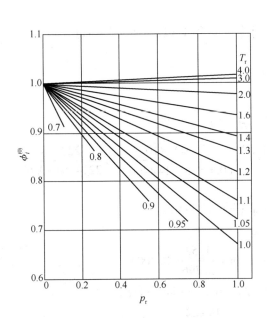

图 5-1　$\phi_i^{(0)}$ 的普遍化关联 ($p_r < 1.0$)

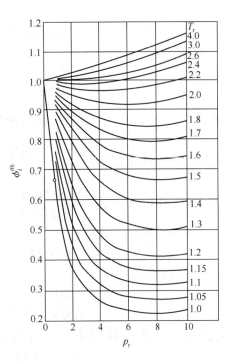

图 5-2　$\phi_i^{(0)}$ 的普遍化关联 ($p_r > 1.0$)

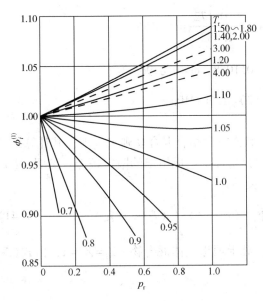

图 5-3　$\phi_i^{(1)}$ 的普遍化关联 ($p_r < 1.0$)

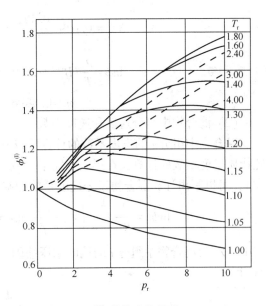

图 5-4　$\phi_i^{(1)}$ 的普遍化关联 ($p_r > 1.0$)

【例 5-1】　用下列方法计算正丁烷在 460K，1.52MPa 下的逸度和逸度系数。

① RK 方程；② 普遍化关联法。

解：从附录 1 查得正丁烷的临界性质和偏心因子：$T_c = 425.12K$，$p_c = 3.796MPa$，$\omega = 0.199$。

① RK 方程

$$a = 0.42748 \frac{R^2 T_c^{2.5}}{p_c} = 2.9006 \times 10^7 \, \text{MPa} \cdot \text{cm}^6 \cdot \text{K}^{0.5} \cdot \text{mol}^2$$

$$b = 0.08664 \frac{RT_c}{p_c} = 80.67 \text{cm}^3 \cdot \text{mol}^{-1}$$

代入 RK 方程 $p = \frac{RT}{V-b} - \frac{a}{T^{1/2}V(V+b)}$，迭代求解，解得 $V = 2224.8 \text{cm}^3 \cdot \text{mol}^{-1}$。

则

$$Z = \frac{pV}{RT} = 0.8842$$

根据式(5-33) $\ln\phi_i = Z_i - 1 - \ln\frac{(V_i - b_i)p}{RT} + \frac{a_i}{b_i RT^{1.5}}\ln\frac{V_i}{V_i + b_i}$，得

$$\ln\phi = 0.8842 - 1 - \ln\frac{(2224.8 - 80.67)\times 1.52}{8.314 \times 460} + \frac{2.9006 \times 10^7}{80.67 \times 8.314 \times 460^{1.5}}\ln\frac{2224.8}{2224.8 + 80.67}$$

$$= -0.1120$$

$$\phi = 0.8941, \quad f = \phi \cdot p = 1.359 \text{MPa}$$

② 普遍化关联法

$$T_r = \frac{460}{425.12} = 1.0820 \qquad p_r = \frac{1.52}{3.796} = 0.4004$$

T_r、p_r 值落在图 2-11 斜线上方，宜采用普遍化第二 Virial 系数法。

$$B^{(0)} = 0.083 - \frac{0.422}{T_r^{1.6}} = 0.083 - \frac{0.422}{1.082^{1.6}} = -0.2890$$

$$B^{(1)} = 0.039 - \frac{0.172}{T_r^{4.2}} = 0.039 - \frac{0.172}{1.082^{4.2}} = 0.0155$$

$$\ln\phi = \frac{p_r}{T_r}(B^{(0)} + \omega B^{(1)}) = -0.1058, \quad \phi = 0.8996$$

$$f = \phi p = 0.8996 \times 1.520 = 1.367 \text{MPa}$$

（2）混合物中组分逸度和逸度系数

混合物中组分 i 的逸度系数的计算可以利用状态方程结合混合规则来实现，其计算式与纯物质逸度系数的计算式在形式上完全一致，只是增加了组成恒定的限定条件。参照式(5-28)，可以写出计算混合物组分逸度系数的基本关系式。

$$\ln\hat{\phi}_i = \frac{1}{RT}\int_{p_0 \to 0}^{p}\left(\overline{V}_i - \frac{RT}{p}\right)dp = \int_{p_0 \to 0}^{p}(\overline{Z}_i - 1)\frac{dp}{p} \quad (T、y \text{ 恒定}) \tag{5-41}$$

式中，$\overline{Z}_i$ 为混合物中组分 i 的偏摩尔压缩因子。对于理想气体混合物，$\overline{Z}_i = Z_i = 1$，由式(5-41)得

$$\hat{\phi}_i = 1$$

由于

$$\overline{V}_i = \left(\frac{\partial(nV)}{\partial n_i}\right)_{T,p,n_j} = \left(\frac{\partial V_t}{\partial n_i}\right)_{T,p,n_j}$$

代入式(5-41)，得

$$\ln\hat{\phi}_i = \frac{1}{RT}\int_{p_0 \to 0}^{p}\left[\left(\frac{\partial V_t}{\partial n_i}\right)_{T,p,n_j} - \frac{RT}{p}\right]dp \tag{5-42}$$

式中，V_t 为混合物的总体积。

式(5-42)适用于以 V 为显函数的状态方程计算混合物逸度系数。当用以 p 为显函数的状态方程计算混合物逸度系数时，将式(5-42)变换为

$$\ln\hat{\phi}_i = \frac{1}{RT}\int_{V_t}^{\infty}\left[\left(\frac{\partial p}{\partial n_i}\right)_{T,\ V_t,\ n_{j\neq i}} - \frac{RT}{V_t}\right]dV_t - \ln Z \qquad (5\text{-}43)$$

式中，Z 为温度 T 和总压 p 下混合物的压缩因子。

1）Virial 方程

若气体混合物服从二阶舍项 Virial 方程 $Z = 1 + \dfrac{B_M p}{RT}$，将此式用于 $n$mol 气体混合物时，可写为

$$nZ - n = \frac{nB_M p}{RT}$$

则

$$\overline{Z}_i - 1 = \left[\frac{\partial(nZ)}{\partial n_i}\right]_{T,p,n_{j\neq i}} - 1 = \frac{p}{RT}\left[\frac{\partial(nB_M)}{\partial n_1}\right]_{T,p,n_{j\neq i}}$$

将上式代入式（5-41），得

$$\ln\hat{\phi}_i = \int_{p_0\to 0}^{p}\frac{p}{RT}\left[\frac{\partial(nB_M)}{\partial n_i}\right]_{T,\ p,\ n_{j\neq i}}\frac{dp}{p} = \int_{p_0\to 0}^{p}\frac{1}{RT}\left[\frac{\partial(nB_M)}{\partial n_i}\right]_{T,\ p,\ n_{j\neq i}}dp$$

因为 (nB_M) 仅是温度和组成的函数，所以

$$\ln\hat{\phi}_i = \frac{p}{RT}\left[\frac{\partial(nB_M)}{\partial n_i}\right]_{T,p,n_{j\neq i}} \qquad (5\text{-}44)$$

由式（2-43）得

$$nB_M = \sum_i\sum_j\frac{n_i n_j B_{ij}}{n}$$

在 T、p 和 n_j 不变的条件下上式对 n_i 微分，得

$$\left[\frac{\partial(nB_M)}{\partial n_i}\right]_{T,\ p,\ n_{j\neq i}} = 2\sum_j y_j B_{ij} - B_M \qquad (5\text{-}45)$$

将式（5-45）代入式（5-44），得

$$\ln\hat{\phi}_i = \frac{p}{RT}\left(2\sum_j y_j B_{ij} - B_M\right) \qquad (5\text{-}46)$$

对于二元气体混合物 $B_M = y_1^2 B_{11} + 2y_1 y_2 B_{12} + y_2^2 B_{22}$，代入式（5-46），整理得组分 1 的逸度系数

$$\ln\hat{\phi}_1 = \frac{p}{RT}(-y_2^2 B_{11} + B_{11} + 2y_2^2 B_{12} - y_2^2 B_{22})$$

引入 $\delta_{12} = 2B_{12} - B_{11} - B_{22}$，得

$$\ln\hat{\phi}_1 = \frac{p}{RT}(B_{11} + y_2^2\delta_{12}) \qquad (5\text{-}47\text{a})$$

同理

$$\ln\hat{\phi}_2 = \frac{p}{RT}(B_{22} + y_1^2\delta_{12}) \qquad (5\text{-}47\text{b})$$

相似的，展开式（5-46），可得多元气体混合物任一组分逸度系数另一种形式计算式

$$\ln\hat{\phi}_i = \frac{p}{RT}\left[B_{ii} + \frac{1}{2}\sum_j\sum_k y_j y_k(2\delta_{ji} - \delta_{jk})\right] \qquad (5\text{-}48)$$

式中

$$\delta_{ji} = 2B_{ji} - B_{jj} - B_{ii} \qquad (5\text{-}49)$$

$$\delta_{jk} = 2B_{jk} - B_{jj} - B_{kk} \qquad (5\text{-}50)$$

式中，下标符号 i 指的是特定组分；j、k 两者均指一般组分，并且是包含 i 在内的所有组分。根据式(5-49)和式(5-50)得

$$\delta_{ii}=\delta_{jj}=\delta_{kk}=0，且 \delta_{jk}=\delta_{jk}$$

用舍项 Virial 方程计算逸度系数适用于压力不高的非极性或弱极性的气体，当遇到的系统是极性混合物或混合物的密度接近临界值时，此方程不再适用，这时要用半经验的状态方程计算。

2）立方形状态方程

① RK 方程　将 RK 方程和混合规则式(2-50)代入式(5-43)，得

$$\ln\hat{\phi}_i = \frac{b_i}{b_M}(Z-1) - \ln\frac{p(V-b_M)}{RT} + \frac{a_M}{b_MRT^{1.5}}\left[\frac{b_i}{b_M} - \frac{2}{a}\sum_j y_j a_{ij}\right]\ln\left(\frac{V+b_M}{V}\right) \quad (5-51)$$

相似的，可得 SRK 方程和 PR 方程组分逸度系数的计算式。

② SRK 方程

$$\ln\hat{\phi}_i = \frac{b_i}{b_M}(Z-1) - \ln\frac{p(V-b_M)}{RT} + \frac{a_M}{b_MRT}\left[\frac{b_i}{b_M} - \frac{2}{a}\sum_j y_j a_{ij}\right]\ln\left(\frac{V+b_M}{V}\right) \quad (5-52)$$

③ PR 方程

$$\ln\hat{\phi}_i = \frac{b_i}{b_M}(Z-1) - \ln\frac{p(V-b_M)}{RT} + \frac{a_M}{2\sqrt{2}b_MRT}\left[\frac{b_i}{b_M} - \frac{2}{a}\sum_j y_j a_{ij}\right]\ln\left[\frac{V+(\sqrt{2}+1)b_M}{V-(\sqrt{2}+1)b_M}\right]$$

$$(5-53)$$

如果气体混合物的性质需用其他状态方程描述，则可将该状态方程代入式(5-41)~式(5-43)，导出计算组分逸度系数的式子。当缺乏适用的状态方程时，亦可先按对比态原理法求出混合物整体的逸度系数，再根据 ϕ 与 $\hat{\phi}_i$ 的关系确定组分的逸度系数。

【例 5-2】　试计算 313K，1.5MPa 下 CO_2(1) 和丙烷(2) 的等摩尔混合物中 CO_2(1) 和丙烷(2) 的逸度系数及逸度。设气体混合物服从舍项第二 Virial 系数的 Virial 方程。各物质的临界参数和偏心因子的数值见下表，二元交互作用参数 $k_{ij}=0$。

ij	T_{cij}/K	p_{cij}/MPa	$V_{cij}/cm^3 \cdot mol^{-1}$	Z_{cij}	ω_{cij}
11	304.19	7.382	94.0	0.274	0.228
22	369.83	4.248	200.0	0.277	0.152
12	335.4	5.482	140.4	0.2766	0.190

解：对于组分 1，由式(2-37a)和式(2-37b)得

$$B_{11}^{(0)} = 0.083 - \frac{0.422}{T_{r11}^{1.6}} = 0.083 - \frac{0.422}{(313/304.19)^{1.6}} = -0.320$$

$$B_{11}^{(0)} = 0.139 - \frac{0.172}{T_{r11}^{4.2}} = 0.139 - \frac{0.172}{1.029^{4.2}} = -0.014$$

代入式(2-36)得

$$\frac{B_{11}p_{c11}}{RT_{c11}} = B_{11}^{(0)} + \omega_{11}B_{11}^{(0)} = -0.324 - 0.225 \times 0.018$$

解得 $B_{11} = -110.7\text{cm}^3 \cdot \text{mol}^{-1}$

同理，对于组分 2

$$B_{22}^{(0)}=-0.464；B_{22}^{(1)}=-0.201；B_{22}=-357.9\text{cm}^3\cdot\text{mol}^{-1}$$

对于混合分子 12

$$B_{12}^{(0)}=-0.389；B_{12}^{(1)}=-0.091；B_{12}=-206.7\text{cm}^3\cdot\text{mol}^{-1}$$

$$\delta_{12}=2B_{12}-B_{11}-B_{22}=2\times(-206.7)-(-110.7)-(-357.9)=55.2\text{cm}^3\cdot\text{mol}^{-1}$$

$$\ln\hat{\phi}_1=\frac{p}{RT}(B_{11}+y_2^2\delta_{12})=\frac{1.5\times10^6}{8.314\times313}(-110.7+0.5^2\times55.2)\times10^6=-0.05585$$

解得 $\hat{\phi}_1=0.9457$

$$\hat{f}_1=\hat{\phi}_1y_1p=0.9457\times0.5\times1.5=0.709\text{MPa}$$

$$\ln\hat{\phi}_2=\frac{p}{RT}(B_{22}+y_1^2\delta_{12})\frac{1.5\times10^6}{8.314\times313}(-357.9+0.5^2\times55.2)\times10^6=-0.1983$$

解得 $\hat{\phi}_2=0.8201$

$$\hat{f}_2=\hat{\phi}_2y_2p=0.8201\times0.5\times1.5=0.615\text{MPa}$$

5.2.6 混合物的逸度与其组分逸度之间的关系

在相同的温度、压力和组成下，对混合物的逸度定义式 $dG=RT\text{dln}f$，从理想气体混合物状态到实际状态积分，又理想气体混合物的逸度等于其压力，即 $f^{\text{ig}}=p$，得

$$G-G^{\text{ig}}=RT\ln f-RT\ln p$$

上式两边同乘以混合物的总物质的量 n，得

$$nG-nG^{\text{ig}}=RT(n\ln f)-(n\ln p)$$

在 T、p 及 $n_{j\neq i}$ 恒定的条件下，上式对 n_i 微分得

$$\overline{G}_i-\overline{G}_i^{\text{ig}}=RT\left[\frac{\partial(n\ln f)}{\partial n_i}\right]_{T,p,n_{j\neq i}}-RT\ln p \tag{5-54}$$

对混合物中组分的逸度定义式 $\text{d}\overline{G}_i=RT\text{dln}\hat{f}_i$，同样进行从理想气体混合物状态到实际状态的积分，并考虑到 $\hat{f}_i^{\text{ig}}=y_ip$，得

$$\overline{G}_i-\overline{G}_i^{\text{ig}}=RT\ln\hat{f}_i-RT\ln\hat{f}_i^{\text{ig}}=RT\ln\frac{\hat{f}_i}{y_i}-RT\ln p \tag{5-55}$$

比较式(5-54)与式(5-55)，得

$$\ln\frac{\hat{f}_i}{x_i}=\left[\frac{\partial(n\ln f)}{\partial n_i}\right]_{T,P,n_{j\neq i}} \tag{5-56}$$

对照偏摩尔性质的定义，$\overline{M}_i=\left[\frac{\partial(nM)}{\partial n_i}\right]_{T,p,n_{j\neq i}}$，便可得到 $\ln\dfrac{\hat{f}_i}{x_i}$ 是 $\ln f$ 的偏摩尔性质这一结论。

若将式(5-56)减去恒等式 $\ln p=\left[\frac{\partial(n\ln p)}{\partial n_i}\right]_{T,p,n_{j\neq i}}$，再根据 ϕ 和 $\hat{\phi}_i$ 的定义，同样可证明 $\ln\hat{\phi}_i$ 是 $\ln\phi$ 的偏摩尔性质，即

$$\ln\hat{\phi}_i=\left[\frac{\partial(n\ln\phi)}{\partial n_i}\right]_{T,p,n_{j\neq i}} \tag{5-57}$$

根据摩尔性质与偏摩尔性质的关系式 $M=\sum y_i\overline{M}_i$，可得到以下有用的关系式

$$\ln f = \sum x_i \ln \frac{\hat{f}_i}{x_i} \tag{5-58}$$

$$\ln \phi = \sum x_i \ln \hat{\phi}_i \tag{5-59}$$

5.2.7 纯液体的逸度

式(5-28)是计算纯物质逸度的通用表达式，可用于纯气体，亦可用于纯液体及纯固体。当计算纯液体的逸度时，由于在积分区间内存在着从蒸气到液体的变化，使得流体的摩尔体积不连续，因此，需采用分段积分的方法。由式 $dG_i^l = RT d\ln f_i^l = V_i dp$ 积分，得

$$\Delta G = RT\ln\left(\frac{f_i^l}{p}\right) = \int_{p_i \to 0}^{p_i^S}\left(V_i - \frac{RT}{p}\right)dp + RT\Delta\left(\ln\frac{f_i}{p}\right) + \int_{p_i^S}^{p}\left(V_i - \frac{RT}{p}\right)dp$$

式中，右式第一项表示由理想气体到饱和蒸气时 Gibbbs 自由能变化值；第二项表示相变化时 Gibbbs 自由能的变化值；第三项表示将饱和液体压缩至实际状态的液体时 Gibbbs 自由能的变化值。

根据式(5-28)，第一项积分计算的是饱和蒸气 i 的逸度，即

$$\int_{p_i \to 0}^{p_i^S}\left(V_i - \frac{RT}{p}\right)dp = RT\ln\phi_i^S = RT\ln\frac{f_i^S}{p_i^S}$$

对第二项，由于相变化时 $\Delta G_{相变化} = 0$，所以

$$RT\Delta\left(\ln\frac{f_i}{p}\right) = 0$$

联立以上方程，并展开得

$$RT\ln\frac{f_i^l}{p} = RT\ln\frac{f_i^S}{p_i^S} + \int_{p_i \to 0}^{p_i^S}V_i dp - RT\ln\frac{p}{p_i^S}$$

整理得

$$f_i^l = f_i^S \exp\int_{p_i^S}^{p}\frac{V_i^l}{RT}dp \tag{5-60}$$

式中，V_i^l 是纯液体 i 的摩尔体积；f_i^S 是处于系统温度 T 和饱和压力 p_i^S 下的逸度。

在远离临界点时液体可视为不可压缩流体，则式(5-59)可简化为

$$f_i^l = f_i^S \exp\left[\frac{V_i^l(p - p_i^S)}{RT}\right]$$

将 $f_i^S = p_i^S \phi_i^S$ 代入上式得

$$f_i^l = p_i^S \phi_i^S \exp\left[\frac{V_i^l(p - p_i^S)}{RT}\right] \tag{5-61}$$

式中，ϕ_i^S 为饱和蒸气 i 的逸度系数；指数项称为 Poynting 因子。

由式(5-61)可看出，纯液体 i 在 T 和 p 时的逸度为该温度下的饱和蒸气压 p_i^S 乘以两项校正系数。逸度系数 ϕ_i^S，用来校正饱和蒸气对理想气体的偏离；Poynting 因子，用来校正压力对逸度的影响，但它仅在高压时才产生明显作用。当压力比较低时，液体的摩尔体积比气体的小得多，这时 $\exp\left[\dfrac{V_i^l(p - p_i^S)}{RT}\right] \approx 1$，此时有

$$f_i^l = p_i^S \phi_i^S \tag{5-62}$$

对于饱和液体，其逸度根据平衡关系，还可由饱和蒸气的逸度计算，即

128

$$f_i^l = f_i^s = p_i^S \phi_i^S \qquad (5\text{-}63)$$

5.3 活度和活度系数

式(5-41)~式(5-43)是计算混合物中组分逸度系数的基本关系式，它们是普适方程，适合于任何相态。但这种方法要用状态方程，并且要由 $p \to 0$ 或 $V \to \infty$ 的理想气体状态积分至所研究的状态。尽管已经有不少能同时适用于汽、液两相的状态方程，像 Peng-Robinson 方程等基本上具备了这种能力，但由于状态方程过分依赖临界参数，而它的实验值又很缺乏，这使得状态方程法的应用受到一定限制。因此，为了计算液体混合物的逸度，还需要有另一种更实用的方法。该方法是通过定义一种理想混合物，并用超额函数来描述与理想行为的偏差。由超额函数可以得到活度系数，它是偏离理想行为的定量量度。

5.3.1 理想混合物

(1) 理想混合物的逸度

理想混合物在微观上具有以下两个特征：①同一组分分子之间与不同组分分子之间的相互作用相同；②各组分分子具有相似的形状和体积。据此，可以从混合物的组分逸度与纯组分逸度之间的关系得到理想混合物的组分逸度。在相同的温度和压力下，式(5-41)与式(5-28)相减，得

$$\ln \frac{\hat{\phi}_i}{\phi_i} = \frac{1}{RT} \int_{p_0 \to 0}^{p} (\bar{V}_i - V_i)\, \mathrm{d}p \qquad (5\text{-}64)$$

将 $\hat{\phi}_i$ 和 ϕ_i 的定义式代入上式，得

$$\ln \frac{\hat{f}_i}{x_i f_i} = \frac{1}{RT} \int_{p_0 \to 0}^{p} (\bar{V}_i - V_i)\, \mathrm{d}p \qquad (5\text{-}65)$$

根据理想混合物的特征可知，当形成理想混合物时，混合前后体积不发生变化，$\bar{V}_i^{\mathrm{id}} = V$，则式(5-65)可简化为

$$\hat{f}_i^{\mathrm{id}} = f_i x_i \qquad (5\text{-}66)$$

式中，上标 id 代表理想混合物。该式表明，理想混合物中组分的逸度与其摩尔分数成正比。这个关系称为 Lewis-Randall 规则，也是 Raoult 定律的普遍化形式。定义服从 Lewis-Randall 规则的混合物为理想混合物。

理想混合物又称理想溶液，这里的溶液是广义的概念，气体混合物也可称为溶液。在真实溶液中，普遍地表现出符合理想溶液规律的有两个浓度区：一是在 $x_i \to 1$ 的高浓度区，组分 i 的逸度符合 Lewis-Randall 规则；另一是在 $x_i \to 0$ 的稀浓度区，组分 i 的逸度符合 Henry 定律，即

$$\hat{f}_i^{\mathrm{id}} = k_i x_i \qquad (5\text{-}67)$$

式中，k_i 是溶质 i 在溶剂中的 Henry 常数，其值取决于系统的温度、压力和溶液性质。因此，一个比式(5-66)更为广义的定义式应为

$$\hat{f}_i^{\mathrm{id}} = x_i f_i^{\ominus} \qquad (5\text{-}68)$$

式(5-68)是基于标准态的概念建立的理想溶液的定义式，比例系数 $f_i^{\ominus}$ 叫作组分 i 的标准态逸度，其 T、p 与混合物的相同。

根据式(5-64)，对于理想混合物，有

$$\hat{\phi}_i^{id} = \phi_i \tag{5-69}$$

同温同压下，理想混合物中组分 i 的逸度系数就是同 T、p 下纯组分的逸度系数，因此，可利用纯组分的逸度系数计算理想混合物中组分的逸度系数。

对于理想气体混合物，$\hat{\phi}_i^{ig} = \phi_i = 1$。可见，理想气体混合物是理想混合物的一个特例，是比理想混合物更为理想化的模型。

理想混合物作为简化的物理模型，可以作为计算实际溶液组分逸度的标准态，其性质在一定条件下能够近似地反映某些真实溶液的性质。以理想混合物为基础可以更为方便地研究真实溶液，如同研究真实气体时引入理想气体概念一样，可大大简化复杂的计算过程。

（2）理想混合物的特征

微观上，对 Lewis-Randall 理想溶液而言，各组分的分子之间作用力相等，分子体积相同。由理想混合物的定义，可导出各组分偏摩尔性质与纯物质摩尔性质之间的关系为

$$\overline{V}_i^{id} = V_i \tag{5-70}$$

$$\overline{U}_i^{id} = U_i \tag{5-71}$$

$$\overline{H}_i^{id} = H_i \tag{5-72}$$

$$\overline{S}_i^{id} = S_i - R\ln x_i \tag{5-73}$$

$$\overline{G}_i^{id} = G_i + RT\ln x_i \tag{5-74}$$

以上各式揭示了理想混合物的特点。显然，形成理想混合物时没有体积效应和热效应。

理想混合物是存在的，但基本上只存在于气相，而液相中却很少。对液相来说，只有非常相似的物质形成的混合物才可近似认为是理想混合物，像邻二甲苯、间二甲苯和对二甲苯的混合物，甚至苯和甲苯这样的混合物。

5.3.2　活度和活度系数的定义

真实溶液与理想溶液(理想混合物)总是存在着偏差。气相的非理想性由逸度代替压力来加以校正，对于非理想的液态溶液，处理的方法是在理想溶液的基础上加以校正，即在式(5-68)中用 a_i 代替 x_i。a_i 称为组分 i 在溶液中的活度，又称为有效浓度，故对于非理想的液态溶液，有

$$\hat{f}_i = a_i f_i^\ominus \qquad 或 \qquad a_i = \frac{\hat{f}_i}{f_i^\ominus} \tag{5-75}$$

故活度又称为相对逸度。根据活度的定义，对于理想溶液，$a_i = x_i$，即组分 i 的活度等于组分 i 的摩尔分数。可见，真实溶液对理想溶液的偏差可归结为 a_i 对 x_i 的偏差，这个偏差程度用活度系数表示，定义为

$$\gamma_i = \frac{a_i}{x_i} = \frac{\hat{f}_i}{x_i f_i^\ominus} \tag{5-76}$$

式中，γ_i 为真实溶液中组分 i 的活度系数，也称为校正系数。

将式(5-68)代入上式，可得 γ_i 的另一种定义形式

$$\gamma_i = \frac{\hat{f}_i}{\hat{f}_i^{id}} \tag{5-77}$$

即 γ_i 定义为真实溶液与理想溶液的组分逸度之比。

由式(5-76)得

$$\hat{f}_i = \gamma_i x_i f_i^{\ominus} \tag{5-78}$$

式(5-78)即为由活度系数计算液相混合物中组分逸度的公式。

由式(5-75)和式(5-76)可见，与逸度不同，活度和活度系数与标准态的选择有关。除非有特别说明，活度和活度系数均以纯组分逸度为标准态。

用活度和活度系数表征溶液性质有以下几种情况：

1）纯组分液体

在定义活度时用纯组分液体作为标准态，则式(5-76)中$f_i = f_i^{\ominus} = f_i^{t}$，又因为$x_i = 1$，所以其活度和活度系数都等于1。

2）理想溶液

对于理想溶液，组分i的活度等于其浓度，活度系数等于1，即

$$a_i = x_i, \quad \gamma_i = 1$$

3）真实溶液

由于$a_i \neq x_i$，所以$\gamma_i \neq 1$。有两大类非理想溶液：

$\gamma_i > 1$，对理想溶液具有正偏差的非理想溶液；

$\gamma_i < 1$，对理想溶液具有负偏差的非理想溶液。

具有正偏差的系统比具有负偏差的系统多得多。

5.3.3 标准态的选择

原则上，标准态的选择是任意的，但实际上必须选用理想溶液的状态，使其$\gamma_i = 1$，计算才能方便。因此，所有标准态的选择都与理想溶液有联系。

图5-5分别给出了理想溶液和真实溶液的组分逸度与其组成的关系。图中，实线代表在一定T、p下，二元真实溶液的组分逸度$\hat{f}_i$与其组成x_i的关系，即$\hat{f}_i = \gamma_i x_i f_i^{\ominus}$；上方虚线代表Henry定律，表示稀溶液中溶质的逸度与其组成间的关系，即$\hat{f}_i^{id} = k_i x_i$（k_i为Henry常数）；下方虚线代表Lewis-Randall规则，表示理想溶液中组分i的逸度与其组成间的关系，即$\hat{f}_i^{id} = f_i x_i$。

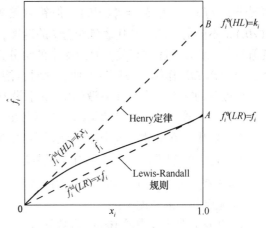

图 5-5　溶液中组分i的逸度与组成的关系

在T、p相同时，这三条曲线在特定的浓度区间内是相互关联的。即溶液在$x_i \to 0$时，实线与Henry定律的曲线重合；而溶液在$x_i \to 1$时，实线与Lewis-Randall规则的曲线重合。在中间的浓度范围，实线与两虚线均不重合。

Lewis-Randall规则和Henry定律代表了两种理想溶液的模型，这两个模型提供了两种选择标准态的方法。

在与混合物相同的T、p下，组分i的标准态逸度$f_i^{\ominus} = f_i$，此时的标准态就是纯组分i的实际态，此情况下式(5-68)与式(5-66)相同。在图5-5中，在一定T、p下以A点$f_i^{\ominus}(LR)$为终点的虚线是真实溶液曲线在$x_i = 1$的切线，因此，在$x_i \to 1$的范围内，Lewis-Randall规

则代表真实溶液的性质。曲线与通过原点的直线相切，用数学公式可表示为

$$\lim_{x_i \to 0} \frac{\hat{f}_i}{x_i} = f_i^\circ(LR)$$

因为 $f_i^\circ(LR)$ 代表纯组分 i 真正存在时的逸度 f_i，因此也可表示为

$$\lim_{x_i \to 1} \frac{\hat{f}_i}{x_i} = f_i \qquad (5\text{-}79)$$

式(5-79)就是 Lewis-Randall 规则，它表明当 $x_i \to 1$ 时式(5-66)是正确的。

另一种标准态是根据 Henry 定律提出的，用 $f_i^\circ(HL)$ 表示在溶液的 T、p 下纯 i 组分的假想状态的逸度。在图 5-5 中以 B 点 $f_i^\circ(HL)$ 为终点的虚线是真实溶液曲线在 $x_i = 0$ 的切线，因此，在 $x_i \to 0$ 的范围内 Henry 定律代表真实溶液的性质。其数学公式可表示为

$$\lim_{x_i \to 0} \frac{\hat{f}_i}{x_i} = f_i^\circ(HL)$$

更为普遍地表示为

$$\lim_{x_i \to 0} \frac{\hat{f}_i}{x_i} = k_i \qquad (5\text{-}80)$$

式(5-80)是 Henry 定律的一种提法，它表明当 $x_i \to 0$ 时 $\hat{f}_i = k_i x_i$，k_i 叫作 Henry 常数。当 x_i 接近于零时，该关系式是近似正确的。

综上所述，式(5-68)中的标准态通常选择 $f_i^\circ(LR) = f_i x_i$ 或 $f_i^\circ(HL) = k_i x_i$，当然，标准态的选择不局限于这两种。

如果真实溶液在整个组成范围内都是理想的，则图 5-5 中的三条线是重合的，在这种情况下 $\hat{f}_i^{id} = f_i x_i$，$f_i^\circ(LR) = f_i^\circ(HL)$，但符合这种条件的溶液极少。一般情况下，$f_i^\circ(LR)$ 与 $f_i^\circ(HL)$ 是不同的。$f_i^\circ(LR)$ 代表纯组分 i 的逸度，是纯组分 i 在一定 T、p 时物质的实际状态，其值只与 i 组分的性质有关。对溶液中的组分，如果在整个组成范围内都能以液相存在，那么，选择 $f_i^\circ(LR)$ 作标准态比较方便，此时，溶剂和溶质都可以采用这类标准态。而 $f_i^\circ(HL)$ 是一种虚假的状态，它是在溶液的 T、p 下沿 Henry 直线外延至 $x_i \to 1$ 时 i 组分的假想状态的逸度，数值上等于 Henry 常数 k_i，它不仅与组分的性质有关，而且也和溶剂的性质有关。这种标准态常用于在液体溶剂中溶解度很小的溶质，此时，溶剂满足使用 $f_i^\circ(LR)$ 作标准态的条件，因此，溶剂仍采用 $f_i^\circ(LR)$ 作为其标准态，溶质和溶剂的标准态选择是互不相同的。

【例 5-3】 已知 25℃，2MPa 下二元溶液中组分 1 的逸度为 $\hat{f}_1 = 4x_1 - 6x_1^2 + 3x_1^3\,\text{MPa}$，求：
① 纯组分 1 的逸度 f_1；
② 组分 1 在溶液中的 Henry 常数 k_1；
③ 用 x_1 表示的 γ_1 表达式(基于 Lewis-Randell 规则)；
④ 用 x_1 表示的 γ'_1 表达式(基于 Henry 定律)。

解：在给定的温度和压力下
① 纯组分 1 的逸度 f_1 为

$$f_1 = \hat{f}_1\big|_{x_1=1} = 4x_1 - 6x_1^2 + 3x_1^3\big|_{x_1=1} = 1\,\text{MPa}$$

② 由式(5-74)得

$$k_1 = \lim_{x_1 \to 0} \frac{\hat{f}_1}{x_1} = \lim_{x_1 \to 0} \frac{4x_1 - 6x_1^2 + 3x_1^3}{x_1} = 4\,\text{MPa}$$

③ 因为

$$\gamma_1 = \frac{\hat{f}_1}{f_1 x_1}$$

所以

$$\gamma_1 = \frac{4x_1 - 6x_1^2 + 3x_1^3}{x_1} = 4 - 6x_1 + 3x_1^2$$

④

$$\gamma'_1 = \frac{\hat{f}_1}{k_1 x_1} = \frac{4x_1 - 6x_1^2 + 3x_1^3}{4x_1} = 1 - 1.5x_1 + 0.75x_1^2$$

5.3.4 混合过程性质变化

由不同物质混合形成混合物的过程，通常会引起体积效应和热效应。如甲醇和水混合时体积会缩小，浓硫酸稀释时会强烈地放热。由于这些过程是伴随混合过程发生的，所以混合过程一定引起了摩尔性质的变化。纯物质在指定 T、p 下混合成多组分流体的过程中，系统的摩尔广度性质变化称作混合性质，又称作混合性质变化。用公式表示为

$$\Delta M = M - \sum x_i M_i \tag{5-81}$$

式中，ΔM 为混合性质；M 是混合后溶液的摩尔性质；M_i 是与混合物同温、同压下纯组分 i 的摩尔性质。

将式(3-112) $M = \sum (x_i \overline{M_i})$ 代入上式，得

$$\Delta M = \sum x_i \overline{M_i} - \sum x_i M_i = \sum x_i (\overline{M_i} - M_i) \tag{5-82}$$

研究混合物性质变化非常有意义，因为这些性质可以通过实验进行测定，进而由式 $M = \Delta M + \sum x_i M_i$ 可以获得混合物的性质。

将式(5-70)~式(5-74)分别代入式(5-82)，得

$$\Delta V^{id} = 0 \tag{5-83}$$
$$\Delta U^{id} = 0 \tag{5-84}$$
$$\Delta H^{id} = 0 \tag{5-85}$$
$$\Delta G^{id} = RT \sum (x_i \ln x_i) \tag{5-86}$$
$$\Delta S^{id} = -R \sum (x_i \ln x_i) \tag{5-87}$$

以上各式揭示了形成理想混合物时所表现出来的特征。其中，理想混合时偏摩尔体积、偏摩尔内能和偏摩尔焓与其纯物质的量是相同的，其混合性质均为零。而混合熵和混合 Gibbs 自由能并不为零，这是因为在恒定的温度、压力下，组分混合的过程存在固有的不可逆性。

非理想混合物不具备理想混合物的上述特征。非理想混合时，最有用的混合性质是混合焓 ΔH 和混合 Gibbs 自由能 ΔG。

ΔH 是等压条件下系统与环境交换的热量，也称为混合热，其值与混合过程的 T、p 以及形成的溶液有关，可用精密量热仪直接测定。

ΔG 的大小也与混合过程的 T、p 以及形成的溶液有关，但它的值不能进行测定，只能通过模型推算来获得。

在温度、压力不变时，将式(5-15)从标准态积分至真实溶液状态，得

$$\overline{G_i} = G_i^\ominus + RT \ln \frac{\hat{f}_i}{f_i} \tag{5-88}$$

133

式中，$G_i^{\ominus}$ 为标准态时组分 i 的 Gibbs 自由能。

将活度的定义应用于上式，并以纯物质为标准态，得

$$\overline{G}_i = G_i + RT\ln a_i \tag{5-89}$$

将式(5-89)代入式(5-82)，得

$$\Delta G = RT\sum (x_i\ln a_i) \tag{5-90}$$

5.3.5 超额性质

在式(5-75)中已用真实溶液与理想溶液的组分逸度之比定义了活度系数，若再将真实溶液与理想溶液的摩尔性质之差定义为超额性质，就可以将活度系数与超额性质联系起来，进而可建立起活度系数和组成之间的关系。

超额性质是指相同的温度、压力和组成条件下真实溶液性质与理想溶液性质之差。其数学表达式为

$$M^{\mathrm{E}} = M - M^{\mathrm{id}} \tag{5-91}$$

式中，M 为真实溶液的摩尔性质；M^{id} 为与真实溶液相同的温度、压力和组成条件下理想溶液的性质；M^{E} 称为超额性质，也有人称之为过量性质。

由式(5-91)得

$$\begin{aligned} M^{\mathrm{E}} &= M - \sum x_i M_i - (M^{\mathrm{id}} - \sum x_i M_i) \\ &= \Delta M - \Delta M^{\mathrm{id}} \end{aligned}$$

所以，式(5-91)也可表示为

$$M^{\mathrm{E}} = \Delta M^{\mathrm{E}} = \Delta M - \Delta M^{\mathrm{id}} \tag{5-92}$$

不难看出，对于理想溶液，所有超额性质都等于零。

当 M 为 Gibbs 自由能时，由式(5-92)得

$$G^{\mathrm{E}} = \Delta G - \Delta G^{\mathrm{id}}$$

将式(5-86)和式(5-90)代入上式，得

$$G^{\mathrm{E}} = RT\sum x_i\ln a_i - RT\sum x_i\ln x_i = RT\sum x_i\ln\frac{a_i}{x_i}$$

将 $\gamma_i = \dfrac{a_i}{x_i}$ 代入上式，得

$$\frac{G^{\mathrm{E}}}{RT} = \sum x_i\ln x_i \tag{5-93}$$

对照式(3-112) $M = \sum_i x_i\overline{M}_i$，可知 $\ln\gamma_i$ 是 G^{E}/RT 的偏摩尔性质，即

$$\ln\gamma_i = \frac{\overline{G}_i^{\mathrm{E}}}{RT} \tag{5-94}$$

根据偏摩尔性质的定义，可得

$$\ln\gamma_i = \left[\frac{\partial(nG^{\mathrm{E}}/RT)}{\partial n_i}\right]_{T,p,n_j} \tag{5-95}$$

在溶液热力学中，将 G^{E} 表示为 T、p、x_i 的函数的方程有着重要的作用，只要知道 G^{E} 的数学模型，由上述式子用微分的方法即可计算 γ_i。

【例5-4】 某三元混合物超额 Gibbs 能的经验表达式为

$$\frac{G^{\mathrm{E}}}{RT} = A_{12}x_1x_2 + A_{13}x_1x_3 + A_{23}x_2x_3$$

式中，参数 A_{12}、A_{13} 和 A_{23} 只是温度和压力的函数，试导出 $\ln\gamma_1$ 的表达式。

解：由已知式得

$$\frac{nG^{\mathrm{E}}}{RT} = A_{12}\frac{n_1n_2}{n} + A_{13}\frac{n_1n_3}{n} + A_{23}\frac{n_2n_3}{n}$$

由式(5-95)得

$$\ln\gamma_1 = \left[\frac{\partial(nG^{\mathrm{E}}/RT)}{\partial n_1}\right]_{T,p,n_2,n_3}$$

则

$$\ln\gamma_1 = A_{12}\left(\frac{n_2}{n} - \frac{n_1n_2}{n^2}\right) + A_{13}\left(\frac{n_3}{n} - \frac{n_1n_3}{n^2}\right) + A_{23}\left(-\frac{n_2n_3}{n^2}\right)$$
$$= A_{12}x_2(1-x_1) + A_{13}x_3(1-x_1) - A_{23}x_2x_3$$

5.3.6 活度系数模型

由式(5-95)可知，G^{E} 是 γ_i 与 T、p、x_i 关系的桥梁。对溶液来说，因目前还没有一种理论能够包容所有液体的性质，所以还找不到一个通用的 G^{E} 模型来解决所有的问题，故虽然表达 G^{E}-x_i 关系的关联式很多，但大多数关联式都是在一定的溶液理论基础上，通过适当的假设或简化，再结合经验提出的半经验、半理论的模型。通过 G^{E} 所获得的 γ_i-x_i 模型中都包含待定参数，这些参数要通过实验数据拟合确定。

目前活度系数方法主要用于液体混合物，活度系数方程一般由液体混合物 G^{E}/RT 方程导出，分为三种类型：

① 理论型　根据严格的液体混合物理论导出，方程中的参数具有明确的物理意义，而且利用纯物质的物性数据就能确定参数的数值，如 Scatchard-Hildebrand 方程和 Flory-Huggins 方程。这类方程虽然适用范围并不广，但可作为发展其他活度系数方程的基础。

② 经验型　方程的形式与参数的数目完全凭经验确定，有较大的任意性，参数的数值要通过拟合活度系数(G^{E}/RT)的实验值来确定。

③ 半经验半理论型　半经验半理论型是以一定的理论为基础推导的方程，这类方程目前应用最广，如 Wohl 型方程和基于局部组成概念的 Wilson、NRTL 等方程均属于此类。方程的参数大多有相应的物理意义，但参数的数值仍要通过拟合活度系数(G^{E}/RT)的实验数据来确定，不能完全从理论上推算。

根据溶液的实际情况和处理问题的方便，将非理想溶液简化为正规溶液和无热溶液两类，工程中常用的半经验方程几乎都是从这样简化的两类中得出的。

对于实际溶液，超额性质间的关系与相应的热力学性质间的关系是相同的，如 G^{E} 和 H^{E} 间的关系可表示为

$$G^{\mathrm{E}} = H^{\mathrm{E}} - TS^{\mathrm{E}} \tag{5-96}$$

正规溶液是指超额体积和超额熵为零的溶液，即 $V^{\mathrm{E}} = 0$，$S^{\mathrm{E}} = 0$。此时溶液的非理想性完全是由混合热效应引起的，即 $H^{\mathrm{E}} \neq 0$。

根据正规溶液的特点，由式(5-96)可得 $G^{\mathrm{E}} = H^{\mathrm{E}}$。Wohl、Scatchard-Hammer、Margules、VanLaar 等方程都是在正规溶液的基础上建立起来的。

当 $H^E = 0$ 时称为无热溶液，$G^E = -TS^E$。Wison、NRTL、UNIQUAC、Flory-Huggins 等模型都是在无热溶液基础上推导出的。

（1）正规溶液与 Scatchard-Hildebrand 活度系数方程

二元正规溶液的超额 Gibbs 自由能可表达为

$$G^E = (x_1 V_1 + x_2 V_2) \phi_1 \phi_2 (\delta_1 - \delta_2)^2 \tag{5-97}$$

式中，(V_1, V_2)、(ϕ_1, ϕ_2)、(δ_1, δ_2) 分别为组分 1 和组分 2 的液相摩尔体积、体积分数和溶解度参数。其中

$$\phi_i = \frac{x_i V_i}{x_1 V_1 + x_2 V_2} \tag{5-98}$$

$$\delta_i = \left(\frac{\Delta U_i^V}{V_i} \right)^{\frac{1}{2}} \tag{5-99}$$

式（5-99）中 ΔU_i^V 为纯物质 i 作为饱和液体蒸发转变为理想气体所经历的摩尔内能的变化。

将式（5-97）代入式（5-95），得

$$\ln \gamma_1 = \frac{V_1 \phi_2^2}{RT} (\delta_1 - \delta_2)^2 \tag{5-100a}$$

$$\ln \gamma_2 = \frac{V_2 \phi_1^2}{RT} (\delta_1 - \delta_2)^2 \tag{5-100b}$$

式（5-100）即为 Scatchard-Hildebrand 方程。已知各纯液体的摩尔体积和溶解度参数，即可求得二元溶液各组分的活度系数。

正规溶液模型适用于由非极性物质构成的分子大小相近、形状相似的正偏差类系统。Scatchard-Hildebrand 方程的优点是仅需纯物质的性质即可预测混合物组分的活度系数，而无需进行混合物的气液平衡测定。缺点是能适用的系统不多。

（2）无热溶液与 Flory-Huggins 方程

对某些由分子大小相差较远的组分构成的溶液，特别是聚合物溶液，其混合热基本上为零，溶液的非理想性主要取决于熵的贡献，这类溶液称为无热溶液。计算无热溶液超额 Gibbs 自由能的 Flory-Huggins 方程为

$$\frac{G^E}{RT} = x_1 \ln \frac{\phi_1}{x_1} + x_2 \ln \frac{\phi_2}{x_2} \tag{5-101}$$

$$\ln \gamma_1 = \ln \frac{\phi_1}{x_1} + 1 - \frac{\phi_1}{x_1} \tag{5-102a}$$

$$\ln \gamma_2 = \ln \frac{\phi_2}{x_2} + 1 - \frac{\phi_2}{x_2} \tag{5-102b}$$

因此，对无热溶液而言，只需知道各纯液体的摩尔体积即可求得二元溶液各组分的活度系数。

（3）Wohl 型方程

Wohl 型方程是在正规溶液的基础上获得的，因此要求出各组分的活度系数与组成之间的关系式，只要求出这一类非理想溶液的 H^E 与组成关系即可。

1）Wohl 方程

Wohl 在归纳一些活度系数方程基础上，提出的一个总包性的超额 Gibbs 自由能函数为

$$\frac{G^E}{RT} = \sum_i x_i q_i \left(\sum_i \sum_j Z_i Z_j a_{ij} + \sum_i \sum_j \sum_k Z_i Z_j Z_k a_{ijk} + \sum_i \sum_j \sum_k \sum_l Z_i Z_j Z_k a_{ijk} + \cdots \right)$$

(5-103)

式中，q_i 为有效摩尔体积；a_{ij}，a_{ijk}，$a_{ijkl}\cdots$，分别为描述相应下标的二分子对、三分子集团和四分子集团等相互作用的参数，其中 $a_{ii} = a_{iii} = a_{iiii} = \cdots = 0$；$Z_i$ 为有效体积分数，其定义为

$$Z_i = \frac{q_i x_i}{\sum_i q_i x_i}$$

(5-104)

若略去四分子及以上集团相互作用项，将式（5-103）用于二元系统时，则有

$$\frac{G^E}{RT} = (x_1 q_1 + x_2 q_2)(2Z_1 Z_1 a_{12} + 2Z_1^2 Z_2 a_{112} + 3Z_1 Z_2^2 a_{122})$$

(5-105)

令 $A_{12} = q_1 (2a_{12} + 3a_{122})$，$A_{21} = q_2 (2a_{12} + 3a_{112})$，代入式（5-95），得

$$\ln\gamma_1 = Z_2^2 \left(A_{12} + \frac{2A_{21} q_1}{q_2 - A_{12}} Z_1 \right)$$

(5-106a)

$$\ln\gamma_2 = Z_1^2 \left(A_{21} + \frac{2A_{12} q_2}{q_1 - A_{21}} Z_2 \right)$$

(5-106b)

对式（5-107）中 q_i 给予各种不同的数值，经简化后可得到不同的活度系数方程。

2）Margules 方程

若令 $\dfrac{q_1}{q_2} = 1$，则 $Z_i = x_i$，代入式（5-106）得

$$\ln\gamma_1 = x_2^2 [A + 2x_1 (A_{21} - A_{12})]$$

(5-107a)

$$\ln\gamma_2 = x_1^2 [A_{21} + 2x_2 (A_{12} - A_{21})]$$

(5-107b)

当 $x_1 = 0$ 时，$\lg\gamma_1^\infty = A_{12}$；当 $x_2 = 0$ 时，$\lg\gamma_2^\infty = A_{21}$。因此，人们习惯称 A_{12} 和 A_{21} 为端值参数。γ_1^∞、γ_2^∞ 表示无限稀释时的活度系数。

3）VanLaar 方程

若令 $\dfrac{A_{12}}{A_{21}} = \dfrac{q_1}{q_2}$，则式（5-106）简化为

$$\ln\gamma_1 = A_{12} \left(\frac{A_{21} x_2}{A_{12} x_1 + A_{21} x_2} \right)^2$$

(5-108a)

$$\ln\gamma_2 = A_{21} \left(\frac{A_{12} x_1}{A_{12} x_1 + A_{21} x_2} \right)^2$$

(5-108b)

式（5-108）为 VanLaar 方程。当 $x_1 = 0$ 时，$\lg\gamma_1^\infty = A_{12}$；当 $x_2 = 0$ 时，$\lg\gamma_2^\infty = A_{21}$。

Margules 方程和 VanLaar 方程中的两个端值参数 A_{12} 和 A_{21}，通常都是以实验数据为基础而求的，一般用以下实验数据中的一种：①气液两相的平衡组成；②恒沸点数据；③一定 T 下的 p-x_i-y_i 的一系列数据或一定 p 下的 T-x_i-y_i 的一系列数据。

若有上列数据中的一种，便可按照下式计算活度系数 γ_i，进而求得 A_{12} 和 A_{21}。

$$y_i p = x_i p_i^S \gamma_i$$

(5-109a)

$$\gamma_i = \frac{y_i p}{x_i p_i^S} \qquad (5\text{-}109b)$$

上式是假定压力不高，气相可作为理想气体，根据气液平衡时组分 i 在两相中的逸度相等的原理建立起来的。

例如，对 VanLaar 方程进行变换，可得

$$A_{12} = \ln\gamma_1 \left(1 + \frac{x_2 \ln\gamma_2}{x_1 \ln\gamma_1} \right)^2 \qquad (5\text{-}110a)$$

$$A_{21} = \ln\gamma_2 \left(1 + \frac{x_1 \ln\gamma_1}{x_2 \ln\gamma_2} \right)^2 \qquad (5\text{-}110b)$$

可见，如果测得一对 γ_1 和 γ_2 数据，通过上式，原则上就可确定 VanLaar 方程的 A_{12} 和 A_{21} 两个参数。

4）Scachard-Hamer 方程

用纯组分的摩尔体积 V_1 和 V_2 来取代有效摩尔体积 q_1 和 q_2，即可得到 Scachard-Hamer 方程

$$\ln\gamma_1 = Z_2^2 \left[A_{12} + 2Z_1 \left(A_{21}\frac{V_1}{V_2} - A_{12} \right) \right] \qquad (5\text{-}111a)$$

$$\ln\gamma_2 = Z_1^2 \left[A_{21} + 2Z_2 \left(A_{21}\frac{V_2}{V_1} - A_{21} \right) \right] \qquad (5\text{-}111b)$$

若令 $\dfrac{A_{12}}{V_1} = \dfrac{A_{21}}{V_2} = \dfrac{(\delta_1 - \delta_2)}{RT}$，并引入体积分数 ϕ_i，式（5-111）就演化为 Scatchard-Hildebrand 方程式（5-100）。

Wohl 型方程是建立在正规溶液基础上的通用模型，它有一定的理论概念，其简化形式常用于计算非理想性不大的二元溶液的活度系数。Margules 方程和 VanLaar 方程都是 Wohl 型方程的特例，实际上它们都是经验式。在实际应用中至于选哪个方程更合适，并无明确界定，通常对分子体积相差不太大的系统选用 Margules 方程较为合适，反之则宜选用 VanLaar 方程或 Scachard-Hamer 方程。如果能得到恒温下一系列 $G^E/(x_1 x_2 RT)$ 与 x_1 的实验数据，而且在图上 $G^E/(x_1 x_2 RT)$ 与 x_1 的关系近似为一直线，则表明 Margule 方程将提供最好的拟合。如果 $(x_1 x_2 RT)/G^E$ 与 x_1 的关系近似为一直线，则表明应使用 VanLaar 方程。如果不符合以上情况，则应考虑选用其他类型方程。

（4）局部组成方程

前面所介绍的几种活度系数模型都是建立在随机溶液基础上的，即认为分子的碰撞是随机的，溶液中各部分组成均是溶液组成的宏观量度。但从微观上看，只有当所有分子间的作用力均相等时，才会出现随机分布的情况。而事实上，溶液分子间的相互作用力一般并不相等。根据这一事实，Wilson 首先提出了局部组成的概念，认为在某个中心分子 i 的周围，出现 i 分子和出现 j 分子的概率不仅与分子的组成 x_i 和 x_j 有关，而且与分子间的相互作用的强弱也有关。例如由 1、2 两组构成的二元溶液中，1-1、2-2、1-2 分子的相互作用并不相同，当 1-1 的相互作用明显大于 1-2 或 2-2 时，在分子 1 的周围出现分子 1 的概率大些，而在分子 2 的周围出现分子 2 的概率也将大些。相反，当 1-1、2-2 的相互作用明显小于 1-2 时，在中心分子周围出现异种分子的概率大些。所以，从微观上看，某个分子周围的其他

分子的摩尔分数并不等于它们在溶液中的宏观摩尔分数，即局部组成不等于其总体组成。

现在应用最广泛的局部组成方程 Wilson 方程和 NRTL 方程都是在无热溶液的基础上，结合局部组成概念获得的。

1）Wilson 方程

基于局部概念，Wilson 提出了如下方程

$$\frac{x_{ji}}{x_{ii}} = \frac{x_j \exp\left[-g_{ji}/(RT)\right]}{x_i \exp\left[-g_{ii}/(RT)\right]}$$

式中，x_{ii} 和 x_{ji} 分别代表中心分子 i 周围 i 类和 j 类分子的局部摩尔分数，是组分 i 总体平均摩尔分数；分子相互作用的强弱用 Boltzmann 因子 $\exp\left[-g_{ij}/(RT)\right]$ 来度量，g_{ij} 是 i-j 分子对的交互作用能（$g_{ij} = g_{ji}$），g_{ii} 是 i-i 分子对的交互作用能。

中心分子 i 周围各类分子的摩尔分数之和等于 1，其中 i 类分子的摩尔分数为

$$x_{ii} = \frac{x_i \exp\left[-g_{ii}/(RT)\right]}{\sum_j x_j \exp\left[-g_{ji}/(RT)\right]}$$

则中心分子 i 周围 i 类分子的局部体积分数 ϕ_{ii} 为

$$\phi_{ii} = \frac{x_i V_i \exp\left[-g_{ii}/(RT)\right]}{\sum_j x_j V_j \exp\left[-g_{ji}/(RT)\right]} \tag{5-112}$$

式中，V_i 和 V_j 分别表示纯液体 i 和 j 的摩尔体积。

Wilson 将局部组成概念应用于无热溶液的 Flory-Huggins 方程，并用局部体积分数 ϕ_{ii} 替代方程中的总体平均体积分数 ϕ_i，得

$$\frac{G^E}{RT} = \sum_i x_i \ln\frac{\phi_{ii}}{x_i} \tag{5-113}$$

将式（5-112）代入式（5-113），可得

$$\frac{G^E}{RT} = -\sum x_i \ln \sum \Lambda_{ij} x_j \tag{5-114}$$

其中

$$\Lambda_{ij} = \frac{V_j^L}{V_i^L}\exp\left[-(g_{ij}-g_{ii})/RT\right] \tag{5-115}$$

式中，Λ_{ij} 称为 Wilson 参数，由式（5-115）可见，$\Lambda_{ij}>0$，$\Lambda_{ii}=\Lambda_{jj}=1$，$\Lambda_{ij}\neq\Lambda_{ji}$；$V_i^L$、$V_j^L$ 为纯液体 i、j 的摩尔体积（$cm^3 \cdot mol^{-1}$）；$(g_{ij}-g_{ii})$ 称为二元交互作用能量参数，可以为正值或负值，其值可由二元气-液平衡的实验数据得到，通常采用多点组成下的实验数据，用非线性最小二乘回归求取参数最佳值。常见组分的二元交互作用能量参数可在工具书中查到。

将式（5-114）代入式（5-95），得

$$\ln\gamma_i = 1 - \ln\left(\sum_{j=1}\Lambda_{ij}x_j\right) - \sum_{k=1}\frac{\Lambda_{ki}x_k}{\sum_{j=1}\Lambda_{kj}x_j} \tag{5-116}$$

对二元溶液，式（5-114）简化为

$$\frac{G^E}{RT} = -x_1\ln(x_1+\Lambda_{12}x_2) - x_2\ln(x_2+\Lambda_{21}x_1) \tag{5-117}$$

活度系数方程为

$$\ln\gamma_1 = -\ln(x_1+\Lambda_{12}x_2) + x_2\left[\frac{\Lambda_{12}}{x_1+\Lambda_{12}x_2} - \frac{\Lambda_{21}}{\Lambda_{21}x_1+x_2}\right] \tag{5-118a}$$

$$\ln\gamma_2 = -\ln(x_2 + \Lambda_{21}x_1) - x_1\left(\frac{\Lambda_{12}}{x_1 + \Lambda_{12}x_2} - \frac{\Lambda_{21}}{\Lambda_{21}x_1 + x_2}\right) \tag{5-118b}$$

式中，Wilson 参数为

$$\Lambda_{12} = \frac{V_2^{\mathrm{L}}}{V_1^{\mathrm{L}}}\exp\left[-(\lambda_{12} - \lambda_{11})/RT\right] \tag{5-119a}$$

$$\Lambda_{21} = \frac{V_1^{\mathrm{L}}}{V_2^{\mathrm{L}}}\exp\left[-(\lambda_{21} - \lambda_{22})/RT\right] \tag{5-119b}$$

Wilson 方程具有如下几个突出的优点：对二元溶液它是一个两参数方程，故只要有一组数据即可推算，并且计算精度较高。对含烃、醇、酮、醚、腈、酯类以及含水、硫、卤类的互溶溶液均能获得较好的结果；二元交互作用能量参数$(g_{ij} - g_{ii})$受温度的影响较小，在不太宽的温度范围内可视为常数。Wilson 参数 Λ_{ij} 随溶液温度而变化，因此该方程能反映温度对活度系数的影响，且具有半理论的物理意义；仅由二元系统数据就可以预测多元系统的行为，无需多元参数。

上述优点使得 Wilson 方程在工程设计中获得了广泛的应用。但 Wilson 方程的应用也有它的局限性：不能用于部分互溶系统；不能反映出活度系数有最高值或最低值的溶液特征。

为了改进 Wilson 方程，自 1964 年以来出现了许多修改的 Wilson 方程，如多参数 Wilson、片三型修正 Wilson、长田型修正 Wilson 和 EnthalpicWilson 等方程。

2) NRTL 方程

Renon 和 Prausnits 发展了 Wilson 的局部组成概念，在关联局部组成和总体组成的 Boltzmann 型方程中引入了一个能反映系统特征的参数——非随机参数 α_{ij}，并采用双液理论计算超额 Gibbs 自由能，导出的能用于部分互溶系统的 NRTL 方程是一个三参数方程，组分 i 的活度系数方程为

$$\frac{G^{\mathrm{E}}}{RT} = \sum_i x_i\left(\sum_j \tau_{ij}G_{ji}x_j \Big/ \sum_k G_{ki}x_k\right) \tag{5-120}$$

$$\ln\gamma_i = \frac{\sum\limits_{j=1}\tau_{ji}G_{ji}x_j}{\sum\limits_{k=1}G_{ki}x_k} + \sum\limits_{j=1}\frac{G_{ij}x_j}{\sum\limits_{k=1}G_{kj}x_k}\left(\tau_{ij} - \frac{\sum\limits_{l=1}\tau_{lj}G_{lj}x_l}{\sum\limits_{k=1}G_{kj}x_k}\right) \tag{5-121}$$

$$\tau_{ji} = \frac{g_{ji} - g_{ii}}{RT} \tag{5-122}$$

$$G_{ji} = \exp(-\alpha_{ji}\tau_{ji}) \qquad \alpha_{ji} = \alpha_{ij} \tag{5-123}$$

式中　g_{ij}——i-j 分子对的交互作用能，$\mathrm{J \cdot mol^{-1}}$，$g_{ij} = g_{ji}$；

　　　α_{ij}——i 组分和 j 组分之间的非随机参数，$\alpha_{ji} = \alpha_{ij}$。

对含 m 个组分的多元系，NRTL 方程共有 $3m(m-1)/2$ 个二元交互作用参数，这些参数均可由二元系的气-液平衡数据确定而无需任何多元系数据。它们严格来说都是温度的函数，也可由无限稀释的活度系数来确定。

NRTL 与 Wilson 方程都是适用性较广的活度系数关联式，与 Wilson 方程相比，NRTL 方程的优点在于可描述部分互溶系统的液液平衡。

3) UNIQUAC 方程

UNIQUAC(universalquasi-chemicalequation)方程是在似晶格模型及局部组成概念的基础

上，采用双液体理论导出的一个理论性较强的方程，与 NRTL 方程相似，也可用于不互溶的浓度区间，被用来关联液液平衡。UNIQUAC 方程是一个比 Wilson 方程和 NRTL 方程更为复杂的方程，但它可用于多种系统，包括分子大小悬殊的聚合物系统及部分互溶系统。因此，又称为通用化学模型。

UNIQUAC 方程的超额 Gibbs 自由能由组合与剩余两部分构成，即

$$G^E = G_C^E + G_R^E \tag{5-124}$$

其中

$$\frac{G_C^E}{RT} = \sum_i x_i \ln \frac{\phi_i}{x_i} + \frac{Z}{2} \sum_i q_i x_i \ln \frac{\theta_i}{x_i} \tag{5-125a}$$

$$\frac{G_R^E}{RT} = - \sum_i q_i x_i \ln \Big(\sum_j \theta_j \tau_{ji} \Big) \tag{5-125b}$$

式中，G_C^E 称为组合超额 Gibbs 自由能；G_R^E 称为剩余超额 Gibbs 自由能。

则 UNIQUAC 方程活度系数表达式为

$$\ln\gamma_i = \ln \frac{\phi_i}{x_i} + \frac{Z}{2} q_i \ln \frac{\theta_i}{\phi_i} + l_i - \frac{\phi_i}{x_i} \sum_j x_j l_j - q_i \ln \Big(\sum_j \theta_j \tau_{ji} \Big) + q_i - q_i \sum_j \frac{\theta_j \tau_{ij}}{\sum_k \theta_k \tau_{kj}} \tag{5-126}$$

其中，$l_i = \frac{Z}{2}(r_i - q_i) - (r_i - 1)$，$\theta_i = \dfrac{q_i x_i}{\sum\limits_j q_j x_j}$，$\phi_i = \dfrac{r_i x_i}{\sum\limits_j r_j x_j}$，$\tau_{ji} = \exp\Big(-\dfrac{u_{ji}}{RT} \Big)$。

式(5-126)中，θ_i 为纯物质 i 的平均面积分数，r_i 和 q_i 是纯物质参数，其值根据分子的 vanderWaals 体积和表面积算出。Z 为晶格配位数，其值取为 10。u_{ij} 是分子对 i-j 的相互作用能，但 $u_{ij} \neq u_{ji}$，由实验数据确定其值。

对二元溶液，式(5-125)和式(5-126)简化为

$$\frac{G_C^E}{RT} = x_1 \ln \frac{\phi_1}{x_1} + x_2 \ln \frac{\phi_2}{x_2} + \frac{Z}{2} \Big(q_1 x_1 \ln \frac{\theta_1}{x_1} + q_2 x_2 \ln \frac{\theta_2}{x_2} \Big) \tag{5-127a}$$

$$\frac{G_R^E}{RT} = -q_1 x_1 \ln(\theta_1 + \theta_2 \tau_{21}) - q_2 x_2 \ln(\theta_2 + \theta_1 \tau_{12}) \tag{5-127b}$$

$$\ln\gamma_1 = \ln \frac{\phi_1}{x_1} + \frac{Z}{2} q_1 \ln \frac{\theta_1}{\phi_1} + \phi_2 \Big(l_1 - \frac{r_1}{r_2} l_2 \Big) - q_1 \ln(\theta_1 + \theta_2 \tau_{21}) + \theta_2 q_1 \Big(\frac{\tau_{21}}{\theta_1 + \theta_2 \tau_{21}} - \frac{\tau_{12}}{\theta_2 + \theta_1 \tau_{12}} \Big) \tag{5-128a}$$

$$\ln\gamma_2 = \ln \frac{\phi_2}{x_2} + \frac{Z}{2} q_2 \ln \frac{\theta_2}{\phi_2} + \phi_1 \Big(l_2 - \frac{r_2}{r_1} l_1 \Big) - q_2 \ln(\theta_2 + \theta_1 \tau_{12}) + \theta_1 q_2 \Big(\frac{\tau_{12}}{\theta_2 + \theta_1 \tau_{12}} - \frac{\tau_{21}}{\theta_1 + \theta_2 \tau_{21}} \Big) \tag{5-128b}$$

UNIQUAC 方程把活度系数分为组合和剩余两部分，分别反映分子大小和形状及分子间交互作用对活度系数的贡献。

此外，还有基团贡献法如 UNIFAC 模型。基团贡献法是将物质(纯物质、混合物)的物性看成是由构成该物质的分子中各基团对物性贡献的总和，只是一种近似的计算方法，它使物性的预测大为简化，在缺乏实验数据的情况下，通过利用含有同种基团的其他系统的实验数据来预测未知系统的活度系数及其他物性。

5.4 汽液平衡相图

汽液平衡(VLE)的实质是汽相组成 y 与液相组成 x 之间的关系及此关系受其他参数影响而变化的规律。考察系统相变化过程时,采用相图可直观表示系统的温度、压力及各相组成的关系。对二元汽液平衡系统,根据相率,其自由度为2,即相平衡的四类强度性质的量 (T, p, y, x)中,有两个是自变量,其他的量可以通过相平衡式计算得到。如果以图来表示,相图应该是三维立体图,较为复杂。通常在实际应用中,二元系统汽液平衡的特性是通过二维图表示的。在物理化学中系统学过了这类相图,例如恒 T 下的 p-x-y 图或恒 p 下的 T-x-y 图。下面介绍各种热力学研究的中、低压下的二元汽液平衡相图。

(1) 完全理想系相图

汽相为理想气体,液相为理想溶液的汽液平衡系统称为完全理想系。低压下的理想溶液可视为完全理想系,完全理想系符合 Raoult 定律,即

$$p = p_1^S x_1 + p_2^S x_2 = p_2^S + (p_1^S - p_2^S) x_1$$

当 T 一定时,相应的 p_1^S 和 p_2^S 也一定,上式为直线的表达式,该直线称为理想线,或 Raoult 线。相图见图 5-6。

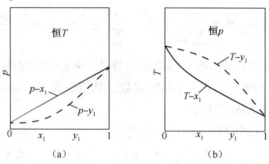

图 5-6 完全理想系汽液平衡相图

(2) 具有正偏差而无恒沸物系统

所谓正偏差或负偏差,是指对于 Raoult 定律的偏差。对于正偏差系统,各组分的活度系数均大于 1;而负偏差系统组分的活度系数均小于 1。正偏差系统溶液中各组分的分压在全浓度范围内均大于 Raoult 定律的计算值,而溶液的蒸气压介于两纯组分蒸气压之间,其相图见图 5-7。这种系统形成时伴有吸热及体积增大的现象,甲醇-水系统、呋喃-四氯化碳系统等属于此类类型。

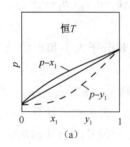 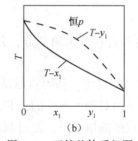 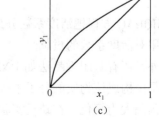

图 5-7 正偏差体系相图

（3）具有负偏差而无恒沸物系统

负偏差系统溶液中各组分的分压在全浓度范围内均小于 Raoult 定律的计算值，而溶液的蒸气压介于两纯组分蒸气压之间，其相图见图 5-8。这种系统形成时伴有放热及体积缩小的现象，氯仿-苯系统、四氢呋喃-四氯化碳系统等属于此类类型。

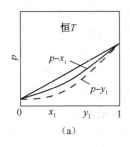 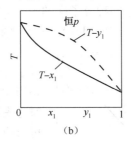 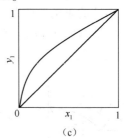

（a）   （b）   （c）

图 5-8 负偏差体系相图

（4）正偏差较大而形成最高压力恒沸物系统

正偏差较大以至溶液的总压在 p-x 曲线上出现最高点，最高点的压力比两纯组分的蒸气压都大，相应在等压下的 T-x 曲线上为最低点，在 y-x 曲线上为与对角线的交点，该点 $y = x$，称为恒沸点，在恒沸点可形成最高压力恒沸物。该系统相图见图 5-9。乙醇-水系统、乙醇-苯系统等属于此类类型。

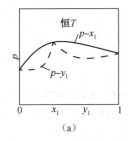 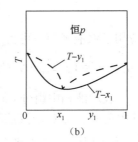 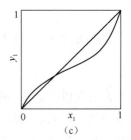

（a）   （b）   （c）

图 5-9 最高压力恒沸物体系相图

（5）负偏差较大而形成最低压力恒沸物系统

负偏差较大时可形成最低压力恒沸物。负偏差较大以至溶液的总压在 p-x 曲线上出现最低点，最低点的压力比两纯组分的蒸气压都低，相应在等压下的 T-x 曲线上为最高点，在 y-x 曲线也是与对角线的交点。在该点可形成最低压力恒沸物，其相图见图 5-10。氯仿-丙酮系统、三氯甲烷-四氢呋喃系统等属于此类类型。

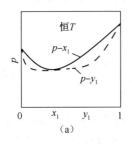 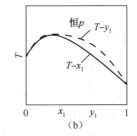 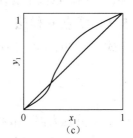

（a）   （b）   （c）

图 5-10 最低压力恒沸物体系相图

在一定的压力下如形成恒沸物，那么恒沸点组成与恒沸温度固定不变，如果压力改变，那么恒沸点位置也相应改变。对于形成恒沸物的物系，用普通精馏法是不能将其分离开的，必须采用特殊分离法。

（6）液相为部分互溶系统

如果溶液的正偏差增大，溶液中同种分子间的吸引力大大超过异种分子间的吸引力。此情况下，溶液组成在某一定范围内会产生相分裂而形成两个液相，这样的系统称为部分互溶系统，相图见图5-11。正丁醇-水系统，异丁醛-水系统等属此类型。这种物系在相当宽的范围内液相要分裂为两相，需同时考虑汽液与液液平衡的问题。此种物系可形成共沸物，但如图5-11(b)所示，形成的共沸物分裂为两相，通过分相，可越过共沸物组成。因此，该类系统与形成恒沸物的完全互溶系统不同，它们可通过普通精馏达到分离的目的。

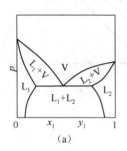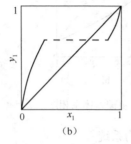

图5-11　完全理想系汽液平衡相图

5.5　互溶系的汽液平衡计算

将通过逸度表示的相平衡准则应用于汽液平衡，可得

$$\hat{f}_i^v = \hat{f}_i^l \quad (i=1,\ 2,\ \cdots,\ C) \tag{5-129}$$

式中，$\hat{f}_i^v$ 表示汽相中组分 i 的逸度；$\hat{f}_i^l$ 表示液相中组分 i 的逸度；C 为系统中的组分数。

式(5-129)是汽液平衡计算的基本公式，即对于汽液平衡系统中的任一组分 i，在汽相中的逸度等于其在液相中的逸度。具体应用时，需要建立 $\hat{f}_i^v$、$\hat{f}_i^l$ 与系统的温度、压力以及汽、液相组成的关系，这种关系可由逸度系数及活度系数建立。由逸度系数，可得

$$\hat{f}_i^v = y_i \hat{\phi}_i^v p \quad (i=1,\ 2,\ \cdots,\ C) \tag{5-130}$$

$$\hat{f}_i^l = x_i \hat{\phi}_i^l p \quad (i=1,\ 2,\ \cdots,\ C) \tag{5-131}$$

由活度系数，可得

$$\hat{f}_i^l = x_i \gamma_i f_i^\ominus \quad (i=1,\ 2,\ \cdots,\ C) \tag{5-132}$$

这样，常用的汽液平衡计算式根据液相 $\hat{f}_i^l$ 的表达方法而分为状态方程法和活度系数法。

5.5.1　状态方程法

结合式(5-129)~式(5-131)，有

$$p y_i \hat{\phi}_i^v = p x_i \hat{\phi}_i^l \tag{5-133}$$

或

$$K_i = \frac{y_i}{x_i} \hat{\phi}_i^v = x_i \hat{\phi}_i^l \quad (i=1,\ 2,\ \cdots,\ C) \tag{5-134}$$

式中，$\hat{\phi}_i^v$、$\hat{\phi}_i^l$ 分别为汽、液相中组分 i 的逸度系数，它们的计算需要依据状态方程(EOS)和混合规则，因此，式(5-133)和式(5-134)提供的相平衡计算方法被称为状态方程法(EOS法)。使用式(5-133)和式(5-134)计算汽液平衡时，$\hat{\phi}_i^v$、$\hat{\phi}_i^l$ 需要采用同一个状态方程，因此选用的状态方程要既适用于汽相又适用于液相。

状态方程法的优点是不必计算活度，无需标准态的确定，$\hat{\phi}_i^{\text{v}}$、$\hat{\phi}_i^{\text{l}}$ 的推导是严密的。该方法原则上适用于各种压力下的汽液平衡计算，但是在带压，特别是高压下，更显示其优点。因此，状态方程法常用于高压系统相平衡的计算。

用状态方程法作汽液平衡的具体计算往往比较冗长，许多量需要迭代试差计算，因此常用计算机来完成。

5.5.2　活度系数法

活度系数法是用活度系数表示式(5-129)中的 $\hat{f}_i^{\text{l}}$，此时汽液平衡表示为

$$y_i\hat{\phi}_i^{\text{v}}p=x_i\gamma_if_i^{\ominus} \tag{5-135}$$

上式中 $f_i^{\ominus}$ 为标准态逸度，取以 Lewis-Randall 定则为基准的标准态，由式(5-61)得

$$f_i^{\ominus}=p_i^{\text{S}}\phi_i^{\text{S}}\exp\left[\frac{V_i^{\text{l}}(p-p_i^{\text{S}})}{RT}\right]$$

将上式代入式(5-135)得

$$y_i\hat{\phi}_i^{\text{v}}p=x_i\gamma_i\phi_i^{\text{S}}p_i^{\text{S}}\exp\left[\frac{V_i^{\text{l}}(p-p_i^{\text{S}})}{RT}\right]\quad(i=1,2,\cdots,C) \tag{5-136}$$

式中，p_i^{S} 为纯组分 i 在体系温度 T 时的饱和蒸气压；ϕ_i^{S} 为纯组分 i 在体系温度 T 与它的饱和蒸气压 p_i^{S} 时的逸度系数；V_i^{l} 为纯组分 i 在体系温度 T 时的液相摩尔体积。

式(5-136)是活度系数法计算汽液相平衡的通式。基于溶液理论推导的活度系数 γ_i 计算式未考虑压力对 γ_i 的影响，因此，活度系数法适用于远离临界区的中、低压范围内。在此范围内式(5-136)可作一些简化。

取体积的单位为 $\text{m}^3\cdot\text{mol}^{-1}$，压力不高时液体体积的数量级约为-5，取压力的单位为 Pa，压力不高时饱和蒸气压与系统的压力之间的差别不大，$(p-p_i^{\text{S}})$ 数量级约为零；温度 T 的数量级约为2，所以 $\exp\left[\dfrac{V_i^{\text{l}}(p-p_i^{\text{S}})}{RT}\right]\approx1$。式(5-136)简化为

$$y_i\hat{\phi}_i^{\text{v}}p=x_i\gamma_i\phi_i^{\text{S}}p_i^{\text{S}} \tag{5-137}$$

由于系统 T 和 p 的应用范围以及系统的性质不同，式(5-136)可作进一步假设，而采用各种简化形式。

① 低压下，组分的物理性质比较接近的物系——完全理想系。

在该种情况下，气相为理想气体，液相为理想溶液，$\phi_i^{\text{S}}=1$、$\hat{\phi}_i^{\text{v}}=1$、$\gamma_i=1$。式(5-136)可简化为

$$py_i=x_ip_i^{\text{S}} \tag{5-138}$$

上式即为 Rault 定律。由此也可知 Rault 定律只是汽液平衡的一种特例，这种情况是汽液平衡物系中极少见的情况。式(5-138)表明，在该种情况下，汽液平衡只与系统的温度和压力有关，与溶液组成无关。这类物系的特点是液相服从 Rault 定律，汽相服从道尔顿定律。对于压力低于 200kPa、分子结构十分相似的组分所构成的溶液可按该类物系处理。

② 低压下，物系中组分的分子结构差异较大。

汽相可看成理想气体，液相为非理想溶液。

在该种情况下，$\phi_i^{\text{S}}=1$、$\hat{\phi}_i^{\text{v}}=1$，式(5-136)可简化为

$$py_i=\gamma_ix_ip_i^{\text{S}} \tag{5-139}$$

该式在化学工业的大量汽液平衡计算中最为常见。此时，汽液平衡与 T、p、溶液组成 x_i 有关。

低压下的大部分物系如醇、醛、酮与水形成的溶液属于这类物系。

③ 中压下，组分的物理性质比较接近的物系。

中压下，汽相为真实气体，但物系分子结构相近，可看成理想混合物（理想溶液），此时，汽相中组分 i 的逸度系数等于纯组分 i 在相同 T、p 下的逸度系数，即 $\hat{\phi}_i^{\mathrm{v}} = \phi_i^{\mathrm{v}}$；液相为理想溶液，$\gamma_i = 1$。式（5-136）可简化为

$$y_i \phi_i^{\mathrm{v}} p = x_i \phi_i^{\mathrm{S}} p_i^{\mathrm{S}} \qquad (5\text{-}140)$$

对于理想溶液，$\hat{f}_i = x_i f_i$，所以在该情况下，式（5-136）也可简化为

$$y_i f_i^{\mathrm{v}} = x_i f_i^{\mathrm{l}} \qquad (5\text{-}141)$$

可见，在该情况下汽液平衡仅与 T、p 有关，而与组成无关。

在中压下的烃类混合物属于该类物系。

状态方程法和活度系数法在描述汽液平衡时各有特点，适用于不同的场合。对于中、低压下分离的非理想物系，宜选用汽相逸度系数由状态方程计算、液相逸度由活度系数计算的活度系数法。活度系数 γ_i 的计算方法很多，如 Scatchard-Hildebrand、Margules、VanLaar、Wilson、NRTL、UNIQUAC 和 UNIFAC 方程等。Scatchard-Hildebrand 方程仅仅需要纯物质的性质而无需二元参数，但受正规溶液假设限制，目前多用于烃类系统；Margules 和 VanLaar 方程如果只有二元参数，很难扩大到多元混合物；如果具有实验数据回归的交互作用参数，最好还是使用 Wilson 和 NRTL 方程（或它们的改进式），但需要注意的是，交互作用参数的适用范围不宜外推，尤其对于沸点差小的物系，否则难以保证计算结果的正确性；如果缺少实验数据，则只能求助于集团贡献法。实践证明，Wilson 方程和 UNIQUAC 方程适用于绝大多数场合，其中 Wilson 方程用于汽液平衡计算的精度一般较好，如果是含有低相对分子质量醇的系统，最好使用 Wilson 方程，但对碳原子数超过 3 的醇，其优越性不明显。UNIQUAC 方程更适用于分子大小差别较大的物系。NRTL 方程则对于含水物系的计算精度更好些。对于二元碳氢化合物系统，上述模型计算精度基本相近。

对于各种压力下分离的非极性组分混合物（烃类），宜采用 SRK、PR 或 BWRS 状态方程计算相平衡常数。除含氢量较多物系外，大都采用 SRK 或 PR 方程，因为它们的计算简单、省时，预测平衡常数的精度并不比 BWRS 方程差。当处理烃类水溶液时，PR 和 SRK 方程也能得到满意结果。当 SRK 或 PR 方程用于混合物的临界点附近时，误差较大，只能采用多参数状态方程。

对于高压下分离的极性组分混合物，目前尚无可靠的计算方法。因为活度系数方程仅适用于中、低压区域，并且采用状态方程计算极性化合物比较困难。

5.5.3 烃类系统的 K 值法

K 称为汽液平衡常数或分配系数，它定义为

$$K_i = \frac{y_i}{x_i} \qquad (5\text{-}142)$$

式中，y_i、x_i 分别为汽、液相中组分 i 的摩尔分数。

分别将描述汽液平衡的状态方程法关系式（5-134）和活度系数法关系式（5-137）代入上式，得

$$K_i = \frac{y_i}{x_i} = \frac{\hat{\phi}_i^{\mathrm{l}}}{\hat{\phi}_i^{\mathrm{v}}} \qquad (5\text{-}143)$$

$$K_i = \frac{y_i}{x_i} = \frac{\gamma_i \phi_i^{\mathrm{S}} p_i^{\mathrm{S}}}{\hat{\phi}_i^{\mathrm{v}} p} \qquad (5\text{-}144)$$

由以上两式并结合活度系数计算式和逸度系数计算式可知，K_i与T、p、y_i及x_i均有关。

由 5.5.3 的讨论可知，当物系为完全理想系和汽、液两相均为理想混合物时，K_i仅与T和p有关。石油化工和炼油中重要的轻烃类组分所形成的混合物符合这两种情况，经过广泛的实验研究，得出了一些近似K与T和p的关系图，称为$p\text{-}T\text{-}K$图，如图 5-12 所示。当已知压力和温度时，从$p\text{-}T\text{-}K$图能迅速查得汽液平衡常数。由于该图仅考虑了p、T对K的影响，而忽略了组成的影响，所以查得的K值是不同组成的平均值。

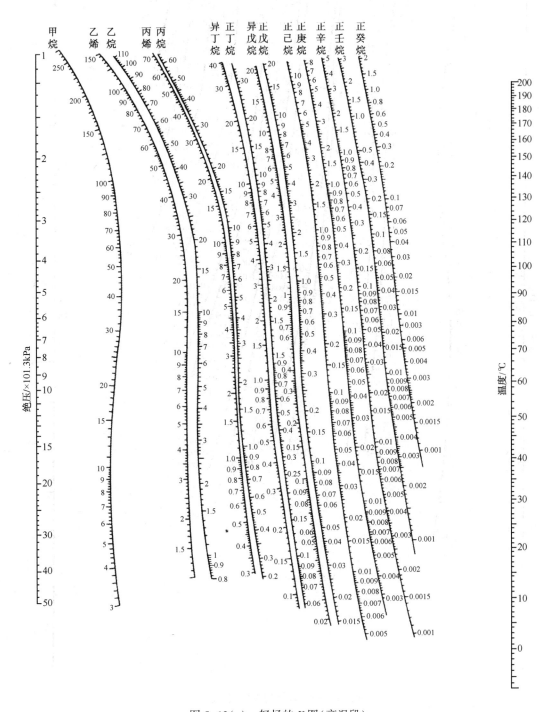

图 5-12(a)　轻烃的K图(高温段)

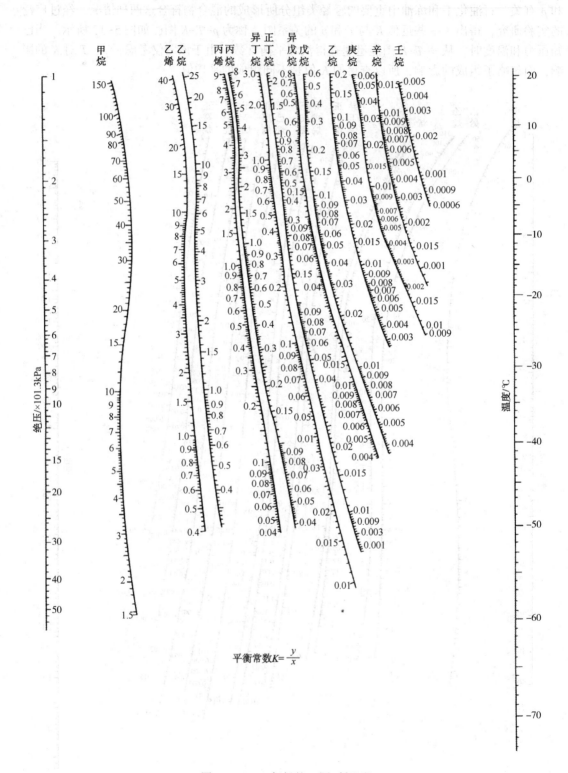

图 5-12(b)　轻烃的 K 图(低温段)

5.5.4　中、低压下泡点和露点的计算

相平衡计算的实质是求取一定温度和压力下的汽、液相组成。描述一个 C 组分的汽液平衡系统，需要使用 $2(C+1)$ 个变量（T，p，y_1，y_2，$\cdots$，y_{C-1}，y_C，x_1，x_2，$\cdots$，x_{C-1}，x_C）。同时，相律规定，该系统的自由度为 $F=C-2+2=C$，还需要另外 $(C+2)$ 个关系式求解规定变量以外的变量的值。这 $(C+2)$ 个关系式由式（5-137）和组成归一方程共同构成，即

$$y_i = \frac{\gamma_i \phi_i^{\mathrm{S}} p_i^{\mathrm{S}}}{\hat{\phi}_i^{\mathrm{v}} p} x_i$$

$$\sum_i x_i = 1 ; \quad \sum_i y_i = 1$$

工程中，典型的汽液平衡计算是混合物的泡点、露点以及闪蒸计算。

一多组分混合物在一定的温度和压力下是以平衡的汽液两相存在，还是只存在汽相或液相，可以由 K 值作初步的判断。若混合物中所有组分的 K 值均大于 1，则混合物为过热汽相；若所有组分的 K 值均小于 1，则混合物为过冷液相。泡点温度是指在恒压下加热液体混合物，当液体混合物开始汽化出现第一个气泡时的温度。露点温度是在恒压下冷却气体混合物，当气体混合物开始冷凝出现第一个液滴时的温度。在露点与泡点之间，混合物以平衡的汽液两相存在。在精馏计算中，泡、露点常被用来确定塔釜、塔顶及塔板的温度或压力。

泡点、露点计算按已知与求解条件的不同有以下四类

① 已知系统的温度 T 和液相组成 x_i，求泡点压力 p 及汽相组成 y_i；

② 已知系统的压力 p 和液相组成 x_i，求泡点温度 T 及汽相组成 y_i；

③ 已知系统的温度 T 和汽相组成 y_i，求露点压力 p 及液相组成 x_i；

④ 已知系统的压力 p 和汽相组成 y_i，求露点温度 T 及液相组成 x_i。

（1）泡点温度和组成计算

此时给定的是液相组成 x_i 和总压 p，计算确定刚开始沸腾时的温度（即泡点温度 T_b）和产生的平衡汽相组成 y_i。

图 5-13 是应用式（5-137）进行泡点温度计算的框图。计算的方法与步骤如下：

① 因 p_i^{S}、ϕ_i^{S}、$\hat{\phi}_i^{\mathrm{v}}$、$\gamma_i$ 的计算均与 T 有关，所以循环开始需假定 T 的初始值；又 $\hat{\phi}_i^{\mathrm{v}}$ 还与 y_i 有关，第一次试差计算时，假定汽相中组分 $\hat{\phi}_i^{\mathrm{v}}=1$；

② 用饱和蒸气压方程计算各组分的 p_i^{S}；选择合适的状态方程，计算各组分的 ϕ_i^{S}；

③ 选择活度系数关联式，由 T、x_i 计算 γ_i；

④ 用 $y_i = \dfrac{\gamma_i \phi_i^{\mathrm{S}} p_i^{\mathrm{S}}}{\hat{\phi}_i^{\mathrm{v}} p} x_i$ 计算 y_i，第一次迭代计算需对 y_i 进行归一化处理，使 $\sum y_i = 1$，而后用此 T、y_i 以及已知的 p 计算各组分的 $\hat{\phi}_i^{\mathrm{v}}$；

⑤ 由式 $y_i = \dfrac{\gamma_i \phi_i^{\mathrm{S}} p_i^{\mathrm{S}}}{\hat{\phi}_i^{\mathrm{v}} p} x_i$ 再次计算 y_i 值及 $\sum y_i$，将新的 $\sum y_i$ 值与上一次计算的 $\sum y_i$ 值比较，如有变化，则重新对 y_i 归一化处理并计算新 y_i 下的各 $\hat{\phi}_i^{\mathrm{v}}$，此过程重复进行，直到两次迭代所得 $\sum y_i$ 值之差达到允许的精度要求；

⑥ 判断 $\left| \sum y_i - 1 \right|$ 是否满足允许的精度要求，如不满足，调整假设的温度 T，进行新一轮的大循环，循环中的 $\hat{\phi}_i^{\mathrm{v}}$ 值采用上一轮迭代的计算值，依此循环，直到 $\left| \sum y_i - 1 \right|$ 达

到预定的精度。调整后的温度 T 即为平衡温度，圆整的 y_i 即为汽相组成。

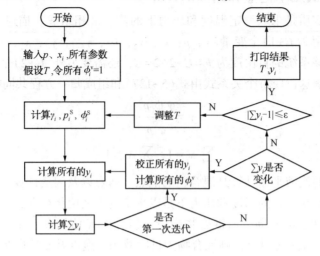

图 5-13　泡点温度计算框图

如果用于低压下泡点计算，因汽相可视为理想气体，则 $\hat{\phi}_i^v=1$，$\phi_i^S=1$，则 $y_i=\dfrac{\gamma_i p_i^S}{p}x_i$ 无需试差计算，取消了第④步的循环计算，计算明显简化。

【例 5-5】　丙酮(1)-丁酮(2)-乙酸乙酯(3)三元液相混合物所处压力为 2026.5kPa，摩尔组成为 $x_1=x_2=0.3$，$x_3=0.4$。试用活度系数法计算其沸腾温度。

二元交互作用能量参数(J·mol^{-1})为

$$g_{12}-g_{11}=5741.401 \qquad g_{21}-g_{22}=-2722.056$$
$$g_{13}-g_{11}=-1226.628 \qquad g_{31}-g_{33}=2698.313$$
$$g_{23}-g_{22}=-1696.533 \qquad g_{32}-g_{33}=11322.895$$

饱和蒸气压由安托尼公式计算

$$\ln p^S=A-\frac{B}{T+C}\ (T:\ \text{K};\ p^S:\ \text{kPa})$$

式中各系数为

组　分	A	B	C
丙酮(1)	14.6363	2940.46	-35.93
丁酮(2)	14.5836	3150.42	-36.55
乙酸乙酯(3)	14.1366	2790.5	-57.15

各组分的临界参数和偏心因子为

组　分	T_c/K	V_c/cm^3·mol^{-1}	Z_c	ω
丙酮(1)	508.1	4701.50	0.232	0.309
丁酮(2)	535.6	4154.33	0.249	0.329
乙酸乙酯(3)	523.25	3830.09	0.252	0.363

解：由于系统压力接近于各组分的饱和蒸气压，普瓦廷因子近似等于 1，故由式(5-137)表示该相平衡关系，并将其变形为

150

$$y_i = \frac{\gamma_i \phi_i^{\mathrm{S}} p_i^{\mathrm{S}}}{\hat{\phi}_i^{\mathrm{v}} p} x_i \tag{5-145}$$

由式(5-115)计算 Λ_{ij}

$$\Lambda_{ij} = \frac{V_j^{\mathrm{L}}}{V_i^{\mathrm{L}}} \exp\left[-(\lambda_{ij} - \lambda_{ii})/RT\right]$$

由 Wilson 方程式(5-116)计算活度系数 γ_i

$$\ln\gamma_i = 1 - \ln\left(\sum_{j=1}\Lambda_{ij}x_j\right) - \sum_{k=1}\frac{\Lambda_{ki}x_k}{\sum_{j=1}\Lambda_{kj}x_j}$$

由式(5-38)和式(5-46)分别计算纯组分在饱和蒸气压下的逸度系数和汽相混合物组分的逸度系数。

$$\ln\phi_i = \frac{p_{\mathrm{r}}}{T_{\mathrm{r}}}\left[B^{(0)} + \omega_i B^{(1)}\right] \tag{5-38}$$

$$\ln\hat{\phi}_i = \frac{p}{RT}\left(2\sum_j y_i B_{ij} - B_{\mathrm{M}}\right) \tag{5-46}$$

$B_i^{(0)}$ 和 $B_i^{(1)}$ 由式(2-37)计算

$$B^{(0)} = 0.083 - \frac{0.422}{T_{\mathrm{r}}^{1.6}} \tag{2-37a}$$

$$B^{(1)} = 0.139 - \frac{0.172}{T_{\mathrm{r}}^{4.2}} \tag{2-37b}$$

混合 Virial 系数 B_{M} 由式(2-43)计算

$$B_{\mathrm{M}} = \sum_i \sum_j y_i y_j B_{ij} \tag{2-43}$$

各交叉性质由式(2-45)~式(2-48)计算。

$$B_{ij} = \frac{RT_{\mathrm{c}ij}}{p_{\mathrm{c}ij}}\left[B_{ij}^{(0)} + \omega_{ij} B_{ij}^{(1)}\right] \tag{2-45}$$

$$B_{ij}^{(0)} = 0.083 - \frac{0.422}{T_{\mathrm{pr}}^{1.6}} \tag{2-46a}$$

$$B_{ij}^{(1)} = 0.139 - \frac{0.172}{T_{\mathrm{pr}}^{4.2}} \tag{2-46b}$$

$$T_{\mathrm{pr}} = \frac{T}{T_{\mathrm{c}ij}} \tag{2-47}$$

$$T_{\mathrm{c}ij} = (1 - k_{ij})(T_{\mathrm{c}i} \cdot T_{\mathrm{c}j})^{0.5} \tag{2-48a}$$

$$p_{\mathrm{c}ij} = \frac{Z_{\mathrm{c}ij}RT_{\mathrm{c}ij}}{V_{\mathrm{c}ij}} \tag{2-48b}$$

$$V_{\mathrm{c}ij} = \left(\frac{V_{\mathrm{c}i}^{1/3} + V_{\mathrm{c}j}^{1/3}}{2}\right)^3 \tag{2-48c}$$

$$Z_{\mathrm{c}ij} = \frac{Z_{\mathrm{c}i} + Z_{\mathrm{c}j}}{2} \tag{2-48d}$$

$$\omega_{ij} = \frac{\omega_i + \omega_j}{2} \tag{2-48e}$$

计算步骤见图 5-13。

EXCEL 计算过程如下：

① 在 A2、B2：C4 单元格分别输入已知的压力 p、数组常量 x_i 和 V_i^L。在 D2：D4 单元格输入 3×1 列单位矩阵（用于 MMULT( ) 函数计算）。在 F2：F4 单元格输入 $\hat{\phi}_i^v$ 初值，在 G2 单元格输入 T 初值 500K。见图 5-14。

	A	B	C	D	E	F	G
1	p	x_i	V_i^L	单位矩阵		$\hat{\phi}_i^v$（初值）	T
2	2026.5	0.3	73.52	1		1	500
3		0.3	89.57	1		1	
4		0.4	97.79	1		1	

图 5-14　已知条件、初值输入

② 将各组 $g_{ij}-g_{ii}$ 分别代入式(5-115)，并输入到 A6：C8 单元格计算 Λ_{ij}。在 D6：D8 单元格输入数组公式"｛=MMULT(A6：C8，B2：B4)｝"得到 $\sum \Lambda_{ij}x_j$ 数组。$\sum (\Lambda_{ki}x_k / \sum \Lambda_{kj}x_j)$ 为 $\Lambda_{ij}x_i / \sum \Lambda_{ij}x_j$ 形成的矩阵的转置矩阵与 3×1 列单位矩阵之积，所以在 E6：E8 单元格输入数组公式"｛=MMULT(TRANSPOSE(A6：C8 * B2：B4/D6：D8)，D2：D4)｝"，得到 $\sum (\Lambda_{ki}x_k / \sum \Lambda_{kj}x_j)$，在 F6：F8 单元格由式(5-116)的反对数数组公式"｛=EXP(1-LN(D6：D8)-E6：E8)｝"计算 γ_i。将各组分的安托尼常数 A、B、C 输入到 G6：I8 单元格，在 J6：J8 单元格输入安托尼公式的反对数数组公式"｛=EXP(G6：G8-H6：H8/(G2+I6：I8))｝"计算 p_i^S；

③ 在 B10：E12 单元格输入各纯组分的 $T_c(k_{ij}$ 取作 0)、V_c、Z_c 和 ω，在 B13：F15 单元格输入式(2-48)计算各交叉性质 T_{cij}、V_{cij}、Z_{cij}、ω_{ij}。在 F10：F15 单元格输入式(2-48b)的数组公式"｛=D10：D15 * B10：B15 * 8.314/C10：C15 * 10^3｝"计算 p_{cij}(kPa)，在 G10：G15 单元格输入式(2-47)的数组公式"｛=G2/B10：B15｝"计算 T_{rij}，在 H10：H15 单元格输入式(2-46a)的数组公式"｛=0.083-0.422/G10：G15^1.6｝"计算 $B_{ij}^{(0)}$，在 I10：I15 单元格输入式(2-46b)的数组公式"｛=0.139-0.172/G10：G15^4.2｝"计算 $B_{ij}^{(1)}$，在 J10：J15 单元格输入式(2-45)的数组公式"｛=8.314 * B10：B15/F10：F15 * (H10：H15+E10：E15 * I10：I15)｝"计算 B_{ij}，并将 B_{ij} 在 A17：C19 单元格重排为 3×3 数组。由式 $p_{ri}=p/p_{Ci}$ 在 D17：D19 单元格通过数组公式"｛=A2/F10：F12｝"计算对比压力 p_{ri}，在 E17：E19 单元格输入式(5-38)的反对数数组公式"｛=EXP(D17：D19/G10：G12 * (H10：H12+E10：E12 * I10：I12))｝"计算 ϕ_i^S。

④ 在 F17：F19 单元格输入相平衡关系式(5-145)的数组公式"｛=F6：F8 * J6：J8 * E17：E19 * B2：B4/F2：F4/A2｝"计算 y_i。在 F20 输入"=SUM(I17：I19)"计算 $\sum y_i$，在 G17：G19 单元格输入圆整公式" $y_i=y_i / \sum y_i$ "的数组公式"｛=F17：F19/F20｝"对 y_i 圆整；

⑤ 由式(2-43)可知，混合物 Virial 系数 B_M 是 B_{ij} 的 3×3 矩阵与 y_i 的 3×1 矩阵的积与 y_i 数组对应元素乘积之和，可由"SUMPRODUCT( )"函数与"MMULT( )"函数嵌套实现，即在 H17 单元格输入数组公式"｛=SUMPRODUCT(G17：G19 * MMULT(A17：C19，G17：G19))｝"得到 B_M。在 I17：I19 单元格输入式(5-46)的反对数数组公式"｛=EXP(A2/8.314/G2 * (2 * MMULT(A17：C19，F17：F19)-H17))｝"计算组分的汽相逸度系数 $\hat{\phi}_i^v$。

152

⑥ "规划求解"对话框中的"设置目标单元格"栏设为"$F$20","值为"设置为 1(即
$\sum y_i = 1$),"可变单元格"设为"$F$2:$F$4,$G$2"。将迭代式"$\hat{\phi}_i^v$(初值)= $\hat{\phi}_i^v$"作为约束
式添加到"约束栏"中,即通过"添加"按钮,在"约束栏"中输入"$F$2:$F$4=$I$17:I
19";规划求解参数设置如图 5-15 所示。

图 5-15 规划求解参数设置

⑦ 单击"求解"按钮。计算结束后,在 G17:G19,G2 分别得到 y_i 和 T 的解,如图 5-16
所示,$T_b = T = 469.14\text{K}$。经 Excel 核算,对比体积 V_r 为 5.8,普遍化第二 Virial 系数适用。

在计算中,因为 Excel 有内置的迭代功能,所以在 T 的迭代计算中无需使用 T 的迭代公
式,由 Excel 的规划求解功能就能自动完成迭代计算,使计算过程更加简单。

	A	B	C	D	E	F	G	H	I	J
1	p	x_i	v_i^L	单位矩阵		$\hat{\phi}_i^v$(初值)T				
2	2026.5	0.3	73.52	1		0.82015	469.14			
3		0.3	89.57		1	0.75979				
4		0.4	97.79			1	0.75941				
5	$\varLambda_{i1}$	$\varLambda_{i2}$	$\varLambda_{i3}$	$\sum \varLambda_{ij} x_j$	$\sum (\varLambda_{ik} x_k / \sum \varLambda_{ij} x_j)$	γ_i	A	B	C	p_i^s
6	1	0.27956	1.8217	1.1125	0.891549093	1.00181	14.6363	2940.46	-35.93	2562.37
7	1.64942	1	1.6867	1.4695	0.317603198	1.34646	14.5836	3150.42	-36.55	1481.64
8	0.37641	0.05025	1	0.528	1.593135782	1.04658	14.1366	2790.5	-57.15	1577.15
9	ij	T_{cij}	V_{cij}	Z_{cij}	ω_{ij}	p_{cij}	T_{rij}	$B_{ij}^{(0)}$	$B_{ij}^{(1)}$	B_{ij}
10	11	508.1	209	0.232	0.309	4689.22	0.92332	-0.39645	-0.1015	-0.3854
11	22	536.8	267	0.249	0.329	4162.08	0.87396	-0.44051	-0.1639	-0.5302
12	33	523.2	286	0.252	0.363	3832.77	0.89667	-0.41946	-0.1329	-0.5308
13	12	522.253	236.82	0.2405	0.319	4409.53	0.8983	-0.418	-0.1309	-0.4527
14	13	515.595	245.49	0.242	0.336	4225.7	0.9099	-0.40782	-0.1167	-0.4535
15	23	529.956	276.39	0.2505	0.346	3993.32	0.88524	-0.42988	-0.148	-0.5308
16	B_{i1}	B_{i2}	B_{i3}	p_{ri}	$\hat{\phi}_i^s$	y_i	y_i圆整	B_M	$\hat{\phi}_i^v$	
17	-0.3854	-0.4527	-0.4535	0.4322	0.818538472	0.37927	0.37927	-0.47325	0.82015	
18	-0.4527	-0.5302	-0.5308	0.4869	0.759225842	0.29511	0.29511		0.75979	
19	-0.4535	-0.5308	-0.5308	0.5287	0.75897327	0.32562	0.32562		0.75941	
20						1				

图 5-16 【例 5-4】规划求解结果

(2)泡点压力和组成计算

此时给定的是液相组成 x_i 和 T_b,计算确定平衡时的压力(即泡点压力 p_b)和平衡汽相组
成 y_i。

已知 T,可求得各组分的 p_i^s、ϕ_i^s,已知 x_i,选用合适的 γ_i-x_i 关联式,就可求得 γ_i,当
求 $\hat{\phi}_i^v$ 时,需要总压 p,为此假设 p,并进行试差,但此类试差比较简单。计算框图如图 5-
17 所示。

153

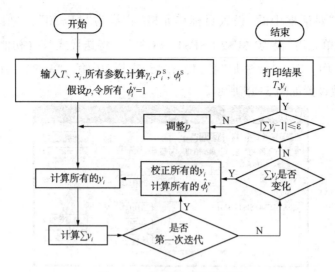

图 5-17   泡点压力计算框图

【例 5-6】   乙醇(1)-氯苯(2)二元系统，80℃时超额自由焓的表达式为

$$\frac{G^E}{RT}=2.2x_1x_2$$

80℃时，氯仿、乙醇的饱和蒸气压

$$p_1^S=108.34\text{kPa}, \quad p_2^S=19.76\text{kPa}$$

试求：① 该系统在80℃是否出现恒沸？如有恒沸点，确定恒沸组成和恒沸压力。
② 求该系统在80℃，$x_1=0.1$时的泡点压力 p 和汽相组成 y_1、y_2。

解：根据 $\ln\gamma_i=\dfrac{\overline{G_i^E}}{RT}$，得

$$\ln\gamma_1=\frac{G^E}{RT}+(1-x_1)\frac{\mathrm{d}[\,G^E/(RT)\,]}{\mathrm{d}x_1} \tag{1}$$

$$\ln\gamma_2=\frac{G^E}{RT}-x_1\frac{\mathrm{d}[\,G^E/(RT)\,]}{\mathrm{d}x_1} \tag{2}$$

将 $\dfrac{G^E}{RT}$ 表达式化简，得

$$\frac{G^E}{RT}=2.2x_1-2.2x_1^2 \tag{3}$$

将式(3)代入式(1)、式(2)，得

$$\ln\gamma_1=2.2x_2^2 \tag{4}$$

$$\ln\gamma_2=2.2x_1^2 \tag{5}$$

假设该汽液平衡系统为低压系统，则汽液平衡符合 $py_i=\gamma_ix_ip_i^S$。
若有恒沸现象，则在恒沸点处 $x_i=y_i$，于是上式可以写成

$$p=\gamma_1p_1^S \tag{6}$$

$$p=\gamma_2p_2^S \tag{7}$$

即

$$\gamma_1p_1^S=\gamma_2p_2^S$$

154

$$\ln\gamma_2 - \ln\gamma_1 + \ln\frac{p_2^S}{p_1^S} = 0$$

将 $\ln\gamma_1$、$\ln\gamma_2$ 的表达式与 p_1^S、p_2^S 的值代入上式，得

$$2.2(x_1^2 - x_2^2) + \ln\frac{19.76}{108.34} = 0$$

$$x_1 - x_2 = 0.7735$$

又

$$x_1 + x_2 = 1$$

解得：$x_1 = 0.887$，$x_2 = 0.113$

因为解得的组成有物理意义，所以能形成恒沸物，以上组成即为恒沸物组成。

将恒沸组成 $x_2 = 0.113$ 代入式（4）求得 γ_1，再将 γ_1 代入式（6），得

$$p = 108.34 \times \exp(2.2 \times 0.113^2) = 111.4\text{kPa}$$

111.4kPa 属于低压，故最初的假设成立，计算合理。

（3）露点温度和组成计算

此时给定的是汽相组成 y_i 和总压 p，求平衡时的温度（即露点温度 T_d）和产生的平衡液相组成 x_i。

露点计算步骤与泡点计算类同。所不同的是 γ_i 与 x_i 有关，开始计算时，需假设各组分的 $\gamma_i = 1$，由式（5-137）的变形式 $x_i = \dfrac{y_i \hat{\phi}_i^v p}{\gamma_i \phi_i^S p_i^S}$ 计算 x_i，再重新计算 γ_i 值。$\hat{\phi}_i^v$ 值与 T、p 及 y_i 有关，进行露点温度计算时，因 T 未知，需假定 T 的初始值，而后判断 $\left|\sum x_i - 1\right|$ 是否满足精度要求进行调整。计算框图如图 5-18 所示。

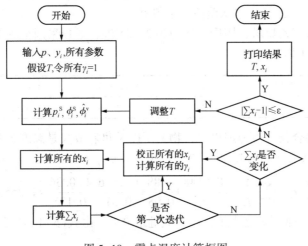

图 5-18 露点温度计算框图

烃类系统的 K 值法可简便地用于泡、露点计算。由于 K 值仅与 T、p 有关，而与组成 y_i、x_i 无关，计算时就可以省去泡露点计算框图中计算组成 y_i 或 x_i 的内层嵌套，且无需计算活度系数及逸度系数，其他计算途径不变，仅需要在每一次改变 T 或 p，重新查取 K 值，使计算过程大大简化。此时相平衡关系由汽液平衡常数 K 关联，如露点温度计算，由式（5-142）可得

$$x_i = \frac{y_i}{K_i}$$

由 K 值法计算露点温度的步骤如下

$$\text{设}T \xrightarrow{\text{查}p\text{-}T\text{-}K\text{图}} K_i \longrightarrow \text{求}x_i=\frac{y_i}{K_i} \longrightarrow \left|\sum x_i -1\right| \leq \varepsilon \xrightarrow{\text{Y}} \text{输出结果}\ x_i,\ T$$

$$\text{调整}T_d$$

K_i 值随温度升高而增大，随压力升高而降低。如何调整 T 值？为避免盲目性，加速试差过程的收敛，可采用以下方法。将 $\sum y_i/K_i$ 表示为

$$\sum_i \frac{y_i}{K_i}=\frac{1}{K_G}\sum_i \frac{y_i}{(K_i/K_G)}=\frac{1}{K_G}\sum_i \frac{y_i}{\alpha_{iG}}$$

式中，下标 G 表示对 $\sum y_i/K_i$ 值影响最大的关键组分，α_{iG} 则表示 i 组分对 G 组分的相对挥发度（i 组分对 j 组分的相对挥发度记为 α_{ij}，其定义式为 $\alpha_{ij}=K_i/K_j$）。由于在不太宽的温度范围内可取 $\alpha_{iG}\approx$ 常数，于是上式可表示为

$$K_G\sum_{i=1}\frac{y_i}{K_i}\approx\text{常数}$$

即

$$K_{G,m}\left(\sum\frac{y_i}{K_i}\right)_m=K_{G,m-1}\left(\sum\frac{y_i}{K_i}\right)_{m-1}$$

下标 m 指试差序号。为使第 m 次试差时 $\left(\sum y_i/K_i\right)_m=1$，则按上式 $K_{G,m}$ 应为

$$K_{G,m}=K_{G,m-1}\left(\sum\frac{y_i}{K_i}\right)_{m-1} \tag{5-146}$$

由该值便可从 K 图读出第 m 次试差时应假设的 T_m、p_m 值。

按上述方法通常经过 2~3 次试差便可求得解。

【例 5-7】 已知某乙烷塔，塔操作压力为 2.88MPa，塔顶采用全凝器，并经分析得塔顶产品组成 $x_{D,i}$ 如表，求塔顶温度。

组　　分	甲烷（1）	乙烷（2）	丙烷（3）	异丁烷（4）	总和
$x_{D,i}/\%$（摩尔）	1.48	88	10.16	0.36	100

解：因为轻烃混合物可视为理想混合物，所以 K 可看成只是温度 T 和压力 p 的函数。初设 $t_1=0℃$，查 p-T-K 图 5-12（b）得：$K_1=5$，$K_2=0.98$，$K_3=0.31$，$K_4=0.135$。

$$\sum x_i=\sum\frac{y_i}{K_i}=\frac{0.0148}{5}+\frac{0.88}{0.98}+\frac{0.1016}{0.31}+\frac{0.0036}{0.135}=1.255>1$$

表明所设温度 t_1 偏低。取乙烷（2）作为关键组分 G，由式（5-146）得

$$K_{G,2}=K_{G,1}\left(\sum\frac{y_i}{K_i}\right)_1=0.98\times1.255=1.23$$

由 p-T-K 图 5-12（b）得：$p=2.88$MPa，$K_{G,2}=1.23$ 时，$t_2=20℃$。此时，反查 p-T-K 图 5-12（b）得：$K_1=5.3$，$K_3=0.39$，$K_4=0.18$。则 $\sum x_i=0.9988$，满足计算精度要求，因此，$t_d=20℃$，即塔顶温度为 20℃。

（4）露点压力和组成计算

此时给定的是汽相组成 y_i 和温度 T，求平衡时的温度 p（即露点压力 p_d）和产生的平衡液相组成 x_i。

露点压力的计算与露点温度的计算步骤相似，只是外层迭代试差时调整的是 p，其计算框图示于图 5-19。

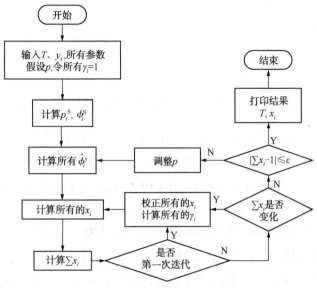

图 5-19　露点压力计算框图

【例 5-8】　乙酸甲酯(1)、丙酮(2)、甲醇(3)三组分蒸气混合物。其摩尔组成分别为 $y_1 = 0.33$，$y_2 = 0.34$，$y_3 = 0.33$，试求 50℃时该混合物的露点压力。

解：汽相可视为理想气体，液相活度系数采用 Wilson 方程计算。由有关文献查得或回归所得的数据为：

50℃时各组分的饱和蒸气压(kPa)

$$p_1^S = 78.049;\quad p_2^S = 81.818;\quad p_3^S = 55.581$$

50℃时各组分的无限稀释活度系数回归得到的 Wilson 常数为

$$\Lambda_{11} = 1.0;\ \Lambda_{12} = 1.1816;\ \Lambda_{13} = 0.52297;\ \Lambda_{21} = 0.71891;\ \Lambda_{22} = 1.0;\ \Lambda_{23} = 0.50878$$

$$\Lambda_{31} = 0.57939;\ \Lambda_{32} = 0.97513;\ \Lambda_{33} = 1.0$$

计算步骤如图 5-19 所示。因为汽相可看成理想气体，所以 ϕ_i^S 和 $\hat{\phi}_i^v$ 均等于 1，计算步骤有所简化。此时，相平衡关系简化为

$$x_i = \frac{y_i p}{\gamma_i p_i^S} \tag{5-147}$$

p 初值按理想溶液确定，$p = \sum p_i^S x_i = 71.916\text{kPa}$。

Excel 的计算过程如下：

① 在 A2：B4 单元格输入已知数组常量 y_i 及 p_i^S，在 C2：C4 单元格输入 3×1 列单位矩阵，在 D2 单元格输入 p 初值。在 A6：C8 单元格输入 Λ_{ij}，在 D6：D8 单元格输入 γ_i 初值。初值及已知量输入情况如图 5-20 所示。

② 在 A10：A12 单元格输入式(5-147)的数组公式"｛= A2：A4 * D2/D6：D8/B2：B4｝"计算 x_i，在 A13 单元格输入" = SUM(A10：A12)"计算 $\sum x_i$。在 B10：B12 单元格输入圆整公式" $x_{i 圆整} = x_i / \sum x_i$ "的数组公式"｛= A10：A12/A13｝"对 x_i 圆整。在 C10：C12 单

157

	A	B	C	D
1	y_i	p_i^S	单位矩阵	p
2	0.33	78.049	1	71.916
3	0.34	81.818	1	
4	0.33	55.581	1	
5	Λ_{i1}	Λ_{i2}	Λ_{i3}	γ_i(初值)
6	1	1.1816	0.52297	1
7	0.71891	1	0.50878	1
8	0.57939	0.97513	1	1

图 5-20　【例 5-7】初值及已知量的输入

元格输入数组公式"｛=MMULT(A6：C8，A10：A12)｝"，得到 $\sum \Lambda_{ij}x_j$ 数组。在 D10：D12 单元格输入数组公式"｛= MMULT(TRANSPOSE(A6：C8 * A10：A12/C10：C12)，D2：D4)｝"，得到 $\sum (\Lambda_{ki}x_k/ \sum \Lambda_{kj}x_j)$ 数组。在 E10：E12 单元格输入式(5-116)的反对数数组公式"｛=EXP(1-LN(C10：C12)-D10：D12)｝"，得到 γ_i 数组；

③"规划求解"对话框中的"设置目标单元格"栏设为"$\$A\$13$"，"值为"设置为1(即 $\sum x_i =1$)，"可变单元格"栏设为"$D2，\$D\$6：\$D\$8$"，即 p 和 γ_i(初值)。在"约束"栏中填入迭代公式"γ_i(初值)= γ_i"，即通过"添加"按钮填入"$\$D\$6：\$D\$8 = \$E\$10：\$E\$12$"，实现 γ_i 的内层迭代。规划求解参数设置如图 5-21 所示。

图 5-21　【例 5-7】规划求解参数设置

④ 单击"求解"按钮。计算结束后，在 B10：B12，D2 得到 x_i 和 p 的解，如图 5-22 所示，可得 p_d =85.1kPa。

	A	B	C	D	E
1	y_i	p_i^S	单位矩阵	p	
2	0.33	78.049	1	85.07680025	
3	0.34	81.818	1		
4	0.33	55.581	1		
5	Λ_{i1}	Λ_{i2}	Λ_{i3}	γ_i(初值)	
6	1	1.1816	0.52297	1.242506437	
7	0.71891	1	0.50878	1.043513751	
8	0.57939	0.97513	1	1.358982541	
9	x_i	x_i圆整	$\sum\Lambda_{ij}x_j$	$\sum(\Lambda_{ki}x_k/\sum\Lambda_{kj}x_j)\gamma_i$	
10	0.289507	0.289506981	0.88422	0.905921791	1.24251
11	0.3388	0.338799665	0.73604	1.263878071	1.04351
12	0.371693	0.371693355	0.8698	0.832750565	1.35898
13	1				

图 5-22　【例 5-7】露点压力规划求解结果

5.5.5 中、低压下闪蒸计算

在石油化工生产中,闪蒸是常见的重要过程。组成为 z_1, z_2, …, z_C 的汽相或液相混合物,当系统的 T、P 达到泡露点之间时,会产生互成平衡的汽液两相,汽相组成为 y_1, y_2, …, z_C,液相组成为 x_1, x_2, …, x_C。实际上,闪蒸是单级平衡分离过程。高于泡点压力的液体混合物,如果压力降低到泡点压力与露点压力之间,就会部分汽化,发生闪蒸,如图5-23所示。令闪蒸罐的的进料量为 F,闪蒸后的汽相量为 V,液相量为 L,则汽化率为 $e = V/F$,液化率为 $l = L/F$,$e+l=1$。

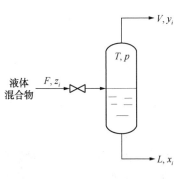

图5-23 闪蒸示意图

闪蒸的计算除了满足相平衡关系外,还必须符合物料平衡的要求。

组分 i 的物料平衡

$$Fz_i = Lx_i + Vy_i (i = 1, 2, \cdots, C) \tag{5-148}$$

总物料平衡

$$F = L + V \tag{5-149}$$

汽液平衡关系

$$y_i = K_i x_i (i = 1, 2, \cdots, C) \tag{5-150}$$

联立解得

$$x_i = \frac{z_i}{(K_i - 1)e + 1} (i = 1, 2, \cdots, C) \tag{5-151}$$

$$y_i = \frac{z_i K_i}{(K_i - 1)e + 1} (i = 1, 2, \cdots, C) \tag{5-152}$$

由于汽、液两相中各组分 y_i 或 x_i 值不完全独立,需同时满足 $\sum y_i = 1$ 或 $\sum x_i = 1$,所以将以上两式表示为

$$\sum_i \frac{z_i}{(K_i - 1)e + 1} = 1 (i = 1, 2, \cdots, C) \tag{5-153}$$

$$\sum_i \frac{z_i K_i}{(K_i - 1)e + 1} = 1 (i = 1, 2, \cdots, C) \tag{5-154}$$

以上两方程均能用于闪蒸计算,它们是 C 级多项式,当 $C>3$ 时可用试差法和数值法求根,但收敛性不佳,因此,用式(5-154)减去式(5-153)得更通用的闪蒸计算式

$$\sum_i \frac{z_i(K_i - 1)}{(K_i - 1)e + 1} = 0 (i = 1, 2, \cdots, C) \tag{5-155}$$

该式被称为 Rachford-Rice 方程,有很好的收敛特性,而且是单调的,不产生震荡。当试差计算 e 时,对初值 e 的选择无特殊要求(一般采用二分法计算,即试差计算从 $e=0.5$ 开始)。该式可选择多种算法,如弦位法和牛顿法,后者收敛较快。当用于计算汽化率 e 时,牛顿法的迭代方程为

$$e_{k+1} = e_k - \frac{f(e_k)}{f'(e_k)} \tag{5-156}$$

其中,导数方程为

$$f'(e_k) = - \sum \frac{z_i (K_i-1)^2}{[(K_i-1)e_k+1]^2} \tag{5-157}$$

汽液平衡常数 K_i 由汽液平衡通式 $y_i \hat{\phi}_i^{\mathrm{v}} p = x_i \gamma_i f_i^{\circleddash}$ 可表示为

$$K_i = \frac{\gamma_i f_i^{\circleddash}}{\hat{\phi}_i^{\mathrm{v}} p} \tag{5-158}$$

K_i 与 T、p、y_i 及 x_i 均有关。如果采用严谨的汽液平衡模型进行计算，计算复杂，必须借助计算机才能完成。但对轻烃类系统，也可利用 p-T-K 图，根据 T、p 直接查出各组分的 K_i 值，如果 T 或 p 未知，需用试差法计算。一般，闪蒸前混合物的组成是已知的，根据不同的已知条件和求取结果，闪蒸计算主要分为三类：

① 已知 T、p，求闪蒸后的汽化率 e、汽液相组成 y_i 和 x_i。

由 T、p $\xrightarrow{p\text{-}T\text{-}K\text{图}}$ K_i $\xrightarrow{\text{假设}e}$ z_i $\left| \sum_i \frac{z_i(K_i-1)}{(K_i-1)e+1} \right| \le \varepsilon$ $\xrightarrow{\text{Y}}$ $x_i = \frac{z_i}{(K_i-1)e+1}$
$$y_i = K_i x_i$$
$\downarrow$N
调整 $T(p)$
$\downarrow$归一化

输出结果：e，x_i，y_i

② 已知 T、闪蒸后的汽化率 e，求闪蒸压力 p、汽液相组成 y_i 和 x_i。

T $\xrightarrow{p\text{-}T\text{-}K\text{图}}$ K_i $\xrightarrow{e、z_i}$ $\left| \sum_i \frac{z_i(K_i-1)}{(K_i-1)e+1} \right| \le \varepsilon$ $\xrightarrow{\text{Y}}$ $x_i = \frac{z_i}{(K_i-1)e+1}$
假设 p
$$y_i = K_i x_i$$
$\downarrow$N
调整 p
$\downarrow$归一化

输出结果：e，x_i，y_i

③ 已知 p、闪蒸后的汽化率 e，求闪蒸温度 T、汽液相组成 y_i 和 x_i。

p $\xrightarrow{p\text{-}T\text{-}K\text{图}}$ K_i $\xrightarrow{e、z_i}$ $\left| \sum_i \frac{z_i(K_i-1)}{(K_i-1)e+1} \right| \le \varepsilon$ $\xrightarrow{\text{Y}}$ $x_i = \frac{z_i}{(K_i-1)e+1}$
假设 T
$$y_i = K_i x_i$$
$\downarrow$N
调整 T
$\downarrow$归一化

输出结果：e，x_i，y_i

闪蒸温度要求处于闪蒸压力下的泡、露点之间，这样才会出现汽、液两相，否则只是单相，无法进行闪蒸。因此，在进行闪蒸计算时，需首先核实闪蒸问题是否成立。只有 $\sum z_i K_i > 1$ 和 $\sum z_i / K_i > 1$ 两式同时成立，闪蒸温度才能处于泡、露点之间，才能构成闪蒸问题。反之，若 $\sum z_i K_i < 1$，或 $\sum z_i / K_i < 1$，说明进料在闪蒸条件下分别为过冷液体或过热蒸气，不能构成闪蒸问题。

【例 5-9】 有烃类混合物，内含正丁烷(1)20%，正戊烷(2)50%，正己烷(3)30%(摩尔分数)，闪蒸罐的压力为 1.01MPa，温度为 132℃，试求闪蒸后平衡的汽、液相组成以及汽相分率。

解：由于汽相和液相均可视为理想混合物，所以 K 值只与 T 和 p 有关，查 p-T-K 图 5-12(a)，得：$K_1 = 2.13$，$K_2 = 1.10$，$K_3 = 0.59$。则

$$\sum z_i K_i = 0.2 \times 2.13 + 0.5 \times 1.10 + 0.30 \times 0.59 = 1.153 > 1$$

$$\sum z_i / K_i = 0.2/2.13 + 0.5/1.10 + 0.3/0.59 = 1.057 > 1$$

闪蒸温度处于泡、露点之间，可以闪蒸。

先假定 $e = 0.5$，由式（5-155）得

$$f(0.5) = \frac{(2.13-1)0.2}{0.5(2.13-1)+1} + \frac{(1.10-1)0.5}{0.5(1.10-1)+1} + \frac{(0.59-1)0.3}{0.5(0.59-1)+1} = 0.0373 > 0$$

e 低了，取 $e = 0.7$，则

$f(0.7) = 0.0004$，符合精度要求，所以 $e = 0.7$。由式（5-151）得

$x_1 = 0.1117$		$y_1 = 0.2379$
$x_2 = 0.4673$		$y_2 = 0.5140$
$x_3 = 0.4208$		$y_3 = 0.2482$

圆整　　$\sum x_i = 0.9998$　　$y_i = K_i x_i$　　$\sum y_i = 1.0001$

$$\Longrightarrow$$

$x_1 = 0.1117$		$y_1 = 0.2378$
$x_2 = 0.4674$		$y_2 = 0.5140$
$x_3 = 0.4209$		$y_3 = 0.2482$

$\sum x_i = 1.0000$　　　　　　$\sum y_i = 1.0000$

5.5.6　高压汽液平衡计算

一般中低压汽液平衡的总压和温度离纯组分的临界压力和临界温度较远，与此相对应的是压力从十多个大气压到临界压力的范围内所测定的汽液平衡属于高压范畴。当温度在某纯组分的临界温度以上且总压超过临界压力时，该组分被称为超临界组分。在石油馏分中，H_2 和 CH_4 就常常以超临界组分出现。

高压下，汽液平衡的表现与普通汽液平衡有所不同，呈现出一些新的特点。与相对低压下的汽液平衡比较，y-x 曲线出现极大点，且高压下汽液平衡可以不在全浓度范围内出现，y-x 曲线在中途中断。

高压汽液平衡的计算与普通的汽液平衡一样，都依据汽液相平衡判据式（5-129）。在本章 5.5.1 曾介绍了适合于高压汽液平衡的状态方程法关系式（5-134）。高压给汽液平衡计算带来了各种各样的复杂性。简单的二项 Virial 方程不足以表达蒸气的性质，更不能假设 $\hat{\phi}_i^v = 1$ 或 $\hat{\phi}_i^v = \phi_i^s$；原来低压时所用的活度系数与压力无关的假设不再成立（甚至中压下也很难成立，所以中压情况也常常按高压情况处理）；此外，还常常因为有超临界组分的出现，使得液相标准态逸度 f_i^o 的计算变得很困难，因此，活度系数法很难实施。这个问题直到 1961 年 Chao-Seader 法的提出才得以解决。自 20 世纪 60 年代以来，Chao-Seader 法经过不少学者的努力，已经有了很大的改进和完善。与此同时，随着状态方程的不断改进和计算技术的发展，单独使用一个能同时描述汽液两相并进行汽液平衡计算的状态方程也越来越多，而且大有取代 Chao-Seader 法的趋势。总的来说，高压汽液平衡计算模型可以分为以下两类：

A 类：混合模型关联

此类模型由式（5-158）计算

$$K_i = \frac{y_i}{x_i} = \frac{\gamma_i f_i^o}{\hat{\phi}_i^v p}$$

此类模型的特点是汽相用逸度系数修正，液相则用活度系数修正。汽相逸度系数的计算通常依据的状态方程是属于 van der Waals 型的硬球模型(一般用 RK 方程)，液相活度系数依据的是 Scatchard-Hildebrand 正规溶液模型，因此称为混合模型关联。这类模型以 Chao-Seader 法为代表。

B 类：状态方程法

使用一个能同时描述汽、液两相状态方程计算平衡两相中组分 i 的逸度系数 $\hat{\phi}_i^{\mathrm{v}}$ 和 $\hat{\phi}_i^{\mathrm{l}}$。

$$K_i = \frac{y_i}{x_i} = \frac{\hat{\phi}_i^{\mathrm{l}}}{\hat{\phi}_i^{\mathrm{v}}} \tag{5-143}$$

B 类方法被公认为具有两相一致性的优点。此法无需设定标准态，计算时所需的参数也比较少，仅从纯物质的特性参数(T_{c}、p_{c}、ω)出发，必要时引入二元混合参数，能预测高压和中低压的汽液平衡，甚至可以从状态方程出发预测气体的溶解度、液液平衡和超临界流体的相平衡等。但是该法也有缺点：对混合规则的依赖性很大，到目前为止，大多数混合规则都是经验性的，不同混合规则或同一规则中不同混合参数的取值往往对计算结果表现很敏感，对于性质差异比较大的物系尤其如此；两个逸度系数需要采用同一个状态方程，但实际上很难找到同时适用计算所有相密度(体积)的状态方程；应用于极性化合物、大分子物质或电解质溶液比较困难。

5.5.7　汽液平衡数据的热力学一致性检验

实验测定完整的 T、p、x_i、y_i 汽液平衡数据时，测定误差是不可避免的，这就要求测定者和使用者都要判断测得的数据的可靠性。Gibbs-Duhem 方程使混合物中所有组分的活度系数彼此相关。因此，如果所有活度系数都能得到，这些数据应该满足 Gibbs-Duhem 方程。如果它们不能满足 Gibbs-Duhem 方程，那么数据便不可能是正确的。如果它们能满足 Gibbs-Duhem 方程，则数据很可能是正确的，但也不能说一定是正确的，但这种可能性极小。采用 Gibbs-Duhem 方程的活度系数形式来检验实验数据的质量的方法，称为汽液平衡数据的一致性检验。

对于二元系统，当 M_i 表示为 G^{E}/RT 时，其相应的 Gibbs-Duhem 方程形式为

$$x_1 \mathrm{dln}\gamma_1 + x_2 \mathrm{dln}\gamma_2 = -\frac{H^{\mathrm{E}}}{RT^2}\mathrm{d}T + \frac{V^{\mathrm{E}}}{RT}\mathrm{d}p \tag{5-159}$$

(1) 积分检验法(面积检验法)

由于实验测定汽液平衡数据时往往控制在等温或等压条件下，因此汽液平衡数据的一致性检验也分为等温和等压两种情况。

1) 等温汽液平衡数据

等温条件下，$\dfrac{H^{\mathrm{E}}}{RT^2}\mathrm{d}T$ 等于零，对于液相，$\dfrac{V^{\mathrm{E}}}{RT}$ 的数值很小，近似可以取为零，则式(5-159)可简化为

$$x_1 \mathrm{dln}\gamma_1 + x_2 \mathrm{dln}\gamma_2 = 0 \tag{5-160}$$

因为 $x_1 = 1$ 时，$\ln\gamma_1 = 0$，$x_2 = 1$ 时，$\ln\gamma_2 = 0$，所以

$$\int_{x_1=0}^{x_1=1} \mathrm{d}(x_1\ln\gamma_1) = 0 ; \quad \int_{x_1=0}^{x_1=1} \mathrm{d}(x_2\ln\gamma_2) = 0$$

由 $x_1 = 0$ 到 $x_1 = 1$ 对式(5-160)积分，得

$$\int_{x_1=0}^{x_1=1} x_1 \mathrm{d}\ln\gamma_1 + \int_{x_1=0}^{x_1=1} x_2 \mathrm{d}\ln\gamma_2$$

$$= \int_{x_1=0}^{x_1=1} \left[\mathrm{d}(x_1\ln\gamma_1) - \ln\gamma_1 \mathrm{d}x_1 \right] + \int_{x_1=0}^{x_1=1} \left[\mathrm{d}(x_2\ln\gamma_2) - \ln\gamma_2 \mathrm{d}x_2 \right] \quad (5\text{-}161)$$

$$= \int_{x_1=0}^{x_1=1} (-\ln\gamma_1 \mathrm{d}x_1 - \ln\gamma_2 \mathrm{d}x_2) = -\int_{x_1=0}^{x_1=1} \ln\frac{\gamma_1}{\gamma_2} \mathrm{d}x_1 = 0$$

式(5-161)提供了相平衡数据的积分检验(面积检验)公式,将 $\ln(\gamma_1/\gamma_2)$ 对 x_1 作图,其典型图形示于图5-24。

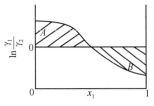

若面积 $A=$ 面积 B,那么作曲线所用到的数据是正确的,否则是不正确的。由于实验误差,面积 A 和面积 B 很可能不完全相等。允许的误差常视混合物的非理想性和所要求的精度。定义

$$D = \left| \frac{A-B}{A+B} \right| \times 100$$

图 5-24　积分检验法

对于具有中等非理想性系统,若 $D<2$,即可以认为这批数据是正确的。

2)等压汽液平衡数据

等压条件下 $\dfrac{V^{\mathrm{E}}}{RT}\mathrm{d}p=0$,式(5-159)可简化为

$$x_1 \mathrm{d}\ln\gamma_1 + x_2 \mathrm{d}\ln\gamma_2 = -\frac{H^{\mathrm{E}}}{RT^2}\mathrm{d}T$$

由 $x_1=0$ 到 $x_1=1$ 对上式积分,得

$$\int_{x_1=0}^{x_1=1} \ln\frac{\gamma_1}{\gamma_2}\mathrm{d}x_1 = \int_{x_1=0}^{x_1=1} \frac{H^{\mathrm{E}}}{RT^2}\mathrm{d}T$$

由于 H^{E} 随组分变化的数据较少,而混合的热效应又不能忽略,所以直接用这个式子来检验还有困难。目前公认较好的方法是 Herrington 经验检验法。检验步骤为下述三步:

① 由恒 p 下汽液平衡数据作 $\ln\dfrac{\gamma_1}{\gamma_2}\sim x_1$ 曲线图,得到图5-24,量曲线下面积 A 和面积 B;

② 定义 $J=\dfrac{T_{\max}-T_{\min}}{T_{\min}}\times 150$,式中,$T_{\max}$ 和 $T_{\min}$ 分别为系统的最高和最低温度;

③ 若 $D<J$,表明数据符合热力学一致性。如 $D>J$,但 $(D-J)<10$,仍然可以认为数据具有一定的可靠性,否则数据将是不正确的。

面积检验法简单易行,但该法是对实验数据进行整体检验而非逐点检验,需要整个浓度范围内的实验数据。另外,不同实验点的误差可能相互抵消而使面积法得以通过。因此,一般来说,通不过面积法的实验数据基本上是不可靠的,而通过了面积法的实验数据也不一定是完全可靠的。

若要剔除实验中的坏点,还要对实验点进行逐点检验,这就需要采用微分检验法(点检验法)。

(2)微分检验法(点检验法)

对于二元系统

$$\frac{G^{\mathrm{E}}}{RT} = \sum x_i \ln\gamma_i = x_1\ln\gamma_1 + x_2\ln\gamma_2 \quad (5\text{-}162)$$

在恒 T, p 下, 将上式对 x_1 微分, 得

$$\frac{\mathrm{d}\left[\,G^{\mathrm{E}}/(RT)\,\right]}{\mathrm{d}x_1}=\left[\,x_1\frac{\mathrm{d}\ln\gamma_1}{\mathrm{d}x_1}+\ln\gamma_1\frac{\mathrm{d}x_1}{\mathrm{d}x_1}+x_2\frac{\mathrm{d}\ln\gamma_2}{\mathrm{d}x_1}+\ln\gamma_2\frac{\mathrm{d}x_2}{\mathrm{d}x_1}\,\right]$$

$$=\ln\gamma_1-\ln\gamma_2+x_1\frac{\mathrm{d}\ln\gamma_1}{\mathrm{d}x_1}+x_2\frac{\mathrm{d}\ln\gamma_2}{\mathrm{d}x_1}$$

令

$$x_1\frac{\mathrm{d}\ln\gamma_1}{\mathrm{d}x_1}+x_2\frac{\mathrm{d}\ln\gamma_2}{\mathrm{d}x_1}=\beta$$

则有

$$\frac{\mathrm{d}\left[\,G^{\mathrm{E}}/(RT)\,\right]}{\mathrm{d}x_1}=\ln\gamma_1-\ln\gamma_2+\beta \tag{5-163}$$

由式(5-159)得, 等温时

$$\beta=\left(\frac{V^{\mathrm{E}}}{RT}\right)\frac{\mathrm{d}p}{\mathrm{d}x_1}$$

若 Δp 变化不大, $\Delta T\approx 0$, $\beta=0$。

等压时

$$\beta=-\left(\frac{H^{\mathrm{E}}}{RT^2}\right)\frac{\mathrm{d}T}{\mathrm{d}x_1}$$

若组分沸点相近、化学结构相似、无共沸物形成, 近似取 $\beta=0$。

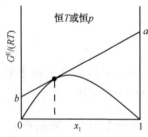

图 5-25 微分检验法(1)

基于式(5-163), 进行逐点检验。其步骤为:

① 作出 $G^{\mathrm{E}}/(RT)\sim x_1$ 曲线, 如图 5-25 所示。

② 作某一点(组成 x_1)的切线, 此切线于 $x_1=1$ 和 $x_1=0$ 轴上的截距分别为于 a、b。

$$a=\frac{G^{\mathrm{E}}}{RT}+x_2\frac{\mathrm{d}(\,G^{\mathrm{E}}/(RT))}{\mathrm{d}x_1} \tag{5-164a}$$

$$b=\frac{G^{\mathrm{E}}}{RT}-x_1\frac{\mathrm{d}(\,G^{\mathrm{E}}/(RT))}{\mathrm{d}x_1} \tag{5-164b}$$

③ 将式(5-162)和式(5-163)代入上两式, 整理后, 得

$$a=\ln\gamma_1+x_2\beta \tag{5-165a}$$

$$b=\ln\gamma_2-x_1\beta \tag{5-165b}$$

④ 将用式(5-165)计算出的 a 和 b 的值与实验点作图求出的截距 a 和 b 相比较, 以决定各实验点的可靠性。

微分检验法的另一种方法是用相对平直的 $G^{\mathrm{E}}/(RTx_1x_2)\sim x_1$ 曲线(图 5-26)代替 $G^{\mathrm{E}}/(RT)\sim x_1$ 曲线, 同样对每个实验点作切线进行计算。

微分法的优点是可以剔除不可靠的点, 缺点是要作切线, 可靠性差。

上述的积分法和微分法均没有涉及多元混合物物系, 多元物系的一致性检验很复杂, 目前还缺乏可以普遍使用和广泛接受的方法。

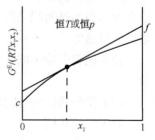

图 5-26 微分检验法(2)

5.6 气液平衡——气体在液体中的溶解度

气液平衡(GLE)是指在常规条件下气态组分与液态组分间的平衡关系。气液平衡与汽液平衡(VLE)之间的区别是,在所规定的条件下,汽液平衡的各组分都是可凝性组分,而在气液平衡中,至少有一种组分是非凝性气体。常压下的气液平衡常被简单地称为气体在液体中的溶解度。

在现代工业中,利用各种气体在液体中溶解能力的不同可以实现气体的分离、原料气的净化以及环境中废气的处理。因此,气液平衡是吸收这个单元操作的相平衡基础,也是吸收计算的基础。

5.6.1 气体在液体中的溶解度

如果将含溶质的气体与液体溶剂置于密闭的容器中,并使其保持高于气体临界温度的某一温度下,则溶质逐渐溶解于液体中,经一段时间后,最终达到饱和,形成气液平衡。此时,溶解于液体溶剂中的溶质浓度称为气体在液体中的溶解度。

在分压不大的情况下,溶质在液体中的溶解度可以由 Henry 定律关联

$$p_i = k_{Li} x_i \tag{5-166}$$

式中,液相摩尔组成 x_i 即为溶质 i 的溶解度;k_{Li} 为低压下 Henry 常数,其值与溶剂、溶质的种类以及温度有关。

Henry 定律适用于溶质分压不大,且溶质在溶剂中不发生离解、缔合或化学反应的系统。溶剂可以是纯液体,也可以是液体混合物。

高压下,由于气体不能视为理想气体,因此,需对 Henry 定律的表达式进行修正,即把气体中溶质的分压换成溶质的逸度 $\hat{f}_i$

$$\hat{f}_i = k_i x_i \tag{5-167}$$

式中,k_i 为高压下 Henry 常数。

式(5-166)与式(5-167)在形式上完全类同,但式(5-167)为 Henry 定律的普遍表达式。

5.6.2 压力对气体溶解度的影响

等温下,对于逸度 $\hat{f}_i$ 存在热力学关系

$$\left(\frac{\partial \ln \hat{f}_i}{\partial p} \right)_{T,x} = \frac{\overline{V}_i^L}{RT}$$

将 Henry 常数 k_i 的定义式 $k_i = \lim\limits_{x_i \to 0} \dfrac{\hat{f}_i}{x_i}$ 代入上式,因为当 $x_i \to 0$ 时,溶质 i 在无限稀释溶液中的偏摩尔体积 $\overline{V}_i^\infty = \overline{V}_i^L$,得出

$$\left(\frac{\partial \ln k_i}{\partial p} \right)_T = \frac{\overline{V}_i^\infty}{RT} (\text{等温}) \tag{5-168}$$

式中,$\overline{V}_i^\infty$ 是溶质 i 在无限稀释溶液中的偏摩尔体积。

积分上式,并结合式(5-167)得

$$\ln k_i = \ln \frac{\hat{f}_i}{x_i} = \ln k_i^{p^r} + \frac{\int_{p^r}^{p} \overline{V}_i^{\infty}}{RT} \tag{5-169}$$

式中，$\ln k_i^{p^r}$ 表示在任意参比压力下的 Henry 常数。

当 $x_i \to 0$ 时，总压可认为是溶剂的饱和蒸气压 $p_{溶剂}^S$，因此，取 $p^r = p_{溶剂}^S$，如果溶液的温度低于溶剂的临界温度，可合理假设 $\overline{V}_i^{\infty}$ 与压力无关。气液平衡时，$\hat{f}_i^g = \hat{f}_i^l$，则式(5-169)变为

$$\ln \frac{\hat{f}_i^g}{x_i} = \ln k_i^{p_{溶剂}^S} + \frac{\overline{V}_i^{\infty}}{RT}(p - p_{溶剂}^S) \tag{5-170}$$

上式称为 Krichevsky-Kasarnovsky 方程。应用此式需满足两个假设：一是所研究的 x_i 范围内，溶质的活度系数没有明显的变化；二是无限稀释溶液是不可压缩的。因此，式(5-170)适用于高压下，难溶气体的溶解度计算。

当温度一定时，用 $\ln(\hat{f}_i^g / x_i)$ 对系统总压 p 作图，可得一条直线，直线的截距是 $\ln k_i^{p_{溶剂}^S}$，斜率是 $\overline{V}_i^{\infty}/(RT)$。因此，利用气体的溶解度数据可以计算液相中溶质气体的偏摩尔体积 $\overline{V}_i$。

当系统的状态接近于临界区时，气体在液相中的组成比较大时，式(5-170)不再适用。

5.6.3　气体溶解度与温度的关系

在一定的压力下，大多数气体在液体中溶解度随温度的升高而减小，但也有例外，如 CS_2 在苯中的溶解度随温度的升高而增大；CS_2 在环己烷或四氯化碳中的溶解度几乎不随温度而变。目前许多气体的溶解度是在 25℃ 下测定，研究气体溶解度与温度的关系是有实际意义的。

对于二元溶液，将溶质和溶剂分别用组分 1 和组分 2 代替。溶质的偏摩尔自由焓应是温度、压力与组成的函数，即 $\overline{G}_1^l = f(T, p, x_1)$。

等压下

$$d\overline{G}_1^l = \left(\frac{\partial \overline{G}_1^l}{\partial T}\right)_{p,x_1} dT + \left(\frac{\partial \overline{G}_1^L}{\partial x_1}\right)_{T,p} dx_1 \tag{5-171}$$

$$\left(\frac{\partial \overline{G}_1^l}{\partial T}\right)_{p,x_1} = -\overline{S}_1^L \tag{5-172}$$

气体在液体中的溶解度很小，可视为理想溶液，那么 $\overline{G}_1^L = G_1^{\circ} + RT\ln x_1$，则

$$\left(\frac{\partial \overline{G}_1^l}{\partial x_1}\right)_{T,p} = RT \frac{\partial \ln x_1}{\partial x_1} = \frac{RT}{x_1} \tag{5-173}$$

将式(5-172)、式(5-173)代入式(5-171)，得

$$d\overline{G}_1^l = -\overline{S}_1^l dT + RTd\ln x_1$$

等压下，纯气体的自由焓

$$dG_1^g = -S_1^g dT$$

故

$$d\overline{G}_1^l - dG_1^g = -\overline{S}_1^l dT + S_1^g dT + RTd\ln x_1$$

$$d(\overline{G}_1^l - \overline{G}_1^g) = -(\overline{S}_1^l - S_1^g) dT + RTd\ln x_1 \tag{5-174}$$

由于非凝性的气体组分与溶剂组分的临界温度相差较大，因而气相中溶剂组分的含量可忽略，故溶质组分在气相中的偏摩尔自由焓近似等于纯气态时的自由焓，即 $\overline{G}_1^g = G_1^g$。

根据气液平衡的条件

$$\overline{G}_1^l = \overline{G}_1^g$$

$$d(\overline{G}_1^l - \overline{G}_1^g) = 0$$

代入式(5-174)，整理得

$$\left[\frac{\partial \ln x_1}{\partial \ln T}\right]_p = \frac{\overline{S}_1^l - S_1^g}{R} \tag{5-175}$$

式中，$\overline{S}_1^l$ 为气体组分在溶液中的偏摩尔熵；S_1^g 为纯气体组分的偏摩尔熵；x_i 为气体组分在溶液中饱和时的摩尔分数。

若已知溶质气体的溶解熵($\overline{S}_1^l - S_1^g$)，则由式(5-175)求出温度对气体溶解度的影响。

实验证明，在不宽的温度范围内，$(\overline{S}_1^l - S_1^g)$ 可看作与温度无关，积分式(5-175)，可得

$$\ln \frac{x_1}{x_1'} = \frac{\overline{S}_1^l - S_1^g}{R} \ln \frac{T_2}{T_1}$$

只要有该气体的溶解熵和某一温度下的溶解度数据，就可求得其他温度下的溶解度。此式使用条件是液相中气体溶解度较小的系统，且温度变化范围不大。

5.6.4 状态方程计算气液平衡

高压下，气体在液相中的溶解度增加，气液平衡的计算与汽液更趋一致。5.5 节介绍的汽液平衡计算方法同样也适用于气液平衡。但用活度系数法计算气体的溶解度，因挥发组分的标准态逸度难以确定，使计算不便。目前较理想的仍是状态方程法。

与汽液平衡相似，应用状态方程法将气液平衡表示为

$$p y_i \hat{\phi}_i^g = p x_i \hat{\phi}_i^l \tag{5-176}$$

或

$$K_i = \frac{y_i}{x_i} = \frac{\hat{\phi}_i^l}{\hat{\phi}_i^g} \tag{5-177}$$

使用状态方程法进行气液平衡计算的一般步骤为：

① 选择合适的状态方程及与之相适应的混合规则；

② 确定目标函数。

常用的目标函数有以下几种：气液两相逸度相等，计算和实验的压力相等，组分的浓度相等以及压力加组分浓度的组合型等。其中，气液两相逸度相等的目标函数表达为

$$F = \sum_{j=1}^{N} \sum_{i=1}^{M} (\hat{f}_i^g - \hat{f}_i^l)_j^2 \tag{5-178}$$

式中，F 为目标函数；M 和 N 分别为组分数和实验点数。

或表示为

$$F = \sum_{j=1}^{N} \sum_{i=1}^{M} (\ln \hat{f}_i^g - \ln \hat{f}_i^l)_j^2 \tag{5-179}$$

③ 用优化方法回归得到可调参数，这一步是整个计算的关键。参数的求算是一个解非线性方程组的问题，需要用优化的方法进行。只要得到相应系统的二元可调参数才可以进行气液平衡计算。

④ 得到二元可调参数后，便可进行气液平衡的计算。

气、液两相需要选择同一逸度系数的表达式，图 5-27 为以 PR 方程为例，计算等温气液平衡的框图。

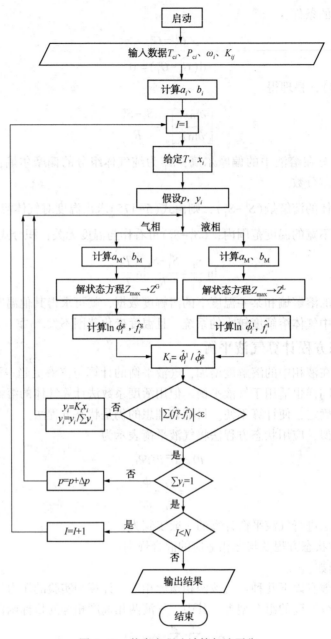

图 5-27　状态方程法计算气液平衡

5.7　液液平衡

液液平衡是液体组分相互达到饱和溶解度时液相和液相的平衡，一般出现在与理想溶液有较大正偏差的溶液中。

如果溶液的非理想性较大，同种分子间的吸引力明显大于异种分子间的吸引力，在此情况下，当溶液的组成进入某一定范围内，溶液便会出现相分裂而形成两个液相，其原因可由混合 Gibbs 自由能与组成的关系来说明。

168

图 5-28 为给定的 T、p 下，二元溶液的混合 Gibbs 自由能与组成 x_1 的变化曲线。曲线 Ⅰ 表示互溶的液体混合物；曲线 Ⅱ 表示在 x_1 和 x_1'' 组成间出现相分裂的液体混合物。

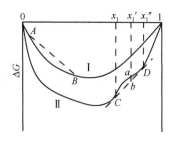

图 5-28　二元溶液的摩尔混合 Gibbs 自由能

根据平衡物系的 Gibbs 自由能最小的原则，即 $(\mathrm{d}G)_{T,p}=0$ 分析曲线 Ⅰ、Ⅱ 的情况。曲线 Ⅰ 在全浓度范围内显示下凹形状，任意取曲线上两点 A、B 连线，那么 AB 线上任一点的纵坐标 $\Delta G'$（假定相分裂形成两液相的混合 Gibbs 自由能）值均大于同一总组成下曲线 Ⅰ 上的 ΔG 值（形成单一相分裂液相的混合 Gibbs 自由能），所以曲线 Ⅰ 表示溶液在任意组成下混合均为互溶。

曲线 Ⅱ 与曲线 Ⅰ 不同，在曲线 CD 部分呈上凸形状，表示不稳定区，其稳定的 Gibbs 自由能是沿着虚直线 CD，因为在同一总组成 x_1' 下，b 点的混合 Gibbs 自由能比 a 点小。C、D 表示平衡组成的双切点，说明在 C、D 之间范围内，形成两液相的混合 Gibbs 自由能比形成单一液相的小，即此范围内混合必引起相的分裂，分离成两液相的组成分别为 x_1 和 x_1''。

由曲线形状的数学条件，得出二元系统单相稳定性准则。ΔG 及其一阶和二阶导数必定为 x_1 的连续函数，并且满足

$$\frac{\mathrm{d}^2 \Delta G}{\mathrm{d}x_1^2}<0\,(\text{定 }T\text{、}p)\tag{5-180}$$

由于 T 是常数，还可以用下式表示

$$\frac{\mathrm{d}^2\left[\Delta G/(RT)\right]}{\mathrm{d}x_1^2}<0\,(\text{定 }T\text{、}p)\tag{5-181}$$

反之，若等温等压下

$$\frac{\mathrm{d}^2 \Delta G}{\mathrm{d}x_1^2}>0\,(\text{定 }T\text{、}p)$$

则系统将发生相分裂形成两液相。

【例 5-10】　在某一特定温度下，某二元溶液的超额 Gibbs 自由能可以表示为

$$\frac{G^{\mathrm{E}}}{RT}=Ax_1x_2$$

当 A 为何值时，此方程所描述的系统是完全互溶系？当 A 为何值时，此方程所描述的系统可能产生液液分层现象？

解：对于二元系

$$\Delta G=\Delta G^{\mathrm{id}}+G^{\mathrm{E}}=RT(x_1\ln x_1+x_2\ln x_2)+G^{\mathrm{E}}$$

$$\frac{\mathrm{d}(\Delta G/RT)}{\mathrm{d}x_1}=\ln x_1-\ln x_2+\frac{\mathrm{d}(G^{\mathrm{E}}/RT)}{\mathrm{d}x_1}$$

$$\frac{\mathrm{d}^2(\Delta G/RT)}{\mathrm{d}x_1^2}=\frac{1}{x_1x_2}+\frac{\mathrm{d}^2(G^{\mathrm{E}}/RT)}{\mathrm{d}x_1^2}\tag{1}$$

由已知式可得

$$\frac{\mathrm{d}(G^{\mathrm{E}}/RT)}{\mathrm{d}x_1}=Ax_2-Ax_1$$

$$\frac{\mathrm{d}^2(G^{\mathrm{E}}/RT)}{\mathrm{d}x_1^2}=-2A\tag{2}$$

将(2)式代入(1)式，得

$$\frac{\mathrm{d}^2(\Delta G/RT)}{\mathrm{d}x_1^2}=\frac{1}{x_1x_2}-2A$$

对于完全互溶系，要求在全浓度范围内满足

$$\frac{\mathrm{d}^2(\Delta G/RT)}{\mathrm{d}x_1^2}>0$$

即

$$\frac{1}{x_1x_2}>2A$$

x_1 在 $0\sim1$ 的范围内，$1/(x_1x_2)$ 的最小值是 4，则

$$2A<\frac{1}{x_1x_2}\geqslant4$$

所以当 $A<2$ 时，所描述的系统为完全互溶系，该超额 Gibbs 自由能方程所描述的系统为完全互溶系。

产生液液分层现象的条件是

$$\frac{\mathrm{d}^2(\Delta G/RT)}{\mathrm{d}x_1^2}<0$$

所以，当 $A>2$ 时，系统可能产生液液分层现象。

习　题

5-1　一氯甲烷在 100℃的第二 Virial 系数 $B=-242.5\mathrm{cm}^3\cdot\mathrm{mol}^{-1}$。

① 推导由两项 Virial 方程 $Z=1+\dfrac{Bp}{RT}$ 计算逸度系数的公式；

② 计算一氯甲烷在 100℃，1.2MPa 时的逸度系数和逸度。

5-2　对于二元气体混合物的 Virial 方程和 Virial 系数分别为 $Z=1+\dfrac{Bp}{RT}$ 和 $B_\mathrm{M}=\sum\limits_{i=1}^{2}\sum\limits_{j=1}^{2}y_iy_jB_{ij}$，试导出 $\ln\hat{\phi}_1$、$\ln\hat{\phi}_2$ 的表达式。计算 20kPa 和 50℃下，甲烷(1)和正己烷(2)气体混合物在 $y_1=0.5$ 时的 $\hat{\phi}_1$、$\hat{\phi}_2$、ϕ 和 f。已知 Virial 系数 $B_{11}=-33\mathrm{cm}^3\cdot\mathrm{mol}^{-1}$，$B_{22}=-1538\mathrm{cm}^3\cdot\mathrm{mol}^{-1}$，$B_{12}=-234\mathrm{cm}^3\cdot\mathrm{mol}^{-1}$。

5-3　在 25℃和 4MPa 条件下，由组分 1 和组分 2 组成的二元液体混合物中，组分 1 的逸度 $\hat{f}_1$ 由下式给出

$$\hat{f}_1=5x_1-6x_1^2+3x_1^3$$

式中 x_1 是组分 1 的摩尔分数，$\hat{f}_1$ 的单位为 MPa。在上述的 T 和 p 下，试计算：

① 纯组分 1 的逸度 f_1；

② 纯组分 1 的逸度系数；

③ 作为 x_1 函数的活度系数 γ_1 表达式(组分 1 以 Lewis-Randall 规则为标准态)。

5-4　已知 40℃和 7.09MPa 下，二元混合物的 $\ln f=1.96-0.235x_1(f\colon\mathrm{MPa})$，求 $x_1=0.3$ 时的 $\hat{f}_1$、$\hat{f}_2$。

5-5　甲基乙酮(1)-甲苯(2)系统的有关的平衡数据如下：$T = 323.15K$、$p = 25.92kPa$、$x_1 = 0.5119$、$y_1 = 0.7440$，已知甲基乙酮和甲苯在 323.15K 的饱和蒸气压为 $p_1^S = 36.06kPa$，$p_2^S = 12.30kPa$，求

① 液相各组分的活度系数；

② 液相的 ΔG 和 G^E。

5-6　在一定 T、p 下，测得某二元系统的活度系数值可用下列方程表示

$$\ln\gamma_1 = ax_2^2 + bx_2^2(3x_1 - x_2) \tag{1}$$

$$\ln\gamma_2 = ax_1^2 + bx_1^2(x_1 - 3x_2) \tag{2}$$

a、b 为温度和压力的函数。试推导出 $\dfrac{G^E}{RT}$ 的表达式，并从热力学角度分析以上方程是否合理。

5-7　假定丙酮(1)，乙腈(2)和硝基甲烷(3)系统可按完全理想系处理(符合 Raoult 定律)，各组分的饱和蒸气压方程

$$\ln p_1^S = 14.5463 - \frac{2940.46}{t + 237.22}$$

$$\ln p_2^S = 14.2724 - \frac{2945.47}{t + 224.00}$$

$$\ln p_3^S = 14.2043 - \frac{2972.64}{t + 209.00}$$

式中蒸气压单位为 kPa，温度单位为℃。

① 已知 $t = 70℃$，$y_1 = 0.50$，$y_2 = 0.30$，$y_3 = 0.20$，求 p 和 x_i；

② 已知 $p = 100kPa$，$x_1 = 0.20$，$x_2 = 0.50$，$x_3 = 0.30$，求 T 和 y_i。

5-8　甲醇(1)和乙酸甲酯(2)的活度系数方程和饱和蒸气压方程分别为

$$\ln\gamma_1 = Ax_2^2, \quad \ln\gamma_2 = Ax_1^2$$

$$A = 2.771 - 0.00523T$$

$$\ln p_1^S = 16.59158 - \frac{3643.31}{T - 33.424}$$

$$\ln p_2^S = 14.25326 - \frac{2665.54}{T - 53.424}$$

式中 T 的单位为 K，蒸气压的单位为 kPa。

已知 $p = 101.33kPa$，$x_1 = 0.40$，求 T、y_1、y_2。

5-9　甲醇(1)-乙酸甲酯(2)二元系统在45℃时的活度系数方程为

$$\ln\gamma_1 = 1.107x_2^2, \quad \ln\gamma_2 = 1.107x_1^2$$

45℃时，甲醇(1)、乙酸甲酯(2)的饱和蒸气压

$$p_1^S = 44.15kPa, \quad p_2^S = 65.64kPa$$

求45℃，$y_1 = 0.6$ 时的露点压力 p 和液相组成 x_1、x_2。

5-10　苯(1)-甲苯(2)可以作为理想系统处理，90℃时苯和甲苯的饱和蒸气压分别为 $p_1^S = 136kPa$，$p_2^S = 54.2kPa$。

(1) 求90℃时，与 $x_1 = 0.2$ 的液相成平衡的汽相组成和泡点压力；

(2) 90℃和120kPa时的平衡汽、液相组成多少？

5-11　在总压101.33kPa、350.8K 下，苯(1)-正己烷(2)形成 $x_1 = 0.525$ 的恒沸混合

物。此温度下两组分的蒸气压分别是 99.4KPa 和 97.27KPa，液相活度系数模型选用 Margules 方程，汽相服从理想气体，求 350.8K 下的汽液平衡关系 $p\sim x_1$ 和 $y_1\sim x_1$ 的函数式。

5-12　甲醇(1)-水(2)系统，已知 Antoine 方程为

$$\ln p_1^S = 16.5725 - \frac{3626.55}{T - 34.29}$$

$$\ln p_2^S = 16.2886 - \frac{3816.44}{T - 46.13}$$

蒸气压的单位为 kPa，温度的单位为 K。

Wilson 参数为

$$\Lambda_{12} = 0.4318\exp\left[-\frac{130.52}{T}\right]$$

$$\Lambda_{21} = 2.316\exp\left[-\frac{196.18}{T}\right]$$

计算 $p = 101.3\text{kPa}$、$x_1 = 0.2$ 的 T、y_1、y_2。

5-13　环己酮(1)-苯酚(2)系统在 144℃时的汽液平衡数据为 $x_1 = 0.600$，$y_1 = 0.8443$，$p = 38.19\text{kPa}$。144℃的饱和蒸气压为 $p_1^S = 75.20\text{kPa}$，$p_2^S = 31.66\text{kPa}$。系统的活度系数可用下列方程计算

$$\ln\hat{\phi}_1 \ln\gamma_1 = Ax_2^2, \quad \ln\gamma_2 = Ax_1^2$$

① 液相混合物中环己酮的摩尔分数 $x_1 = 0.2$，求 144℃时的泡点压力和汽相组成；

② 该系统 144℃时能形成恒沸物，求恒沸组成和恒沸压力。

5-14　苯(1)-乙苯(2)系统达到汽液平衡，平衡组成为 $x_1 = 0.3$，$y_1 = 0.6$，求平衡温度和压力。已知苯和乙苯的饱和蒸气压方程为

$$\ln p_1^S = 13.7819 - \frac{2726.81}{t + 217.572}, \quad \ln p_2^S = 13.9726 - \frac{3259.93}{t + 212.300}$$

蒸气压的单位为 kPa，温度的单位为℃。

5-15　某混合物含丙烷(1)0.451、异丁烷(2)0.183、正丁烷(3)0.366，均为摩尔分数，在 $t = 94℃$ 和 $p = 2.41\text{MPa}$ 下进行闪蒸，采用 p-T-K 图估算平衡时混合物的汽化分率及气相和液相组成。

5-16　以烃类蒸气混合物含有甲烷(1)5%、乙烷(2)10%、丙烷(3)30%及异丁烷(4)55%。采用 p-T-K 图求混合物在 25℃时的露点压力与泡点压力，并确定在 $t = 25℃$，$p = 1\text{MPa}$ 时的气相分率。

5-17　25℃和 101.33kPa 时乙烷(E)在正庚烷(H)中的溶解度是 $x_E = 0.0159$，且液相的活度系数可以表示为 $\ln\gamma_E = B \cdot (1 - x_E^2)$，并已知 25℃时的 Henry 常数：$k_E = 27.0$（在 $p = 101.32\text{kPa}$ 时），$k_H = 1.62$（在 $p = 2026.4\text{kPa}$ 时）。计算 25℃和 2026.4kPa 时乙烷在正庚烷中的溶解度（可以认为正庚烷为不挥发组分）。

5-18　正辛烷(1)-水(2)组成液液平衡系统。在 25℃时，测得水相中正辛烷的摩尔分数为 0.00007，而醇相中水的摩尔分数为 0.26，试估算水在两相中的活度系数。

5-19　某一碳氢化合物(1)与水(2)可以视为一个几乎互不相溶的系统，如在常压和 20℃时碳氢化合物中含水量只有 $x_W = 0.00021$，已知该碳氢化合物在 20℃时的蒸气压 $p_1^S = 202.65\text{kPa}$，试从相平衡关系求出气相组成的表达式，并说明是否可以用蒸馏的方法使碳氢化合物进一步干燥。

第6章 化学平衡

通过化学反应将廉价易得的原料转化为我们所需要的、附加值更高的产品，是化工生产的重要任务。有机反应与无机反应有很大区别：绝大多数的有机化学反应都是可逆反应，都不可能百分百地完成，而且除主反应外，尚有副反应发生。在反应条件下，反应能否按照我们需要的方向进行，进行的限度怎样，影响反应限度条件如何等，是本章要讨论的问题。

6.1 反应进度

当没有发生核裂变时，化学反应中的元素是守恒的，整个系统的物质是守恒的。

化学反应式可表示为下述的通式

$$|\nu_1|A_1 + |\nu_2|A_2 + \cdots \Longleftrightarrow |\nu_3|A_3 + |\nu_4|A_4 + \cdots \tag{6-1}$$

式中，$|\nu_i|$ 为化学计量系数；A_i 代表化学式；ν_i 为化学计量数，反应物的 ν_i 取负值，生成物的 ν_i 取正值。不管反应的真正方向如何，通常把反应式左边的组分叫作反应物，右边的组分叫作生成物。对于下列化学反应

$$N_2 + 3H_2 \Longleftrightarrow 2NH_3$$

其化学计量数为

$$\nu_{N_2} = -1; \quad \nu_{H_2} = -3; \quad \nu_{NH_3} = 2$$

当反应进行时，各参加反应物质的物质的量的变化，严格地按各化学计量数的比例关系进行，应用此原理于微分反应时，则式（6-1）有

$$\frac{dn_{H_2}}{\nu_{H_2}} = \frac{dn_{N_2}}{\nu_{N_2}} \qquad \frac{dn_{NH_3}}{\nu_{NH_3}} = \frac{dn_{N_2}}{\nu_{N_2}} \qquad 等$$

由此可见有

$$\frac{dn_1}{\nu_1} = \frac{dn_2}{\nu_2} = \frac{dn_3}{\nu_3} = \frac{dn_4}{\nu_4} = \cdots$$

这就是说，凡参加反应的各种物质，反应了的物质的量对其化学计量数的比值都相等，令此比值为 $d\varepsilon$

$$\frac{dn_1}{\nu_1} = \frac{dn_2}{\nu_2} = \frac{dn_3}{\nu_3} = \frac{dn_4}{\nu_4} = \cdots = d\varepsilon \tag{6-2}$$

因此，化学物质的物质的量的微分变化 dn_i 和 $d\varepsilon$ 间的普遍关系为

$$dn_i = \nu_i d\varepsilon (i=1, 2, \cdots) \tag{6-3}$$

式中，变量 ε 为反应进度，也称为反应坐标或反应程度，表示反应已经发生的程度。由式（6-3）可见，dn_i 是反应变化的物质的量，所以 $\nu_i d\varepsilon$ 也是物质的量，ν_i 的单位为摩尔时，则另一个量 ε 就应该是无单位的纯数值。当 $\Delta\varepsilon = 1$，意味着反应已进行到这样的程度，即每个反应物已有 ν_i 摩尔消耗掉，而每个产物已有 ν_i 摩尔生成，这就是反应进度的物理意义。每个反应之前，系统在初态时 ε 为零，$n_i = n_{i0}$，则反应进行到一定程度时，得

$$\int_{n_{i0}}^{n_i} dn_i = \nu_i \int_0^{\varepsilon} d\varepsilon$$

据此可计算平衡转化率、平衡产率等。

【例6-1】 一系统发生下列反应

$$CH_4 + H_2O \Longleftrightarrow 3H_2 + CO$$

各物质的初始含量为 2mol CH_4，1mol H_2O，1mol CO 和 4mol H_2。求 n_i 和 y_i 对 ε 的函数关系式。

解：对于所给的反应，式(6-2)写成

$$\frac{dn_{CH_4}}{-1} = \frac{dn_{H_2O}}{-1} = \frac{dn_{CO}}{1} = \frac{dn_{H_2}}{3} = d\varepsilon$$

对四个 ε 与 n_i 的方程式进行积分，ε 的积分限由初态的零积分到另一状态的 ε，得下述四个积分式

$$\int_1^{n_{CH_4}} dn_{CH_4} = -\int_0^{\varepsilon} d\varepsilon \qquad \int_2^{n_{H_2O}} dn_{H_2O} = -\int_0^{\varepsilon} d\varepsilon$$

$$\int_1^{n_{CO}} dn_{CO} = \int_0^{\varepsilon} d\varepsilon \qquad \int_5^{n_{H_2}} n_{H_2} = 3\int_0^{\varepsilon} d\varepsilon$$

解 n_i，得

$$n_{CH_4} = 1 - \varepsilon; \quad n_{H_2O} = 2 - \varepsilon; \quad n_{CO} = 1 + \varepsilon; \quad n_{H_2} = 5 + 3\varepsilon$$

则反应进行到该时刻系统中总物质的量为

$$N = n_{CH_4} + n_{H_2O} + n_{CO} + n_{H_2} = 9 + 2\varepsilon$$

则各组分的组成为

$$y_{CH_4} = \frac{n_{CH_4}}{N} = \frac{1-\varepsilon}{9+2\varepsilon}; \quad y_{H_2O} = \frac{2-\varepsilon}{9+2\varepsilon}; \quad y_{CO} = \frac{1+\varepsilon}{9+2\varepsilon}; \quad y_{H_2} = \frac{5+3\varepsilon}{9+2\varepsilon}$$

当有两个或两个以上的独立反应同时进行时，每个反应的反应进度 ε 与每个反应 j 有关，若有 r 个独立反应，用 ν_{ij} 代表第 j 个反应的第 i 个物质的化学计量数。其中 $j = 1, 2, \cdots, r$ 表示反应，$i = 1, 2, \cdots, C$ 表示化学物种。物质 i 的物质的量，因为有若干反应而可能改变，其一般式与式(6-3)相似，包含一总和

$$dn_i = \sum_j \nu_{ij} d\varepsilon_j \quad (i = 1, 2, \cdots, C) \tag{6-4}$$

【例6-2】 在含有 H_2，CO_2，CO，CH_4 和 H_2O 的系统中，已知存在两个独立反应

$$3H_2 + CO \Longleftrightarrow CH_4 + H_2O$$

$$2H_2 + 2CO \Longleftrightarrow CH_4 + CO_2$$

如果最初系统中有 2mol H_2 和 1mol CO，而 CH_4、H_2O 和 CO_2 的初始量为零。试将系统的组成 y_i 表示成反应进度 ε_1 和 ε_2 的函数。

解：列出各组分的化学计量数

反应序号	ν_{ij}				
	H_2	CO	CH_4	H_2O	CO_2
1	-3	-1	1	1	0
2	-2	-2	1	0	1

由式(6-2)得

$$\frac{dn_{H_2}}{-3}=\frac{dn_{CO}}{-1}=\frac{dn_{CH_4}}{1}=\frac{dn_{H_2O}}{1}=d\varepsilon_1$$

$$\frac{dn_{H_2}}{-2}=\frac{dn_{CO}}{-2}=\frac{dn_{CH_4}}{1}=\frac{dn_{CO_2}}{1}=d\varepsilon_2$$

将式(6-4)应用于每一物种, 积分得

$$\int_2^{n_{H_2}} n_{H_2}=-3\int_0^{\varepsilon_1} d\varepsilon_1-2\int_0^{\varepsilon_2} d\varepsilon_2 \qquad \int_1^{n_{CO}} dn_{CO}=-\int_0^{\varepsilon_1} d\varepsilon_1-2\int_0^{\varepsilon_2} d\varepsilon_2$$

$$\int_0^{n_{CH_4}} dn_{CH_4}=\int_0^{\varepsilon_1} d\varepsilon_1+\int_0^{\varepsilon_2} d\varepsilon_2 \qquad \int_0^{n_{H_2O}} dn_{H_2O}=\int_0^{\varepsilon} d\varepsilon_1 \qquad \int_0^{n_{CO}} dn_{CO_2}=\int_0^{\varepsilon_2} d\varepsilon_2$$

解 n_i, 得

$$n_{H_2}=2-3\varepsilon_1-2\varepsilon_2 \; ; \; n_{CO}=1-\varepsilon_1-2\varepsilon_2 \; ; \; n_{CH_4}=\varepsilon_1+\varepsilon_2 \; ; \; n_{H_2O}=\varepsilon_1 \; ; \; n_{CO_2}=\varepsilon_2$$

则反应进行到该时刻系统中总物质的量为

$$N=n_{H_2}+n_{CO}+n_{CH_4}+n_{H_2O}+n_{CO_2}=3-2\varepsilon_1-2\varepsilon_2$$

则各组分的组成为

$$y_{H_2}=\frac{n_{H_2}}{N}=\frac{2-3\varepsilon_1-2\varepsilon_2}{3-2\varepsilon_1-2\varepsilon_2} \; ; \; y_{CO}=\frac{1-\varepsilon_1-2\varepsilon_2}{3-2\varepsilon_1-2\varepsilon_2} \; ; \; y_{CH_4}=\frac{\varepsilon_1+\varepsilon_2}{3-2\varepsilon_1-2\varepsilon_2}$$

$$y_{H_2O}=\frac{\varepsilon_1}{3-2\varepsilon_1-2\varepsilon_2} \; ; \; y_{CO_2}=\frac{\varepsilon_2}{3-2\varepsilon_1-2\varepsilon_2}$$

由此可见, 该系统各组成是两个独立变量 ε_1 和 ε_2 的函数。

6.2 化学反应平衡常数

6.2.1 化学反应平衡的判据

任何反应物系都是由反应物和产物组成的多元混合物系统。在一定的 T、p 和 dt 时间下, 反应系统 Gibbs 自由能变为

$$dG_{T,p}=\sum_i \mu_i dn_i=\sum_i \mu_i \nu_i d\varepsilon \qquad (6\text{-}5a)$$

或

$$\left(\frac{\partial G}{\partial \varepsilon}\right)_{T,p}=\sum_i^c \mu_i \nu_i \qquad (6\text{-}5b)$$

对于一个自发的反应过程, 在恒定的 T 和 p 下, 系统的 Gibbs 自由能随反应程度的增加而减小, 即化学反应方向的判据为

$$dG_{T,p}<0, \text{ 或 } \Delta_r G_{T,p}<0 \qquad (6\text{-}6)$$

图 6-1 为单一反应 Gibbs 自由能与反应进度的关系曲线, 曲线中的箭头表示了反应过程中系统 Gibbs 自由能变化的方向, 曲线的最低点对应化学平衡时的反应进度 $\varepsilon=\varepsilon^e$。达到化学平衡时 Gibbs 自由能最小, 即

$$\left(\frac{\partial G}{\partial \varepsilon}\right)_{T,p}=0 \qquad (6\text{-}7a)$$

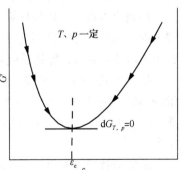

图 6-1　Gibbs 自由能
与反应进度的关系

或 $$\sum_i \mu_i \nu_i = 0 \tag{6-7b}$$

或 $$\mathrm{d}G_{T,p} = 0 \tag{6-7c}$$

式(6-7)是反应平衡的判据。因为 Gibbs 自由能是状态函数,所以实际中如何达到平衡状态并不重要,只要平衡态的温度和压力一定,即可应用该判据。

由图 6-1 可见,在一定 T、p 下,可逆反应 $\Delta_r G_{T,p}$ 的正负取决于反应物和产物的浓度。反应进度不同,反应的方向也会不同,但都趋向于达到 ε^c。

6.2.2 标准 Gibbs 自由能变化与平衡常数

混合物中组分 i 的化学位 $\mu_i = \overline{G}_i$,由式(5-88)$\overline{G}_i = G_i^\ominus + RT\ln\dfrac{\hat{f}_i}{f_i^\ominus}$ 及 $a_i = \dfrac{\hat{f}_i}{f_i^\ominus}$,得

$$\mu_i = G_i^\ominus + RT\ln a_i \tag{6-8}$$

联立式(6-8)和式(6-7b),消去 μ_i,得

$$\sum \nu_i (G_i^\ominus + RT\ln a_i) = 0$$

或 $$\sum \nu_i G_i^\ominus + \sum RT\ln a_i^{\nu_i} = 0$$

或 $$\ln \prod a_i^{\nu_i} = -\frac{\sum \nu_i G_i^\ominus}{RT} \tag{6-9}$$

上式写成指数形式为

$$\prod a_i^{\nu_i} = \exp \frac{-\sum \nu_i G_i^\ominus}{RT} \equiv K \tag{6-10}$$

式中,K 称为平衡常数。由于 $G_i^\ominus$ 为纯物质 i 在固定压力下于其标准状态的性质,只是温度的函数,因此,平衡常数 K 亦仅是温度的函数。将式(6-9)写成

$$-RT\ln K = \sum \nu_i G_i^\ominus \equiv \Delta_r G^\ominus \tag{6-11}$$

式中,$\Delta_r G^\ominus$ 称为反应的标准 Gibbs 自由能变化,是 $\sum \nu_i G_i^\ominus$ 的一种习惯表示,用来估算化学反应的平衡常数。

6.2.3 平衡常数的计算

在实际生产中,常常需要根据平衡常数 K 来计算平衡组成,进而求出平衡转化率和平衡产率。因此,K 值的计算很重要。

原则上可以从实验值反算 K 值,但是要达到平衡可能需要相当长的时间,也难以确定和掌握,因此实际上这不是一个实用的方法。可用的方法是利用式(6-11)从反应的 Gibbs 自由能改变计算 K,即从反应物和生成物的标准生成 Gibbs 自由能求取。

标准生成 Gibbs 自由能($\Delta_f G^\ominus$)是指在标准状态下由构成该化合物的稳定态单质生成单位量(一般为 1mol)该化合物时所发生的 Gibbs 自由能变化。其中 298K 的标准生成 Gibbs 自由能($\Delta_f G_{298}^\ominus$)最重要,常用于计算实际反应过程的 Gibbs 自由能变($\Delta_r G^\ominus$),进而求取反应平衡常数。

$\Delta_f G^\ominus$ 的数值不能直接由实验测得,需要通过如下定义式计算

$$\Delta_f G_{298}^\ominus = \Delta_f H_{298}^\ominus - 298.15\Delta_f S_{298}^\ominus \tag{6-12}$$

$$\Delta_f G_T^\ominus = \Delta_f H_T^\ominus - T\Delta_f S_T^\ominus \tag{6-13}$$

式中，$\Delta_f H^\circ$ 为标准生成焓，单位为 $kJ \cdot mol^{-1}$，手册中可查到的标准生成焓大都是 298.15K 的数据，即 $\Delta_f H^\circ_{298}$；$\Delta_f S^\circ$ 为标准生成熵。

在化学数据手册中，$\Delta_f G^\circ_{298}$ 的数据常常与 $\Delta_f H^\circ_{298}$ 一起编排，由于 S°_{298} 的数据比较少，使 $\Delta_f G^\circ_{298}$ 的数据要相对少一些。

标准生成 Gibbs 自由能、标准生成焓、标准生成熵采用相同的单质标准态：在标准态温度下最稳定的相态。某个化学反应的标准 Gibbs 自由能变化等于生成物的标准生成 Gibbs 自由能之和减去反应物的标准 Gibbs 自由能之和。

$$\Delta_r G^\circ = \sum_{i=1}^{n} \alpha_i \Delta_f G^\circ_i - \sum_{j=1}^{m} \beta_j \Delta_f G^\circ_j \qquad (6-14)$$

类似的，可以写出 $\Delta_r H^\circ$ 与 $\Delta_r S^\circ$

$$\Delta_r H^\circ = \sum_{i=1}^{n} \alpha_i \Delta_f H^\circ_i - \sum_{j=1}^{m} \beta_j \Delta_f H^\circ_j \qquad (6-15)$$

$$\Delta_r S^\circ = \sum_{i=1}^{n} \alpha_i \Delta_f S^\circ_i - \sum_{j=1}^{m} \beta_j \Delta_f S^\circ_j \qquad (6-16)$$

式中，α_i 为生成物中 i 组分的物质的量；β_j 为反应物中 j 组分的物质的量；$\Delta_r H^\circ$ 为温度 T 时化学反应的标准焓变，即反应热；$\Delta_r S^\circ$ 为温度 T 时化学反应的标准熵变。

由式(6-14)求得 $\Delta_r G^\circ$ 后代入式(6-11)求取平衡常数 K。

【例 6-3】 试分别用标准生成自由焓，标准反应热和标准反应熵变计算下述反应在 298K 时的平衡常数

$$CH_4(g) + H_2O(l) \Longleftrightarrow 3H_2(g) + CO(g)$$

解：由附录 2 查出甲烷、水、水蒸气和一氧化碳的标准热化学数据如下

组　分	相　态	$\Delta_f G^\circ_{298}/kJ \cdot mol^{-1}$
CH_4	g	−50.5
H_2O	l	−237.141
H_2	g	0
CO	g	−137.2

由

$$\Delta_r G^\circ = \sum_{i=1}^{n} \alpha_i \Delta_f G^\circ_i - \sum_{j=1}^{m} \beta_j \Delta_f G^\circ_j$$

得

$$\Delta_r G^\circ_{298} = 3\Delta_f G^\circ_{H_2} + \Delta_f G^\circ_{CO} - \Delta_f G^\circ_{H_2O} - \Delta_f G^\circ_{CH_4}$$

$$= 3 \times 0 - 137.2 + 237.141 + 50.5$$

$$= 150.441 kJ \cdot mol^{-1}$$

所以

$$K = \exp\left(-\frac{\Delta G^\circ}{RT}\right) = \exp\left(\frac{-150.441 \times 10^3}{8.314 \times 298}\right) = 4.257 \times 10^{-27}$$

这样小的平衡常数反应是很困难的。

6.2.4　温度对平衡常数的影响

由于标准态的温度是平衡混合物的温度，因此，反应的标准热力学性质的变化是随温度的变化而变化的。

由于

$$\Delta S^\circ = -\frac{d\Delta G^\circ}{dT}$$

$$\Delta G^\circ = \Delta H^\circ - T\Delta S^\circ$$

联立上两式，消去 ΔS°，得

$$\frac{\Delta H^{\circ}}{T} - \frac{\Delta G^{\circ}}{T} = -\frac{\mathrm{d}\Delta G^{\circ}}{\mathrm{d}T}$$

整理得

$$\Delta H^{\circ} = -RT^2 \frac{\mathrm{d}(\Delta G^{\circ}/RT)}{\mathrm{d}T}$$

由式(6-11)得

$$\frac{\Delta G^{\circ}}{RT} = -\ln K$$

所以

$$\frac{\mathrm{d}\ln K}{\mathrm{d}T} = \frac{\Delta H^{\circ}}{RT^2} \tag{6-17}$$

式(6-17)称为 Van't Hoff 等压方程式，它给出了温度对平衡常数的影响。显然，当 ΔH° 为负值，即放热反应时，K 随温度升高而降低；而当 ΔH° 为正值，即吸热反应时，K 随温度升高而增加。

如果标准焓变化在给定的温度区间内可作为常数，即假设它不随温度变化而为定值，则式(6-17)积分得

$$\ln \frac{K}{K_1} = -\frac{\Delta H^{\circ}}{R}\left(\frac{1}{T} - \frac{1}{T_1}\right) \tag{6-18}$$

式(6-18)是一个近似式。在温度范围不大的情况下，可由已知 T_1 的平衡常数 K_1 的条件下，求出 T 时的 K 值。

6.2.5　平衡常数与平衡组成间的关系

为了分析和设计工业反应装置，常常需要根据常数来计算平衡组成，从而获得平衡转化率和平衡产率的信息。

$$平衡转化率 = \frac{平衡时消耗了的反应物的物质的量}{在加料中的反应物的物质的量}$$

$$平衡产率 = \frac{平衡时转化为产物的物质的量}{平衡时消耗了的反应物的物质的量}$$

由此可见，建立平衡浓度或平衡分压与化学反应平衡常数间的关系是至关重要的。为了比较简便地计算平衡组成，对于不同类型的反应，可将平衡常数与组成的关系用不同的形式表达。

（1）气相反应

式(6-10)表示了反应的平衡常数与活度的关系

$$K = \prod a_i^{\nu_i}$$

将 $a_i = \hat{f}_i / f_i^{\circ}$ 代入上式，得

$$K = \prod a_i^{\nu_i} = \prod (\hat{f}_i / f_i^{\circ})^{\nu_i} = K_f \tag{6-19}$$

气体的逸度标准态是在同温下，压力为 100kPa 的理想气体状态，此时，$f_i = 100$kPa。用逸度系数表示，式(6-19)变为

$$K_f = \left(\frac{p}{100}\right)^{\sum \nu_i} \prod \hat{\phi}_i^{\nu_i} \prod y_i^{\nu_i} = \left(\frac{p}{100}\right)^{\sum \nu_i} K_{\phi} K_y \tag{6-20a}$$

式中，$K_\phi = \prod \dot{\phi}_i^{\nu_i}$、$K_y = \prod y_i^{\nu_i}$。$p$ 是系统总压，单位为 kPa。如果压力和逸度的单位均以 atm 为单位，则式(6-19a)可转化为

$$K_f = p^{\sum \nu_i} K_\phi K_y \qquad (6-20b)$$

以上各式中，y_i 是组分 i 的平衡摩尔分数，K_f 无量纲。

当压力足够低或温度足够高时，平衡混合物实际上表现为理想气体。这种情况下 $\dot{\phi}_i = 1$，则式(6-20b)简化为

$$K_f = \prod (py_i)^{\nu_i} \qquad (6-21)$$

【例6-4】 试计算在700K和30.39MPa下合成氨反应的平衡组成和氢气的平衡转化率，已知氢气和氮气的摩尔比为3∶1，该反应的 K_f 文献值为0.0091，各组分的标准状态为1atm（0.1013MPa），假定反应混合物为理想混合物。

解：合成氨反应为

$$\frac{1}{2}N_2 + \frac{3}{2}H_2 \Longrightarrow NH_3$$

因为反应混合物为理想混合物，则

$$K_\phi = \frac{\phi_{NH_3}}{\phi_{N_2}^{1/2} \cdot \phi_{H_2}^{3/2}}$$

其中，ϕ_i 可由对比态舍项 Virial 方程计算

$$\ln \phi_i = \frac{p_{ri}}{T_{ri}}(B^{(0)} + \omega_i B^{(1)})$$

$$B^{(0)} = 0.083 - \frac{0.422}{T_{ri}^{1.6}}, \quad B^{(1)} = 0.139 - \frac{0.172}{T_{ri}^{4.2}}$$

由附录1查出的各组分临界数据以及计算结果见下表

组分	T_c/K	p_c/MPa	ω_i	T_{ri}	p_{ri}	$B^{(0)}$	$B^{(1)}$	ϕ_i
N_2	126.2	3.394	0.04	5.55	8.95	0.0558	0.13887	1.104
H_2	33.2	1.297	-0.22	21.08	23.43	0.080	0.1390	1.056
NH_3	405.6	11.28	0.250	1.726	2.694	-0.093	0.1216	0.907

$$K_\phi = \frac{\phi_{NH_3}}{\phi_{N_2}^{1/2} \cdot \phi_{H_2}^{3/2}} = \frac{0.907}{1.104^{1/2} \cdot 1.056^{3/2}} = 0.795 \qquad (1)$$

由式(6-20b)得

$$K_y = \frac{K_f}{p^{\sum \nu_i} K_\phi} = \frac{30.39/0.1013 \times 0.0091}{0.795} = 3.434 \qquad (2)$$

由式(6-2)得

$$\frac{dn_{H_2}}{-3/2} = \frac{dn_{N_2}}{-1/2} = \frac{dn_{NH_3}}{1} = d\varepsilon \qquad (3)$$

取计算基准 $n_{H_2} = 1.5$mol。

① 当氢气和氮气的摩尔比为1∶1时，由式(3)积分得

$$n_{NH_3} = n_{NH_3,0} + \nu_{NH_3}\varepsilon = 0 + \varepsilon = \varepsilon$$

$$n_{N_2} = 1.5 - 0.5\varepsilon \qquad n_{H_2} = 1.5 - 1.5\varepsilon$$

则反应后总物质的量为 $N=1.5-0.5\varepsilon+1.5-1.5\varepsilon+\varepsilon=3-\varepsilon$

因此，各组分的摩尔分数为

$$y_{NH_3}=\frac{n_{NH_3}}{N}=\frac{\varepsilon}{3-\varepsilon}; \quad y_{N_2}=\frac{1.5-0.5\varepsilon}{3-\varepsilon}; \quad y_{H_2}=\frac{1.5-1.5\varepsilon}{3-\varepsilon}$$

则

$$K_y=\frac{y_{NH_3}}{y_{N_2}^{1/2}\cdot y_{H_2}^{3/2}}=\frac{\varepsilon(3-\varepsilon)}{(1.5-0.5\varepsilon)^{1/2}(1.5-1.5\varepsilon)^{3/2}}$$

将式(2)代入上式试差求解，得 $\varepsilon=0.625$

$$H_2 \text{ 的转化率} = \frac{n_{H_2,0}-n_{H_2}}{n_{H_2,0}} = \frac{1.5-(1.5-1.5\varepsilon)}{1.5} = \varepsilon = 0.625$$

② 当氢气和氮气的摩尔比为 3:1 时

$$n_{NH_3}=n_{NH_3,0}+\nu_{NH_3}\varepsilon=0+\varepsilon=\varepsilon$$

$$n_{N_2}=0.5-0.5\varepsilon \qquad n_{H_2}=1.5-1.5\varepsilon$$

则反应后总物质的量为 $N=0.5-0.5\varepsilon+1.5-1.5\varepsilon+\varepsilon=2-\varepsilon$

因此，各组分的摩尔分数为

$$y_{NH_3}=\frac{n_{NH_3}}{N}=\frac{\varepsilon}{2-\varepsilon}; \quad y_{N_2}=\frac{0.5-0.5\varepsilon}{2-\varepsilon}; \quad y_{H_2}=\frac{1.5-1.5\varepsilon}{2-\varepsilon}$$

则

$$K_y=\frac{y_{NH_3}}{y_{N_2}^{1/2}\cdot y_{H_2}^{3/2}}=\frac{\varepsilon(2-\varepsilon)}{(0.5-0.5\varepsilon)^{1/2}(1.5-1.5\varepsilon)^{3/2}}$$

将式(2)代入上式试差求解，得

$$\varepsilon=0.572(\text{舍去 } 1.428 \text{ 的解})$$

$$H_2 \text{ 的转化率} = \varepsilon = 0.572$$

$$y_{NH_3}=0.401; \quad y_{N_2}=0.150; \quad y_{H_2}=0.449$$

比较①和②结果，可以看出当增加氮气的用量时，氢气的平衡转化率提高。由于氢气的成本高，初步分析经济上是合算的，但引起了氨气出口浓度降低，气体处理量增大等问题。如何确定合适的反应物比例，应结合生产工艺进行全面分析才能确定；计算了平衡转化率后，可知部分氢气未反应，必须回用；计算出的平衡转化率指示了热力学的极限，再开发新催化剂提高转化率已无多大可能。总之，化学平衡计算对工艺条件的选择及改进有重要作用。

(2) 液相反应

液体的活度为 $a_i=\gamma_i x_i$ 结合式(6-10)得到反应平衡常数

$$K=K_a=\prod a_i^{\nu_i}=\prod \gamma_i^{\nu_i}\prod x_i^{\nu_i}=K_\gamma K_x \qquad (6-22)$$

式中，$\prod \gamma_i^{\nu_i}=K_\gamma$；$\prod x_i^{\nu_i}=K_x$。

1) 不添加溶剂的液相反应

反应系统是由反应物和产物组成的均相混合物，采用系统温度下的纯液体作为活度系数的标准态。式(6-22)中的 $K_\gamma=f_1(T,x_i)$，$x_i=f_2(\varepsilon)$，需迭代计算出 ε，再求 x_i。如果混合物为理想溶液，则 $K=K_x$，计算简单得多，但这种情况极少见。对非理想溶液，因为 γ 值与组成有关，组成需迭代求解。

2) 添加溶剂的液相反应

如果溶剂量不大，按一般溶液计算活度系数，计算方法基本同上。如果溶剂量较大，按稀溶液处理可使问题得到简化。

对于溶质，$a_i = \gamma_i^* m_i$，i 为反应物或产物，其活度系数的标准态符合 henry 定律，即稀溶液时 $a_i = m_i$，m_i 是组分的质量分数；

对于溶剂，$a_s = \gamma_s x_s$，s 为溶剂，其活度系数的标准态符合 Lewis-Randall 规则，即稀溶液中溶剂的 $a_s = x_s$。

溶剂不参加反应时

$$K = \prod m_i^{\nu_i} = K_m \tag{6-23}$$

溶剂参加反应时

$$K = x_s^{\nu_s} \prod m_i^{\nu_i} = K_m x_s^{\nu_s} \tag{6-24}$$

【例6-5】 在373K及大气压力下，1mol 乙醇(Et)与 1mol 乙酸(Ac)的酯化反应在大量水(W)中进行，产物为乙酸乙酯(Ea)。反应方程式如下

$$Et_{aq} + Ac_{aq} \rightleftharpoons Ea_{aq} + W_l$$

查得各组分在298K的标准生成 Gibbs 自由能数值如下：

组　分	Ac	Et	Ea	W
$\Delta_f H_i^{\ominus}/kJ \cdot mol^{-1}$	−484.5	−277.69	−463.25	−285.83
$\Delta_f G_i^{\ominus}/kJ \cdot mol^{-1}$	−389.9	−174.78	−318.28	−237.129

计算乙酸乙酯的平衡浓度。

解：溶质采用质量分数，溶剂(W)的标准态是纯水。

$$\Delta_r H_{298}^{\ominus} = -463.25 - 285.83 + 484.5 + 277.69 = 13.11 kJ$$
$$\Delta_r G_{298}^{\ominus} = -318.28 - 237.129 + 389.9 + 174.78 = 9.271 kJ$$

由式(6-11)得

$$\ln K_{298} = -\frac{\Delta_r G_{298}^{\ominus}}{RT} = \frac{9271}{8.314 \times 298} = -3.742$$

$$K_{298} = 0.0237$$

假定温度在298K至373K内，该反应的标准焓变化不随温度而为定值，则由式(6-18)得

$$\ln \frac{K_{373}}{K_{298}} = -\frac{\Delta H_{298}^{\ominus}}{R}\left(\frac{1}{373} - \frac{1}{298}\right) = \frac{-13110}{8.314}\left(\frac{1}{373} - \frac{1}{298}\right) = 1.064$$

$$K_{373} = 0.0690$$

因为溶液很稀，所以溶质和溶剂的活度系数接近于1，由式(6-24)得

$$K = x_s^{\nu_s} \prod m_i^{\nu_i} = \frac{m_{Ea} x_W}{m_{Et} m_{Ac}} = 0.069 \tag{1}$$

用反应进度表示各组分平衡时的量为

$$n_{Et} = n_{Et,0} - \varepsilon = 1 - \varepsilon, \quad n_{Ac} = 1 - \varepsilon, \quad n_{Ea} = \varepsilon$$

水的质量为 $(1000+\varepsilon) \times 0.018 \approx 18 kg$，且 $x_W \approx 1$，因此

$$m_{Et} = m_{Ac} = \frac{1-\varepsilon}{18} mol \cdot kg^{-1}, \quad m_{Ea} = \frac{\varepsilon}{18} mol \cdot kg^{-1}$$

代入式(1)，得

$$\frac{18\varepsilon}{(1-\varepsilon)^2} = 0.069, \quad \varepsilon = 0.0038$$

$$m_{Ea} = \frac{0.0038}{18} = 2.11 \times 10^{-4} \text{mol} \cdot \text{kg}^{-1}$$

习　题

6-1　反应前有 3mol CH_4、5mol H_2O，进行下列气相反应

$$CH_4 + H_2O \Longrightarrow 3H_2 + CO$$
$$CO + H_2O \Longrightarrow CO_2 + H_2$$

将反应过程中各组分的摩尔分数表示成反应进度的函数。

6-2　反应前有 2mol CO_2、5mol H_2，进行下列气相反应

$$CO_2 + 3H_2 \Longrightarrow CH_3OH + H_2O$$
$$CO_2 + H_2 \Longrightarrow CO + H_2O$$

将反应过程中各组分的摩尔分数表示成反应进度的函数。

6-3　如果正丁烷在裂解生产烯烃只需要考虑下列两个反应

$$C_4H_{10} \Longrightarrow C_2H_4 + C_2H_6$$
$$C_4H_{10} \Longrightarrow C_3H_6 + CH_4$$

进料中正丁烷与水蒸气的摩尔比为 1：2。将反应过程中各组分(包括水蒸气)的摩尔分数表示成反应进度的函数。

6-4　如果系统中有 C 个组分，同时发生 r 个独立反应，$\nu_{i,j}$ 为第 j 个反应中 i 组分的化学计量数，反应开始时各组分的摩尔数为 n_{i0}，推导用反应进度表示摩尔分数的关系式。

6-5　甲醇合成反应器，进料组成(摩尔分数)为 75% H_2，15% CO，5% CO_2，5% N_2，系统在 550K 和 10MPa 反应达到平衡。

$$CO + 2H_2 \Longrightarrow CH_3OH$$
$$CO_2 + H_2 \Longrightarrow CO + H_2O$$

① 将反应过程中各组分的摩尔分数表示成反应进度的函数；

② 已知平衡常数 $K_1 = 6.742 \times 10^{-4}$，$K_2 = 1.7282 \times 10^{-4}$，假设为理想气体，写出关于反应进度的代数方程；

③ 初始值取 $\varepsilon_1 = 0.1$，$\varepsilon_2 = 0.01$，求解平衡时混合物的组成。

6-6　正丁烷在 750K 和 0.2MPa 的条件下裂解生产烯烃，如果在此条件下只需要考虑下列两个反应的平衡转化率

$$C_4H_{10} \Longrightarrow C_2H_4 + C_2H_6 \quad (1) \quad K_1 = 3.856$$
$$C_4H_{10} \Longrightarrow C_3H_6 + CH_4 \quad (2) \quad K_2 = 268.4$$

进料中含 30%(摩尔分数)正丁烷，70%(摩尔分数)水蒸气(不参加反应)。

① 将反应过程中各组分(包括水蒸气)的摩尔分数表示成反应进度的函数；

② 假设为理想气体，写出计算反应进度的代数方程；

③ 求反应达到平衡时混合物的组成。

6-7　在 10MPa 的压力下气相合成甲醇

$$CO + 2H_2 \Longrightarrow CH_3OH$$

如果初始时混合物中 CO 与 H_2 的摩尔比为 1:2，把平衡常数 K 表示为反应进度的函数。

6-8 常压下在液相中发生以下异构化反应

$$A \Longrightarrow B$$

A 和 B 是互溶的液体，已知

$$\frac{G^E}{RT} = 0.05 x_A x_B, \quad \Delta G_{350}^{\ominus} = -2000 J \cdot mol^{-1}$$

在 350K 时反应的平衡组成为多少？如果 A 和 B 形成理想溶液，会产生多大误差？

参 考 文 献

［1］陈钟秀，顾飞燕，胡望明. 化工热力学. 北京：化学工业出版社，2012.

［2］马沛生，李永红. 化工热力学. 北京：化学工业出版社，2016.

［3］高光华，童景山. 化工热力学. 北京：清华大学出版社，2007.

［4］冯新，宣爱国，周彩荣，等. 化工热力学. 北京：化学工业出版社，2009.

［5］Smith J M，Van Ness H C. Introduction to Chemical Engineering Thermodynamics. 北京：化学工业出版社，2002.

［6］Prausnitz J M，Lichenthaler R N，Azevedo E. Molecular Thermodynamics of Fluid – Phase Equilibria. Englewood Cliff：Prentice-Hall Inc.，1986.

［7］郭天民，等. 多元气-液平衡和精馏. 北京：石油工业出版社，2002.

［8］班玉凤，朱静，朱海峰，等. 反应与分离过程. 北京：中国石化出版社.

［9］Dodge M，Stimson C 著，汉扬天地科技发展有限公司编译. Excel 2000 中文版使用大全. 北京：清华大学出版社，2000.

［10］王仲麟. Excel 2007 商业实战——单变量求解、方案与规划求解. 北京：科学出版社，2008.

［11］Winston W L 著，许达生译. 精通 Excel 2007 数据分析与业务建模. 北京：清华大学出版社，2008.

附 录

附录1 一些物质的基本物性数据

化合物	T_b	T_c	p_c	V_c	Z_c	ω
烷烃						
甲烷	111.7	190.6	4.600	99	0.288	0.008
乙烷	184.5	305.4	4.884	148	0.285	0.098
丙烷	231.1	369.8	4.246	203	0.281	0.152
正丁烷	272.7	425.2	3.800	255	0.274	0.193
异丁烷	261.3	408.1	3.648	263	0.283	0.176
正戊烷	309.2	469.6	3.374	304	0.262	0.251
异戊烷	301.0	460.4	3.384	306	0.271	0.227
新戊烷	282.6	433.8	3.202	303	0.269	0.197
正己烷	341.9	507.4	2.969	370	0.260	0.296
正庚烷	371.6	540.2	2.736	432	0.263	0.351
正辛烷	398.8	568.8	2.482	492	0.259	0.394
单烯烃						
乙烯	169.4	282.4	5.036	129	0.276	0.085
丙烯	225.4	365.0	4.620	181	0.275	0.148
1-丁烯	266.9	419.6	4.023	240	0.277	0.187
顺-2-丁烯	276.9	435.6	4.205	234	0.272	0.202
反-2-丁烯	274	428.6	4.104	238	0.274	0.214
1-戊烯	303.1	464.7	4.053	300	0.31	0.245
顺-2-戊烯	310.1	476	3.648	300	0.28	0.240
反-2-戊烯	309.5	475	3.658	300	0.28	0.237
其他有机化合物						
乙酸	391.1	594.4	5.786	171	0.200	0.454
丙酮	329.4	508.1	4.701	209	0.232	0.309
乙腈	354.8	548	4.833	173	0.184	0.321
乙炔	189.2	308.3	6.140	113	0.271	0.184
丙炔	250.0	402.4	5.624	164	0.276	0.218
1,3-丁二烯	268.7	425	4.327	221	0.270	0.195
异戊二烯	307.2	484	3.850	276	0.264	0.164
环戊烷	322.4	511.6	4.509	260	0.276	0.192
环己烷	353.9	553.4	4.073	308	0.273	0.213
二乙醚	307.7	466.7	3.638	280	0.262	0.281
甲醇	337.8	512.6	8.096	118	0.224	0.559
乙醇	351.5	516.2	6.383	167	0.248	0.635

続表

化合物	T_b	T_c	p_c	V_c	Z_c	ω
正丙醇	370.4	536.7	5.168	218.5	0.253	0.624
异丙醇	355.4	508.3	4.762	220	0.248	—
环氧乙烷	283.5	469	7.194	140	0.258	0.200
氯甲烷	248.9	416.3	6.677	139	0.268	0.156
甲乙酮	352.8	535.6	4.154	267	0.249	0.329
苯	353.3	562.1	4.894	259	0.271	0.212
氯苯	404.9	632.4	4.519	308	0.265	0.249
甲苯	383.8	591.7	4.114	316	0.264	0.257
邻二甲苯	417.6	630.2	3.729	369	0.263	0.314
间二甲苯	412.3	617.0	3.546	376	0.26	0.331
对二甲苯	411.5	616.2	3.516	379	0.26	0.324
乙苯	409.3	617.1	3.607	374	0.263	0.301
苯乙烯	418.3	647	3.992	—	—	0.257
苯乙酮	474.9	701	3.850	376	0.250	0.420
氯乙烯	259.8	429.7	5.603	169	0.265	0.122
三氯甲烷	334.3	536.4	5.472	239	0.293	0.216
四氯化碳	349.7	556.4	4.560	276	0.272	0.194
甲醛	254	408	6.586	—	—	0.253
乙醛	293.6	461	5.573	154	0.22	0.303
甲酸乙酯	327.4	508.4	4.742	229	0.257	0.283
乙酸甲酯	330.1	506.8	4.691	228	0.254	0.324
单质气体						
氩	87.3	150.8	4.874	74.9	0.291	−0.004
溴	331.9	584	10.34	127	0.270	0.132
氯	238.7	417	7.701	124	0.275	0.073
氦	4.21	5.19	0.227	57.3	0.301	−0.387
氢	20.4	33.2	1.297	65.0	0.305	−0.22
氟	119.8	209.4	5.502	91.2	0.288	−0.002
氖	27.0	44.4	2.756	41.7	0.311	0.00
氮	77.4	126.2	3.394	89.5	0.290	0.040
氧	90.2	154.6	5.046	73.4	0.288	0.021
氙	165.0	289.7	5.836	118	0.286	0.002
其他无机化合物						
氨	239.7	405.6	11.28	72.5	0.242	0.250
二氧化碳	194.7	304.2	7.376	94.0	0.274	0.225
二硫化碳	319.4	552	7.903	170	0.293	0.115
一氧化碳	81.7	132.9	3.496	93.1	0.295	0.049
肼	386.7	653	14.69	96.1	0.260	0.328
氯化氢	188.1	324.6	8.309	81.0	0.249	0.12
氰化氢	298.9	456.8	5.390	139	0.197	0.407
硫化氢	212.8	373.2	8.937	98.5	0.284	0.100
一氧化氮	121.4	180	6.485	58	0.25	0.607
一氧化二氮	184.7	309.6	7.245	97.4	0.274	0.160

化合物	T_b	T_c	p_c	V_c	Z_c	ω
硫	—	1314	11.75	—	—	0.070
二氧化硫	263	430.8	7.883	122	0.268	0.251
三氧化硫	318	491.0	8.207	130	0.26	0.41
水	373.2	647.3	22.05	56.0	0.229	0.344
R12(CCl_2F_2)	243.4	385.0	4.124	217	0.280	0.176
R22($CHClF_2$)	232.4	369.2	4.975	165	0.267	0.215
R134a(CH_2F-CF_3)	246.65	374.26	4.068	210	0.275	0.243

注：T_b—正常沸点，K；V_c—临界体积，$cm^3 \cdot mol^{-1}$；T_c—临界温度，K；Z_c—临界压缩因子；p_c—临界压力，MPa；ω—偏心因子。

附录 2 一些物质的标准热化学数据

序号	物　质	相态	$\Delta_f H^\ominus_{298}/$ kJ·mol^{-1}	$S^\ominus_{298}/$ J·mol^{-1}·K^{-1}	$\Delta_f G^\ominus_{298}/$ kJ·mol^{-1}	$C^{id}_{p298}/$ J·mol^{-1}·K^{-1}
1	甲烷	g	-74.48	186.38	-50.5	35.69
2	乙烷	g	-83.85	229.23	-31.9	52.47
3	丙烷	g	-104.68	270.31	-24.3	73.60
4	丁烷	g	-126.8	309.91	-15.9	98.49
		l	-147.8	231.0	-15.2	139.79
5	2-甲基丙烷	g	-135.0	295.50	-21.4	96.65
		l	-154.3	217.94	-17.8	141.64
6	戊烷	l	-173.55	263.47	-10.00	167.33
		g	-146.82	349.56	-8.6	120.04
7	2-甲基丁烷	l	-178.57	260.54	-14.14	164.89
		g	-153.34	343.74	-13.5	118.87
8	2,2-二甲基丙烷	l	-190.37			170.9
		g	-167.99	306.00	-16.8	120.83
9	己烷	l	-198.7	296.10	-4.2	197.66
		g	-167.2	388.85	-0.1	142.59
10	乙烯	g	52.5	219.25	68.5	42.90
11	丙烯	g	20.0	266.73	62.5	64.32
12	1-丁烯	g	-0.5	307.86	70.4	85.56
		l	-21.1	229.06	73.2	128.9
13	顺-2-丁烯	g	-7.1	301.31	65.8	80.15
		l	-29.7	220	67.4	126.15
14	反-2-丁烯	g	-11.4	296.33	62.9	87.67
		l	-33.0			124.4
15	异丁烯	g	-16.9	293.20	58.4	88.09
		l	-37.5			131.0
16	乙炔	g	228.2	200.92	210.7	43.99
17	丙炔	g	184.5	248.47	193.5	60.73
18	丙二烯	g	190.5	243.77	201.3	59.03
19	1,3-丁二烯	g	110.0	278.78	150.6	79.88
		l	87.9	199.07	152.13	123.65
20	异戊二烯	g	75.8	314.67	146.3	102.69
		l	49.0	228.28	150.2	151.05
21	环戊烷	l	-105.8	204.26	36.5	126.87
		g	-77.1	292.86	39.0	82.76
22	甲基环戊烷	l	-137.9	247.94	31.97	158.70
		g	-106.2	339.9	36.7	109.5
23	乙基环戊烷	l	-163.43	279.91	37.60	186.10
		g	-126.9	378.2	45.1	133.6

序号	物 质	相态	$\Delta_f H^{\ominus}_{298}/$ kJ·mol^{-1}	$S^{\ominus}_{298}/$ J·mol^{-1}·K^{-1}	$\Delta_f G^{\ominus}_{298}/$ kJ·mol^{-1}	$C^{id}_{p298}/$ J·mol^{-1}·K^{-1}
24	环己烷	l	-156.19	204.35	26.72	155.96
		g	-123.29	297.39	32.1	105.34
25	甲基环己烷	l	-190.08	247.94	20.42	184.96
		g	-154.68	343.34	27.36	135.8
26	乙基环己烷	l	-212.13	280.91	29.24	211.79
		g	-172.09	382.58	38.97	163.9
27	环戊烯	l	4.4	201.25	108.62	122.38
		g	33.9	291.38	111.4	81.28
28	环己烯	l	-37.99	216.19	102.47	148.8
		g	-4.52	310.63	107.0	101.5
29	1,3-环戊二烯	g	134.3	274.15	178.0	75.37
		l	105.9	182.7	176.8	115.3
30	苯	l	48.99	173.45	124.33	136.06
		g	82 89	269.30	129.8	82.43
31	甲苯	l	12.18	220.96	114.00	157.09
		g	50.2	320.99	122.3	103.75
32	乙苯	l	-12.34	255.18	119.92	185.57
		g	29.92	360.63	130.7	127.40
33	邻二甲苯	l	-24.35	246.61	110.46	187.65
		g	19.08	353.94	122.1	132.31
34	间二甲苯	l	-25.36	253.25	107.47	183.13
		g	17.32	358.65	118.9	125.71
35	对二甲苯	l	-24.35	247.15	110.30	182.22
		g	18.06	352.34	121.5	126.02
36	丙苯	l	-38.33	287.78	124.85	214.72
		g	7.91	398.19	138.16	146.90
37	异丙苯	l	-41.13	277.57	125.09	215.40
		g	4.02	386.11	139.1	159.69
38	苯乙烯	l	103.8	237.57	202.38	182.84
		g	147.9	345.10	214.42	122 09
39	联苯	c	99.4	205.9	252.0	195
		l	116.0	250.2	255.4	
		g	181.4	393.78	280.1	165.28
40	顺十氢萘	l	-219.37	265.01	69.10	232.0
		g	-169.16	378.81	85.6	168.14
41	反十氢萘	l	-230.62	264.93	57.87	228.5
		g	-182.09	373.81	74.2	168.56
42	萘	c	77.95	167.40	200.87	165.69
		g	150.41	333.26	224.3	131.92
43	茚满	l	11.5	234.35	151.6	190.25
		g	60.5	346.79	167.3	130.74

序号	物　质	相态	$\Delta_f H_{298}^{\ominus}/$ kJ·mol^{-1}	$S_{298}^{\ominus}/$ J·mol^{-1}·K^{-1}	$\Delta_f G_{298}^{\ominus}/$ kJ·mol^{-1}	$C_{p298}^{id}/$ J·mol^{-1}·K^{-1}
44	茚	l	110.6	214.18	217.8	186.94
		g	163.4	334.04	235.1	124.31
45	四氯甲烷	g	−933.5	261.40	−888.8	61.05
46	四氟乙烯	g	−658.6	300.12	−623.7	80.46
47	氯甲烷	g	−82.0	234.30	−58.4	40.73
48	三氯甲烷	l	−134.31	202.9	−73.93	114.2
		g	−102.9	295.61	−70.1	65.38
49	四氯甲烷	l	−128.41	216.19	−60.50	131.4
		g	−95.8	310.12	−53.5	83.43
50	氯乙烷	g	−112.3	275.89	−60.4	62.64
		l	−132.80	190.79	−55.73	108.8
51	1,2-二氯乙烷	l	−167.99	208.53	−82.42	128.9
		g	−132.84	305.96	−74.2	77.32
52	氯乙烯	g	28.5	264.08	41.1	53.60
53	3-氯丙烯	g		310.35		75.06
54	氯苯	l	11.0	209.2	89.4	153.8
		g	52.0	314.14	99.3	97.99
55	氯三氟甲烷	g	−704.2	285.4	−663.6	66.87
56	二氟二氯甲烷	g	−490.8	300.6	−451.7	72.28
57	氟二氯甲烷	g	−283.7	309.9	−244.4	78.09
58	1,1,2-三氟三氯乙烷	g	−777.3	386.9	−702.1	121.0
		l	−805.8	289.5		172.8
59	甲醇	l	−239.1	127.24	−166.88	81.4
		g	−201.5	239.88	−161.6	44.66
60	乙醇	l	−276.98	161.04	−174.18	112.6
		g	−234.01	280.64	−166.7	65.71
61	1-丙醇	l	−302.71	192.80	−168.78	143.8
		g	−255.18	322.58	−159.8	85.56
62	2-丙醇	l	−317.86	180.58	−180.29	154.4
		g	−272.42	309.20	−173.6	89.32
63	1-丁醇	l	−327.31	226.4	−162.72	176.7
		g	−274.97	361.59	−150.6	108.03
64	2-丁醇	l	−342.75	223.0	−177.19	197.1
		g	−293.01	359.53	−167.9	112.74
65	2-甲基-1-丙醇	l	−333.93	214.5	−165.85	181.0
		g	−283.09			
66	2-甲基-2-丙醇	l	−359.24	192.88	−184.68	218.6
		g	−312.42	326.70	−177.6	113.63
		c	−365.89	170.58		146.1
67	烯丙醇	l	−171.8			138.9
		g	−124.5			

続表

序号	物　质	相态	$\Delta_f H^{\ominus}_{298}/$ kJ·mol^{-1}	$S^{\ominus}_{298}/$ J·mol^{-1}·K^{-1}	$\Delta_f G^{\ominus}_{298}/$ kJ·mol^{-1}	$C^{id}_{p298}/$ J·mol^{-1}·K^{-1}
68	环己醇	l	−348.11	199.6	−133.3	212
		g	−286.10	353.06	−116.7	132.70
69	乙二醇	l	−455.34	153.39	−319.7	149.6
		g	−387.56	303.81	−296.6	82.7
70	1,2-丙二醇	l	−485.72			189.9
		g	−421.29			
71	1,4-丁二醇	l	−503.3	223.4		200.1
		g	−426.7			
72	甘油	l	−668.52	204.47	−476.98	218.9
		g	−582.8			
73	苯酚	c	−165.06	144.01	−50.46	127.44
		g	−96.40	314.92	−32.5	103.22
74	2-氯乙醇	l	−294.1			
75	甲醚	g	−184.1	267.34	−112.9	65.57
76	乙醚	g	−251.21	342.67	−121.1	119.46
		l	−279.3	253.5	−122.8	172.5
77	甲基叔丁基醚	l	−313.56	265.3	−119.96	187.5
		g	−283.47	357.8	−117.45	
78	乙基乙烯基醚	g	−140.08			
		l	−166.7			
79	苯甲醚	l	−114.8			199.0
		g	−67.9			
80	二苯醚	c	−32.1	233.91		216.56
		l	−14.90			
		g	52.01			
81	二甲氧基甲烷	g	−348.15	335.72	−268.11	
		l	−377.06	244.01	−227.82	161.42
82	环氧乙烷	g	−52.63	242.99	−13.2	47.86
		l	−77.57	153.80	−11.59	
83	1,2-环氧丙烷	g	−94.68	281.15	−25.1	72.55
		l	−122.59	196.27	−28.66	122.5
84	四氢呋喃	g	−184.18	302.41	−81.1	76.25
		l	−216.27	203.9	−83.93	123.9
85	呋喃	l	−62.38	176.65	0.17	114.56
		g	−34.73	267.25	0.9	65.40
86	1,4-二氧杂环己烷	l	−355.1	195.27	−189.7	150
		g	−315.3	299.66	−180.8	92.18
87	甲醛	g	−108.57	218.76	−102.5	35.39
88	乙醛	g	−166.19	263.95	−133.0	55.32
		l	−192.88	117.3		89.05

序号	物 质	相态	$\Delta_f H^{\ominus}_{298}/$ kJ·mol^{-1}	$S^{\ominus}_{298}/$ J·mol^{-1}·K^{-1}	$\Delta_f G^{\ominus}_{298}/$ kJ·mol^{-1}	$C^{\text{id}}_{p298}/$ J·mol^{-1}·K^{-1}
89	苯甲醛	l	-87.0	221.20	6.3	
		g	-36.7	336.01	22.6	111.7
90	丙酮	g	-217.3	295.46	-152.8	74.52
		l	-248.1	200.00	-155.2	126.6
91	2-丁酮	l	-273.3	239.0	-151.4	158.9
		g	-238.7	339.47	-146.6	103.26
92	2-戊酮	l	-297.29	274.1	-145.23	184.2
		g	-259 05	378.7	-138.0	125.90
93	3-戊酮	l	-296.51	266.0	-142.09	190.9
		g	-257.95	370.10	-134.3	129.87
94	烯酮	g	-47.5	241.88	-46.6	51.75
		l	-67.9			
95	环己酮	l	-271.2			176.6
		g	-226.1	330.5	-89.2	
96	苯乙酮	l	-142.55	249.55	-16.99	
		g	-86.7	372.88	1.92	
97	甲酸	l	-425.1	131.84		99.04
		g	-378.7	248.99	-350.9	45.68
98	乙酸	l	-484.30	158.0		123.1
		g	-432.54	283.47	-38.31	63.44
99	丙烯酸	l	-383.76	226.4		144.2
		g	-323.5	307.73	-271.0	81.80
100	苯甲酸	c	-385.2	167.57	-245.3	146.5
		g	-290.1	369.10	-210.3	103.47
101	草酸	c	-829.94	115.6		115.9
		g	-732.03			
102	己二酸	c	-994.33	219.8		196.5
		g	-865.04			
103	对苯二甲酸	c	-816.13			
		g	-717.89			
104	乙酸酐	l	-624.4	268.6	-489.22	
		g	-572.5	389.9	-473.6	
105	顺丁烯二酸酐	c	-469.8			119
		g	-398.3	300.8	-350.5	
106	邻苯二甲酸酐	c	-462.00			160.0
		g	-373.34	179.5	-332.38	
107	甲酸甲酯	l	-386.10			120
		g	-355.51	284.14	-297.82	66.53
108	甲酸乙酯	l	-430.5			144.3
		g	-398.3			
109	乙酸甲酯	l	-445.8			140.8
		g	-411.9	324.38	-325.4	86.03

序号	物 质	相态	$\Delta_f H_{298}^{\ominus}/$ kJ·mol^{-1}	$S_{298}^{\ominus}/$ J·mol^{-1}·K^{-1}	$\Delta_f G_{298}^{\ominus}/$ kJ·mol^{-1}	$C_{p298}^{id}/$ J·mol^{-1}·K^{-1}
110	乙酸乙酯	l	-478.82	259.4	-332.52	169.6
		g	-443.42	359.4	-326.90	
111	乙酸异丙酯	l	-526.85			196.6
		g	-489.65			
112	乙酸丁酯	l	-528.82			228
		g	-485.22			
113	丙烯酸甲酯	l	-362.21			160
		g	-333.00			
114	丙烯酸乙酯	l	-393.30			
		g	-354.22			
115	邻苯二甲酸二丁酯	l	-842.6	561.1		476.0
		g	-750.9			
116	碳酸二乙酯	l	-681.5			211
		g	-637.9			
117	糠醇	l	-276.2	215.47	-178.2	204
		g	-211.8			
118	二乙二醇	l	-628.5			265
		g	-571.2			
119	甲胺	l	-47.3	150.2		
		g	-23.0	242.89	32.2	50.05
120	二甲胺	l	-43.9			
		g	-18.6	270.69	69.1	70.46
121	乙胺	l	-74.1			
		g	-47.4	283.78	36.4	71.54
122	三甲胺	l	-45.7			
		g	-23.7	289.53		
123	苯胺	l	31.3	191.30	149.3	192.0
		g	87.1	317.90		107.90
124	氢化腈	l	109.50	113		
		g	130.45	201.83	119.4	35.86
125	乙腈	l	31.4	149.62	77.11	91.46
		g	64.3	243.40	82.4	52.25
126	丙烯腈	l	147.1	178.91	185.85	108.8
		g	180.6	273.98	191.1	63.94
127	苯腈	l	163.2	209.1		165.2
		g	215.7	321.15	257.8	109.08
128	吡啶	l	100.2	177.90	181.5	132.7
		g	140.4	282.55	190.7	77.62
129	硝基甲烷	l	-112.6	171.75		106
		g	-74.3	275.20	-6.5	57.22
130	甲硫醇	l	-46.7			
		g	-22.9	255.14	-9.2	50.26

序号	物　质	相态	$\Delta_f H^{\ominus}_{298}/$	$S^{\ominus}_{298}/$	$\Delta_f G^{\ominus}_{298}/$	$C^{id}_{p298}/$
			$kJ \cdot mol^{-1}$	$J \cdot mol^{-1} \cdot K^{-1}$	$kJ \cdot mol^{-1}$	$J \cdot mol^{-1} \cdot K^{-1}$
131	乙硫醇	l	−73.6	207.0	−1.6	118
		g	−46.3	296.25	−2.4	73.01
132	甲硫醚	l	−65.4	196.40	5.7	118.11
		g	−37.5	285.96	7.1	74.06
133	乙硫醚	l	−119.4	269.28	11.3	171.42
		g	−83.6	368.13	17.8	116.57
134	噻吩	l	80.2	181.2		122.4
		g	114.9	278.75	126.1	72.78
135	二甲基亚砜	l	−204.2	188.78	−100.2	153
		g	−151.3			
136	H_2	g	0	130.68	0	28.84
137	N_2	g	0	191.61	0	29.12
138	O_2	g	0	205.15	0	29.38
139	O_3	g	142.7	239.20	163.1	39.60
140	S	c	0	32.056	0	22.76
		g	277.0	167.83	236.5	23.67
141	F_2	g	0	202.79	0	31.30
142	Cl_2	g	0	223.08	0	33.95
143	Br_2	l	0	152.21	0	75.69
		g	30.9	245.39	3.1	36.05
144	C	c	0	5.740	0	8.512
		g	716.7	158.10	671.2	20.84
145	HF	g	−273.3	173.78	−275.4	29.14
146	HCl	g	−92.3	186.55	−95.2	29.14
147	HBr	g	−152.2	198.70	−169.3	29.14
148	NH_3	g	−45.9	192.77	−16.4	35.65
149	H_2S	g	−20.6	205.66	−33.4	34.12
150	H_2O	l	−285.83	69.950	−237.141	75.288
		g	−241.8	188.82	−228.4	33.58
151	H_2O_2	l	−187.78	109.60	−120.33	89.10
		g	−136.3	234.47	−106.1	42.37
152	CO	g	−110.5	197.66	−137.2	29.14
153	CO_2	g	−393.5	213.78	−394.4	37.13
154	COS	g	−138.3	231.57	−165.5	41.51
155	CS_2	l	89.66	151.04	65.44	78.99
		g	117.1	237.89	66.9	45.48
156	SO_2	g	−296.8	248.37	−300.1	40.05
157	SO_3	g	−395.7	256.63	−370.9	50.86
158	NO	g	90.3	210.70	86.6	29.87
159	NO_2	g	33.2	240.52	51.2	37.59

附录 3 一些物质的 Antoine 方程系数

序号	物 质	$\lg(p^s/\text{kPa}) = A - \dfrac{B}{(T/\text{K})+C}$			
		A	B	C	$\Delta T/\text{K}$
1	甲烷	5. 963551	438. 5193	−0. 9394	91~190
		6. 49246	620. 151	28. 44	148~189
2	乙烷	6. 0567	687. 3	−14. 46	90~133
		5. 95405	663. 72	−16. 469	133~198
		6. 106759	720. 7483	−8. 9237	160~300
3	丙烷	6. 6956	1030. 7	−7. 79	101~165
		5. 963088	816. 4206	−24. 7784	166~231
		6. 079206	873. 8370	−16. 3891	244~311
		6. 809431	1348. 283	53. 7621	312~368
4	丁烷	6. 0127	961. 7	−32. 14	138~196
		5. 93266	935. 773	−34. 361	196~288
		6. 574609	1349. 115	−24. 7281	320~423
5	2-甲基丙烷	5. 32368	739. 94	−43. 15	120~188
		6. 00272	947. 54	−24. 28	188~278
		6. 392945	1177. 903	7. 6499	294~394
6	戊烷	6. 6895	1339. 4	−19. 03	143~219
		5. 99466	1073. 139	−40. 188	223~352
		6. 28417	1260. 973	−14. 031	350~422
		7. 47436	2414. 137	141. 919	418~470
7	2-甲基丁烷	5. 95805	1040. 73	−37. 705	216~323
		6. 39629	1325. 048	1. 244	320~391
		8. 09160	3167. 01	233. 708	412~460
8	2,2-二甲基丙烷	5. 83916	938. 234	−37. 901	259~298
		6. 08953	1080. 237	−17. 896	312~385
		6. 542310	1416. 437	32. 1790	343~433
9	己烷	6. 89538	1549. 94	−19. 15	182~247
		6. 00139	1170. 875	−48. 833	250~358
		6. 4106	1469. 286	−7. 702	374~451
		7. 30814	2367. 155	111. 016	445~508
10	乙烯	5. 979965	612. 5245	−15. 1848	104~176
		6. 402225	800. 8744	14. 0346	200~282
11	丙烯	6. 48447	934. 227	−14	100~163
		5. 95606	789. 624	−25. 57	163~238
		6. 088813	851. 3585	−16. 9080	244~311
		6. 651058	1185. 489	31. 9977	273~364
12	顺-2-丁烯	6. 38127	1086. 09	−26. 17	136~203
		6. 00958	967. 32	−35. 277	205~298
		6. 104010	1017. 939	−28. 4204	278~358
		6. 94808	1643. 833	104. 145	388~431

序号	物 质	$\lg(p^*/\text{kPa}) = A - \dfrac{B}{(T/\text{K})+C}$			
		A	B	C	$\Delta T/\text{K}$
13	反-2-丁烯	6.27279	1062.92	−23.86	168~201
		6.00827	967.5	−32.31	201~288
		6.54029	1274.473	7.499	313~385
		6.94808	1643.833	64.733	382~428
14	2-甲基丙烯	6.41259	1078.57	−19.41	133~194
		5.80956	866.25	−38.51	194~288
		6.27428	1095.288	−9.441	310~376
		7.64267	2336.466	160.311	371~418
15	1-戊烯	6.76566	1323.6	−18.74	138~222
		5.96914	1044.01	−39.7	222~318
		6.306944	1244.139	−13.9318	273~473
16	1-己烯	6.72775	1442.59	−25.04	156~247
		5.9826	1148.62	−47.81	247~358
17	乙炔	6.27098	726.768	−18.008	192~308
18	丙炔	6.24555	935.09	−29.57	187~266
		6.81779	1321.342	27.993	257~402
19	丙二烯	5.6752	734.57	−38.41	178~257
20	1,3-丁二烯	5.97484	931.996	−33.821	198~272
		5.99667	940.687	−33.017	270~318
		6.31615	1130.927	−5.606	315~382
		8.86984	3877.451	315.612	380~425
21	1,4-戊二烯	5.9643	1030.27	−39.5	150~237
		5.9904	1032.25	−40.05	235~310
22	异戊二烯	6.2276	1160.8	−31.4	160~250
		6.01054	1071.578	−39.637	254~316
23	环戊烷	9.7573	3319.68	112.45	124~236
		6.06783	1152.57	−38.64	236~348
		6.41769	1415.096	−0.66	381~455
		6.77782	1749.65	48.533	452~511
24	甲基环戊烷	6.18199	1295.54	−34.76	255~373
25	乙基环戊烷	6.00408	1293.71	−53.03	280~408
		6.15104	1396.62	−39.666	386~507
		7.4518	2858.104	159.371	499~569
26	环己烷	5.963708	1201.863	−50.3532	278~354
		6.03245	1244.124	−44.911	353~414
		6.36849	1519.732	−4.032	412~491
		6.861057	2028.844	70.2833	451~554
27	甲基环己烷	5.98232	1290.97	−49.449	277~398
		6.14677	1413.495	−32.726	373~511
		7.29186	2700.205	147.549	501~573
28	乙基环己烷	5.9702	1369.41	−59.55	301~433

序号	物 质	$\lg(p^s/\text{kPa}) = A - \dfrac{B}{(T/\text{K}) + C}$			
		A	B	C	$\Delta T/\text{K}$
29	环戊烯	6.04518	1121.202	-39.810	195~320
30	环己烯	6.07024	1260.609	-45.847	228~325
		5.99698	1221.700	-50.001	310~365
31	1,3-环戊二烯	4.90101	618.898	-100.673	271~314
32	苯	6.01907	1204.682	-53.072	279~377
		6.06832	1236.034	-48.99	353~422
		6.3607	1466.083	-15.44	420~502
		7.51922	2809.514	171.489	501~562
33	甲苯	7.5727	2124.65	5.95	181~278
		6.05043	1327.62	-55.525	286~410
		6.40851	1615.834	-15.897	440~531
		7.65383	3153.235	188.566	530~592
34	乙苯	5.6643	1250.06	-73.31	199~300
		6.06991	1416.922	-60.716	298~420
		6.36656	1665.991	-26.716	457~554
		7.49119	3056.747	159.496	549~617
35	邻二甲苯	7.5862	2277.61	0.0	250~307
		6.09789	1458.076	-60.109	313~445
		6.46119	1772.963	-18.84	471~571
		7.91427	3735.582	229.953	567~630
36	间二甲苯	6.03914	1425.44	-60.15	227~303
		6.14051	1468.703	-57.03	309~440
		6.42535	1710.901	-24.591	461~554
		7.59221	3163.74	165.278	550~617
37	对二甲苯	6.14779	1475.767	-55.241	286~453
		6.44333	1735.196	-19.846	460~553
		7.84182	3543.356	208.522	551~616
38	丙苯	6.07664	1491.8	-65.9	324~455
39	异丙苯	6.06112	1460.766	-65.32	319~454
40	丁苯	6.42395	1785.05	-51.55	218~335
		6.10345	1575.47	-71.95	343~486
41	异丁苯	6.05978	1529.96	-68.51	334~470
42	仲丁苯	6.37569	1733.54	-49.35	215~329
		6.08173	1544.65	-67.48	335~476
43	叔丁苯	6.04927	1507.6	-69.42	332~472
44	苯乙烯	7.3945	2221.3	0.0	245~334
		6.08201	1445.08	-63.72	334~419
45	联苯	6.36895	1997.558	-70.542	342~544
		6.19175	1845.010	-87.641	408~600
46	顺十氢萘	6.00019	1594.46	-69.758	349~501
47	反十氢萘	5.98171	1564.68	-66.891	342~492

序号	物　　质	$\lg(p^s/\text{kPa}) = A - \dfrac{B}{(T/\text{K}) + C}$			
		A	B	C	$\Delta T/\text{K}$
48	1,2,3,4-四氢萘	6.35719	1854.52	-54.257	311~481
		5.92319	1511.646	-94.199	428~550
		6.68706	2303.049	14.249	539~662
49	萘	6.13555	1733.71	-71.291	368~523
		6.13398	1735.26	-70.82	418~613
		6.53231	2162.181	-12.108	563~665
		7.74783	4042.567	227.985	661~750
50	茚满	6.10120	1581.723	-67.352	355~482
51	茚	6.34410	1749.215	-52.375	297~457
52	四氟甲烷	5.96254	513.129	-15.474	89~163
		6.23758	599.591	-3.252	160~197
		6.99757	936.128	45.844	195~227
53	四氧乙烯	6.02213	684.044	-27.195	142~208
		6.4595	875.14	0.0	197~273
		6.4291	866.84	0.0	273~306
54	氯甲烷	6.11875	902.201	-29.961	183~249
		6.04835	869.887	-33.773	247~310
		6.94638	1448.913	47.996	308~373
		6.94002	1447.601	48.385	368~416
55	三氯甲烷	5.96288	1106.94	-54.598	210~357
		6.11152	1173.606	-48.54	333~416
		7.89882	2879.244	161.978	410~481
		4.58922	181.802	-325.374	479~523
56	四氯甲烷	6.10445	1265.63	-41.002	250~374
		5.97092	1195.903	-48.217	349~416
		6.22882	1392.458	-19.19	412~497
		6.36976	1439.651	-25.734	494~555
57	1,2-二氯乙烷	6.16284	1278.323	-49.456	242~373
		6.53278	1599.07	-3.303	356~558
58	氯乙烯	5.99348	895.539	-34.816	187~259
		5.21029	559.842	-84.717	259~327
59	1,1-二氯乙烯	6.09904	1100.431	-35.876	245~306
60	顺-1,2-二氯乙烯	6.99510	1659.237	0.0	240~278
		6.14603	1204.804	-42.600	274~357
		6.22178	1271.55	-30.557	332~495
61	反-1,2-二氯乙烯	6.09105	1142.553	-41.152	243~358
		6.38964	1307.342	-22.901	34.6~517
62	3-氯丙烯	6.0985	1117.987	-42.281	203~320
63	氯苯	6.10416	1431.83	-55.515	335~405
		6.62988	1897.41	5.21	405~597

序号	物 质	$\lg(p^s/\mathrm{kPa}) = A - \dfrac{B}{(T/\mathrm{K}) + C}$			
		A	B	C	$\Delta T/\mathrm{K}$
64	氯三氟甲烷	5.99404	681.735	−20.784	133~185
		6.01518	694.106	−18.568	184~246
		7.52662	1630.607	112.164	268~302
65	二氟二氯甲烷	5.94677	839.6	−30.311	173~244
		5.92289	826.707	−32.274	236~285
		6.30541	1035.857	−1.496	282~345
		7.51271	2016.711	132.578	341~385
66	氟三氯甲烷	5.99652	1034.048	−37.672	213~301
		6.03083	1053.874	−34.955	295~363
		6.36472	1285.088	−0.653	357~429
		7.75501	2744.806	196.225	424~468
67	氯五氟乙烷	5.96194	804.316	−30.72	178~234
		6.2600	947.562	−11.015	262~317
		6.73898	1256.751	34.474	312~353
68	1,1,2-三氟三氯乙烷	6.01641	1115.812	−42.515	238~364
		6.53094	1500.489	12.469	360~473
69	甲醇	7.4182	1710.2	−22.25	175~273
		7.23029	1595.671	−32.245	275~338
		7.09498	1521.23	−39.18	338~487
		8.18215	2546.019	83.019	453~513
70	乙醇	8.9391	2381.5	0.0	210~271
		7.30243	1630.868	−43.569	273~352
		6.84806	1358.124	−71.034	370~461
		7.64893	2073.007	22.965	459~514
71	1-丙醇	8.7592	2506	0.0	200~228
		6.97878	1497.734	−69.056	321~368
		6.58415	1273.365	−92.178	369~407
		6.43938	1185.921	−102.916	401~482
72	2-丙醇	9.6871	2626	0.0	195~228
		6.86634	1360.183	−75.557	325~362
		6.40823	1107.303	−103.944	379~461
		7.02506	158.226	−33.839	453~508
73	1-丁醇	8.9241	2697	0.0	209~251
		6.54172	1336.026	−96.348	323~413
		7.05559	1738.4	−46.544	413~550
74	2-丁醇	7.50959	1751.931	−52.906	210~303
		6.34976	1169.754	−103.388	303~403
		6.12622	1050.17	−117.808	395~485
		6.61842	1439.696	−55.524	476~536

序号	物　　质	$\lg(p^s/\text{kPa}) = A - \dfrac{B}{(T/\text{K}) + C}$			
		A	B	C	$\Delta T/\text{K}$
75	异丁醇	9.8507	2875	0.0	202~243
		6.49241	1271.027	−97.758	313~411
		6.14833	1077.094	−121.099	401~493
		6.70286	1525.5	−50.929	483~548
76	叔丁醇	6.35045	1104.341	−101.315	299~375
		6.27388	989.74	−124.966	356~480
		6.87411	1577.41	−24.596	453~506
77	环己醇	6.27792	1381.8	−110.132	300~434
78	苯甲醇	8.963	3214	0.0	293~313
		6.39383	1655.003	−101.300	358~425
		6.7069	1904.3	−73.15	385~573
79	乙二醇	7.13856	2033.185	−74.24	338~573
80	1,2-丙二醇	7.91179	2554.9	−28.611	318~461
81	1,3-丙二醇	8.34759	3149.87	9.144	332~488
82	1,4-丁二醇	7.53422	2292.1	−86.69	380~510
83	甘油	10.39913	4480.5	0.0	293~343
		5.13022	990.45	−245.819	469~563
84	苯酚	6.57957	1710.257	−80.273	314~395
		6.25543	1515.182	−98.368	380~455
		6.34757	1482.82	−113.862	455~655
85	2-萘酚	7.22927	2827.5	−19.868	401~561
86	甲醚	6.44136	1025.56	−17.1	183~265
		6.09534	880.813	−33.007	241~303
		6.28318	987.484	−16.813	293~360
		7.48877	1971.127	122.787	349~400
87	乙醚	6.04972	1066.052	−44.147	212~293
		6.05933	1067.576	−44.217	305~360
		6.37811	1276.822	−14.869	351~420
		6.98097	1794.569	−57.993	417~467
88	甲基叔丁基醚	6.09111	1171.54	−41.542	287~351
89	乙基乙烯基醚	6.06857	1075.837	−43.943	221~364
90	苯甲醚	6.23361	1529.735	−65.088	347~427
91	苯乙醚	6.17151	1529.380	−76.018	365~443
92	二苯醚	8.7091	3351.9	0.0	313~333
		6.13606	1799.811	−95.394	477~544
93	二甲氧基甲烷	7.06105	1623.024	5.834	273~318
94	二乙二醇二甲醚	7.02673	2032.01	−28.261	286~433
95	环氧乙烷	6.25267	1054.240	−35.420	224~285
		6.45597	1170.93	−20.498	283~385
96	1,2-环氧丙烷	6.09487	1065.27	−46.867	225~308
		5.54571	799.767	−81.752	291~345

序号	物　　质	$\lg(p^s/\mathrm{kPa}) = A - \dfrac{B}{(T/\mathrm{K})+C}$			
		A	B	C	$\Delta T/\mathrm{K}$
97	四氢呋喃	6.59372	1446.150	−23.168	274~308
		6.12023	1202.394	−46.883	296~373
		6.63507	1626.656	15.041	379~479
		6.73137	1702.922	23.613	467~541
98	呋喃	6.10013	1060.851	−45.41	238~363
99	1,4-二氧杂环己烷	6.40318	1457.97	−42.888	285~375
100	甲醛	6.32524	972.500	−28.821	164~251
101	乙醛	6.3859	1115.1	−29.015	238~285
		6.45597	1170.93	−20.498	283~385
102	丙烯醛	6.19181	1204.95	−37.8	208~326
103	苯甲醛	7.4764	2455.4	0.0	273~373
		6.21282	1618.669	−67.156	312~481
		6.28780	1682.466	−58.948	465~541
		6.52485	1916.921	−26.699	529~599
104	丙酮	3.6452	469.5	−108.21	178~243
		6.25017	1214.208	−43.148	259~351
		6.69966	1542.465	0.447	374~464
		7.56948	2457.295	122.324	457~508
105	2-丁酮	6.247219	1294.53	−47.442	294~352
		6.22518	1286.794	−47.766	353~403
		6.45545	1456.517	−24.944	397~479
		8.56912	4050.052	282.032	473~537
106	2-戊酮	6.13931	1309.629	−58.585	336~385
		6.14908	1311.372	−58.928	375~495
		7.34104	2487.843	98.19	487~561
107	3-戊酮	6.14570	1307.941	−59.182	330~484
		7.14424	2259.87	71.059	494~561
108	烯酮	5.80297	711.14	−36.39	159~224
109	环己酮	6.10133	1494.166	−63.751	353~439
110	苯乙酮	6.28228	1723.46	−72.15	375~603
111	甲酸	6.5028	1563.28	−26.09	283~384
112	乙酸	6.5729	1572.32	−46.777	290~396
		6.82561	1748.572	−28.259	391~447
		7.22638	2101.805	12.244	437~535
		8.44129	3628.209	182.674	525~593
113	丙酸	6.67457	1615.227	−68.362	328~438
		9.24101	2835.99	−23.07	414~511
114	丁酸	11.53324	5291.631	128.778	301~358
		6.67596	1642.683	−85.137	350~452
		7.3554	2180.05	−29.337	437~592
115	丙烯酸	6.93296	1827.9	−43.15	341~414

序号	物　　质	$\lg(p^s/\text{kPa}) = A - \dfrac{B}{(T/\text{K}) + C}$			
		A	B	C	$\Delta T/\text{K}$
116	苯甲酸	7.80991	2776.12	−43.978	405~523
117	己二酸	6.97589	2377.36	−132.475	432~611
118	乙酸酐	6.26759	1440.544	−73.774	337~413
		5.38392	2696.31	17.794	413~526
119	邻苯二甲酸酐	7.74204	3542.32	59.561	407~558
120	甲酸甲酯	6.225963	1088.955	−46.675	279~305
		6.39684	1196.323	−32.629	305~443
121	甲酸乙酯	6.1384	1151.08	−48.94	213~336
		6.4206	1326.4	−26.867	327~498
122	乙酸甲酯	6.25449	1189.608	−50.035	260~351
123	乙酸乙酯	6.20229	1232.542	−56.563	271~373
		6.38462	1369.41	−37.675	350~508
124	乙酸丙酯	6.16547	1297.186	−62.849	290~399
		6.48937	1544.31	−30.623	374~542
125	乙酸异丙酯	6.45885	1436.53	−39.485	235~362
		6.13934	1243.119	−61.018	294~385
126	乙酸丁酯	6.25496	1432.217	−62.214	333~399
127	乙酸异丁酯	6.66966	1709.03	−24.779	252~391
128	丙酸甲酯	6.49537	1393.26	−42.656	231~353
		6.43771	1414.65	−33.767	353~486
129	丙酸乙酯	6.134869	1268.942	−64.849	306~372
		6.4443	1507.82	−32.549	372~538
130	丁酸甲酯	6.27187	1351.36	−58.739	246~375
		6.62592	1678.76	−12.021	375~545
131	丁酸乙酯	5.79321	1154.21	−89.57	263~404
132	异丁酸甲酯	6.51181	1459.48	−41.822	239~366
		6.36875	1432.58	−37.32	366~533
133	异丁酸乙酯	6.06445	1285.96	−66.535	249~393
		6.49953	1565.55	−34.996	383~483
134	丙烯酸甲酯	6.5561	1467.93	−30.849	316~354
135	丙烯酸乙酯	6.25041	1354.65	−53.603	244~373
136	甲基丙烯酸甲酯	3.20496	401.882	−146.685	228~277
		6.63751	1597.9	−28.76	293~374
137	甲基丙烯酸乙酯	7.137	2003	0.0	285~390
138	乙酸乙烯酯	6.85612	1782.604	0.0	
139	苯甲酸甲酯	8.183	2816.6	0.0	283~323
		6.20322	1656.25	−77.92	373~533
140	苯甲酸乙酯	8.23958	2922.167	0.0	288~333
		6.81152	2174.3	−34.071	358~487
141	草酸二乙酯	7.61183	2259.46	−55.688	320~459
142	邻苯二甲酸二甲酯	8.095	3327	0.0	371~547

序号	物 质	$\lg(p^s/\mathrm{kPa}) = A - \dfrac{B}{(T/\mathrm{K})+C}$			
		A	B	C	$\Delta T/\mathrm{K}$
143	邻苯二甲酸二乙酯	6.04308	1866.05	−115.9	345~453
		10.6902	6768.3	209.45	421~570
144	邻苯二甲酸二丁酯	6.8788	2538.4	−92.25	314~469
		5.76561	1744.738	−159.419	399~475
		7.97157	3385.9	−37.18	468~605
145	碳酸二乙酯	6.64355	1685.3	−36.13	308~400
146	γ-丁内酯	10.18937	5483.794	193.404	392~474
147	甲氧基乙醇	6.84907	1715.47	−43.15	333~423
148	2-乙氧基乙醇	6.944	1801.9	−70.15	336~408
149	糠醇	8.81987	3223.12	29.705	304~443
150	二乙二醇	11.9511	7046.39	190.015	364~518
151	二乙二醇单乙醚	8.13351	3019.21	17.729	318~475
152	三乙二醇	8.1182	3534	0.0	288~303
		8.82922	3778.12	2.204	387~552
153	水杨酸	5.53812	1049.95	−228.144	445~504
154	糠醛	5.76606	1236.745	−105.782	338~428
155	甲胺	6.6218	1079.15	−32.92	223~273
		6.76954	1174.666	−20.186	263~329
		6.32072	936.222	−50.047	319~381
		8.61285	3135.822	231.226	373~430
156	二甲胺	6.29031	993.586	−48.12	201~280
		6.20646	965.728	−50.151	277~360
		7.81489	2369.425	141.433	358~438
157	乙胺	6.57462	1167.57	−34.18	213~297
		6.43082	1140.62	−32.133	290~449
158	三甲胺	6.01402	968.978	−34.253	192~277
159	苯胺	8.1019	2728	0.0	273~338
		6.40627	1702.817	−70.155	304~458
		6.44338	1682.148	−78.065	455~523
160	己二胺	7.4439	2577.3	0.0	348~474
161	氢化腈	6.54538	1271.284	−18.778	259~299
		7.13596	1631.43	18.953	298~457
162	乙腈	6.34522	1388.446	−34.856	314~355
163	丙烯腈	6.12021	1288.9	−38.74	257~352
164	吡啶	6.30308	1448.781	−50.948	296~353
		6.16446	1373.263	−58.18	348~434
		6.284	1455.584	−48.272	431~558
		7.25663	2578.625	115.604	552~620
165	硝基甲烷	6.40194	1444.38	−45.786	328~410
		12.8267	3905.39	−13.15	405~476
166	硝基苯	6.22069	1732.222	−72.886	407~484

序号	物　　质	$\lg(p^s/kPa) = A - \dfrac{B}{(T/K)+C}$			
		A	B	C	$\Delta T/K$
167	甲硫醇	6.19283	1031.216	−32.816	221~283
		6.13669	1006.199	−35.529	267~359
		6.53487	1278.361	5.318	345~424
		8.49935	3497.599	283.722	414~470
168	乙硫醇	6.07243	1081.984	−42.085	273~340
		6.42565	1328.598	−6.231	365~448
		7.84948	2874.377	200.657	442~499
169	甲硫醚	6.07043	1088.851	−42.594	268~319
		6.13402	1124.998	−37.961	307~379
		6.42655	1334.329	−7.456	372~453
		7.36327	2293.043	130.243	447~503
170	乙硫醚	6.04973	1256.013	−54.664	318~396
171	噻吩	6.06132	1232.35	−53.438	311~393
172	N_2	5.65650	260.222	−6.069	63~85
173	O_2	5.81534	319.165	−6.409	54~100
174	Cl_2	6.07922	867.371	−26.253	206~270
175	Br_2	6.72056	1571.194	1.662	343~383
176	HF	6.93862	1571.203	25.627	273~303
177	HCl	6.29250	744.4894	−14.45	137~200
178	HBr	5.40858	539.6239	−47.86	184~221
179	NH_3	6.48537	926.1330	−32.98	179~261
180	H_2S	6.11872	768.1323	−26.06	190~230
181	H_2O	7.074056	1657.459	−46.13	280~441
182	CO	5.36511	230.2716	−13.15	63~108
183	CO_2	8.93553	1347.785	−0.16	154~204
		7.52161	1384.861	74.84	267~304
184	COS	6.03357	804.990	−23.094	162~224
185	CS_2	6.06684	1168.621	−31.62	228~342
186	SO_2	6.40715	999.898	−35.97	195~280
187	SO_3	8.17573	1735.311	−36.66	290~332
188	NO	7.86786	682.937	−4.88	95~140
189	NO_2	8.04201	1798.540	3.65	230~320

附录4 一些物质的理想气体热容温度关联式系数

序号	物质	$C_p^{id}/R = a_0 + a_1 T + a_2 T^2 + a_3 T^3 + a_4 T^4$					
		a_0	$a_1 \times 10^3 / K^{-1}$	$a_2 \times 10^5 / K^{-2}$	$a_3 \times 10^8 / K^{-3}$	$a_4 \times 10^{11} / K^{-4}$	温度范围/K
1	甲烷	4.568	−8.975	3.631	−3.407	1.091	50~1000
		0.282	12.718	−0.520	0.101	−0.007	1000~5000
2	乙烷	4.178	−4.427	5.660	−6.651	2.487	50~1000
		0.001	11.202	1.928	−2.205	0.628	1000~1500
3	丙烷	3.847	5.131	6.011	−7.893	3.079	50~1000
4	丁烷	1.5780	71.769	−25.437	43.427	—	50~298
		5.547	5.536	8.057	−10.571	4.134	200~1000
5	2-甲基丙烷	3.351	17.833	5.477	−8.099	3.243	50~1000
6	戊烷	7.554	−0.368	11.846	−14.939	5.753	200~1000
7	2-甲基丁烷	1.959	38.191	2.434	−5.175	2.165	200~1000
8	2,2-二甲基丙烷	−11.428	156.037	−33.383	40.127	−17.806	200~1000
9	己烷	8.831	−0.166	14.302	−18.314	7.124	200~1000
10	乙烯	4.221	−8.782	5.795	−6.729	2.511	50~1000
		0.062	18.382	−0.920	0.216	−0.019	1000~3000
11	丙烯	3.834	3.893	4.688	−6.013	2.283	50~1000
		0.042	28.997	−1.516	0.380	−0.037	1000~3000
12	1-丁烯	4.389	7.984	6.143	−8.197	3.165	50~1000
13	顺-2-丁烯	5.584	−4.890	9.133	−10.975	4.085	50~1000
14	反-2-丁烯	3.689	19.184	2.230	−3.426	1.256	50~1000
15	异丁烯	3.231	20.949	2.313	−3.949	1.566	50~1000
16	乙炔	2.410	10.926	−0.255	−0.790	0.524	50~1000
		0.042	15.631	−1.050	0.336	−0.040	1000~3000
17	丙炔	3.158	12.210	1.167	−2.316	1.002	50~1000
18	丙二烯	3.403	6.271	3.388	−5.113	2.161	50~1000
19	1,3-丁二烯	3.607	5.085	8.253	−12.371	5.321	50~1000
20	异戊二烯	2.748	27.727	3.138	−6.354	2.839	50~1000
21	环戊烷	5.019	−19.734	17.917	−21.696	8.215	50~1000
22	甲基环戊烷	5.379	−8.258	17.293	−21.646	8.263	50~1000
23	乙基环戊烷	5.847	−0.048	17.507	−22.495	8.656	50~1000
24	环己烷	4.035	−4.433	16.834	−20.775	7.746	100~1000
25	甲基环己烷	3.148	18.438	13.624	−18.793	7.364	50~1000
26	乙基环己烷	2.832	37.258	10.853	−16.463	6.594	50~1000
27	苯	3.551	−6.184	14.365	−19.807	8.234	50~1000
28	甲苯	3.866	3.558	13.356	−18.659	7.690	50~1000
29	乙苯	4.544	10.578	13.644	−19.276	7.885	50~1000
30	邻二甲苯	3.289	34.144	4.989	−8.335	3.338	50~1000
31	间二甲苯	4.002	17.537	10.590	−15.037	6.008	50~1000

序号	物质	$C_p^{\text{id}}/R = a_0 + a_1 T + a_2 T^2 + a_3 T^3 + a_4 T^4$					
		a_0	$a_1 \times 10^3/\text{K}^{-1}$	$a_2 \times 10^5/\text{K}^{-2}$	$a_3 \times 10^8/\text{K}^{-3}$	$a_4 \times 10^{11}/\text{K}^{-4}$	温度范围/K
32	对二甲苯	4.113	14.909	11.810	-16.724	6.736	50~1000
33	丙苯	4.759	23.956	11.859	-17.393	7.064	50~1000
34	异丙苯	2.985	34.196	11.938	-20.152	8.923	50~1000
35	苯乙烯	-3.3948	74.033	-4.8343	1.1940	—	298~1500
36	联苯	-0.843	61.392	6.352	-13.754	6.169	200~1000
37	顺十氢萘	-5.445	80.068	5.065	-11.756	5.088	298~1000
38	反十氢萘	-2.155	53.852	12.610	-20.981	9.066	298~1000
39	萘	2.889	14.306	15.978	-23.930	10.173	50~1000
40	茚满	-6.668	85.579	-2.843	-2.828	1.884	298~1000
41	茚	-7.247	90.987	-5.706	0.300	0.775	298~1000
42	四氟甲烷	2.643	15.383	0.850	-2.940	1.469	50~1000
43	四氟乙烯	2.223	36.551	-4.776	3.283	-0.931	200~1000
44	氯甲烷	3.578	-1.750	3.071	-3.714	1.408	200~1000
45	三氯甲烷	2.389	26.218	-3.145	1.857	-0.423	200~1000
46	四氯化碳	2.518	41.882	-7.160	5.739	-1.756	200~1000
47	氯乙烷	3.029	9.885	2.967	-4.550	1.871	200~1000
48	1,2-二氯乙烷	2.990	23.197	-0.404	-1.133	0.617	298~1000
49	氯乙烯	1.930	15.469	0.341	-1.692	0.833	200~1000
50	氯苯	0.104	38.288	1.808	-5.732	2.718	200~1000
51	氯三氟甲烷	2.369	23.861	-1.579	-0.366	0.528	50~1000
52	二氟二氯甲烷	2.185	31.251	-3.724	1.930	-0.323	50~1000
53	氟三氯甲烷	2.090	38.890	-6.079	4.542	-1.316	50~1000
54	1,1,2-三氟三氯乙烷	2.133	63.238	-8.916	6.140	-1.683	50~1000
55	甲醇	4.714	-6.986	4.211	-4.443	1.535	50~1000
56	乙醇	4.396	0.628	5.546	-7.024	2.685	50~1000
57	1-丙醇	4.712	6.565	6.310	-8.341	3.216	50~1000
58	2-丙醇	3.334	18.853	3.644	-6.115	2.543	50~1000
59	1-丁醇	4.467	16.395	6.688	-9.690	3.864	50~1000
60	2-丁醇	3.860	28.561	2.728	-5.140	2.117	50~1000
61	2-甲基-2-丙醇	2.611	36.052	1.517	-4.360	1.947	50~1000
62	环己醇	3.239	21.585	10.322	-14.762	5.885	50~1000
63	乙二醇	2.160	26.015	0.747	-2.802	1.306	298~1000
64	苯酚	2.582	17.501	8.894	-14.435	6.317	50~1000
65	甲醚	4.361	6.070	2.899	-3.581	1.282	100~1000
66	乙醚	4.612	37.492	-1.870	1.316	-0.698	100~1000
67	甲基叔丁基醚	6.415	16.641	8.530	-12.083	4.854	298~1000
68	环氧乙烷	4.455	-14.249	9.233	-11.320	4.443	50~1000
69	1,2-环氧丙烷	3.743	4.068	6.629	-9.047	3.638	50~1000
70	四氢呋喃	5.171	-19.464	16.460	-20.420	8.000	50~1000
71	呋喃	3.816	-10.453	12.446	-16.907	7.020	50~1000
72	1,4-二氧杂环己烷	3.730	1.851	11.781	-15.602	6.177	50~1000

序号	物质	$C_p^{id}/R = a_0 + a_1 T + a_2 T^2 + a_3 T^3 + a_4 T^4$					
		a_0	$a_1 \times 10^3/K^{-1}$	$a_2 \times 10^5/K^{-2}$	$a_3 \times 10^8/K^{-3}$	$a_4 \times 10^{11}/K^{-4}$	温度范围/K
73	甲醛	4.434	−7.008	2.934	−2.887	0.955	50~1000
74	乙醛	4.379	0.074	3.740	−4.477	1.641	50~1000
75	丙烯醛	3.437	11.032	3.604	−5.895	2.526	50~1000
76	苯甲醛	−3.003	64.902	−3.025	−1.200	1.103	298~1000
77	丙酮	5.126	1.511	5.731	−7.177	2.728	200~1000
78	2-丁酮	6.349	11.062	4.851	−6.484	2.469	200~1000
79	烯酮	3.053	10.924	0.197	−1.208	0.630	50~1000
80	环己酮	4.416	−1.248	17.367	−23.640	9.595	50~1000
81	甲酸	3.809	−1.568	3.587	−4.410	1.672	50~1000
82	乙酸	4.375	−2.397	6.757	−8.764	3.478	50~1000
83	丙烯酸	3.814	12.092	4.777	−7.988	3.515	50~1000
84	乙酸酐	−1.274	50.172	−1.459	−1.951	1.244	298~1000
85	甲酸甲酯	2.277	18.013	1.160	−2.921	1.342	298~1000
86	乙酸甲酯	4.242	14.388	3.338	−4.930	1.931	298~1000
87	乙酸乙酯	10.228	−14.948	13.033	−15.736	5.999	298~1000
88	乙酸乙烯酯	1.093	40.446	−1.043	−1.470	0.881	298~1000
89	γ-丁内酯	−1.250	40.401	0.335	−3.344	1.619	298~1000
90	甲胺	4.193	−2.122	4.039	−4.738	1.751	50~1000
91	二甲胺	2.469	15.462	2.642	−4.025	1.564	273~1000
92	乙胺	4.640	2.069	5.797	−7.659	3.043	50~1000
93	三甲胺	1.660	27.899	2.517	−5.097	2.190	298~1000
94	苯胺	2.598	19.936	8.438	−13.368	5.630	50~1000
95	氢化腈	1.746	40.864	5.752	−11.863	5.469	298~1000
96	乙腈	3.623	5.808	1.666	−2.317	0.891	200~1000
97	丙烯腈	3.317	11.545	1.971	−3.557	1.551	50~1000
98	苯腈	−2.830	66.784	−4.792	1.054	0.217	298~1000
99	吡啶	−3.505	49.389	−1.746	−1.595	1.097	298~1000
100	硝基甲烷	4.196	−1.102	5.158	−6.721	2.660	50~1000
101	甲硫醇	4.119	1.313	2.591	−3.212	1.208	50~1000
102	乙硫醇	3.894	12.951	2.052	−3.287	1.312	50~1000
103	苯硫醇	−3.317	65.938	−4.410	0.619	0.388	298~1000
104	甲硫醚	3.535	17.530	0.596	−1.632	0.696	273~1000
105	乙硫醚	4.335	26.082	3.959	−6.881	2.900	273~1000
106	噻吩	3.063	1.520	9.514	−14.129	6.088	50~1000
107	H_2	2.8833	3.6807	−0.7720	0.6915	−0.2125	50~1000
		3.2523	0.20599	0.02562	−0.008887	0.000859	1000~5000
108	N_2	3.5385	−0.2611	0.0074	0.1574	−0.09887	50~1000
		2.8405	1.64542	−0.06651	0.01248	−0.000878	1000~5000
109	O_2	3.6297	−1.7943	0.6579	−0.6007	0.17861	50~1000
		3.4480	1.08016	−0.04187	0.00919	−0.000763	1000~5000
110	O_3	4.106	−3.809	3.131	−4.300	1.813	50~1000

序号	物质	$C_p^{id}/R = a_0 + a_1T + a_2T^2 + a_3T^3 + a_4T^4$					
		a_0	$a_1 \times 10^3/K^{-1}$	$a_2 \times 10^5/K^{-2}$	$a_3 \times 10^8/K^{-3}$	$a_4 \times 10^{11}/K^{-4}$	温度范围/K
111	S	2.803	−0.036	0.143	−0.435	0.268	50~1000
112	S_2	3.2519	2.3027	0.0555	−0.3587	0.19497	50~1000
113	F_2	3.3469	0.4665	0.5264	−0.7936	0.33035	50~1000
114	Cl_2	3.0560	5.3708	−0.8098	0.5693	−0.15256	50~1000
115	HF	3.901	−3.708	1.165	−1.465	0.639	50~1000
116	HCl	3.827	−2.936	0.879	−1.031	0.439	50~1000
117	HBr	3.842	−3.098	0.917	−1.032	0.426	50~1000
118	NH_3	4.238	−4.215	2.041	−2.126	0.761	50~1000
119	H_2S	4.266	−3.438	1.319	−1.331	0.488	50~1000
120	H_2O	4.395	−4.186	1.405	−1.564	0.632	50~1000
		0.507	7.331	−0.372	0.089	−0.008	1000~5000
121	CO	3.912	−3.913	1.182	−1.302	0.515	50~1000
		0.574	6.257	−0.374	0.095	−0.008	1000~5000
122	CO_2	3.259	1.356	1.502	−2.374	1.056	50~1000
		0.269	11.337	−0.667	0.167	−0.015	1000~5000
123	COS	1.983	15.456	−2.276	1.765	−0.547	298~1000
124	CS_2	2.803	13.475	−1.889	1.376	−0.408	298~1000
125	SO_2	4.147	−2.234	2.344	−3.271	1.393	50~1000
126	SO_3	3.426	6.479	1.691	−3.356	1.590	50~1000
127	NO	4.534	−7.644	2.066	−2.156	0.806	50~1000
128	NO_2	4.294	−4.805	2.758	−3.417	1.365	50~1000

附录5 一些物质的液体热容温度关联式系数

序号	物质	$C_{p1}(\mathrm{J \cdot mol^{-1} \cdot K^{-1}}) = A + BT + CT^2 + DT^3$				
		A	$B \times 10^2/\mathrm{K}$	$C \times 10^4/\mathrm{K}^2$	$D \times 10^6/\mathrm{K}^3$	温度范围/K
1	甲烷	−0.018	119.82	−98.722	31.670	92~172
2	乙烷	38.332	41.006	−23.024	5.9347	91~275
3	丙烷	59.642	32.831	−15.377	3.6539	86~333
4	丁烷	62.873	58.913	−23.588	4.2257	136~383
5	2-甲基丙烷	71.791	48.472	−20.519	4.0634	115~367
6	戊烷	80.641	62.195	−22.682	3.7423	144~423
7	己烷	78.848	88.729	−29.482	4.1999	179~457
8	乙烯	25.597	57.078	−33.620	8.4120	105~254
9	丙烯	54.718	34.512	−16.315	3.8755	89~328
10	1-丁烯	74.597	33.434	−13.914	3.0241	89~378
11	顺-2-丁烯	58.899	50.376	−19.765	3.5035	135~392
12	反-2-丁烯	36.162	79.379	−30.674	4.8919	169~386
13	异丁烯	57.611	56.251	−22.985	4.1773	134~376
14	丙炔	15.304	78.431	−31.665	5.1375	171~362
15	1,3-丁二烯	34.680	73.205	−28.426	4.6035	165~383
16	异戊二烯	42.3805	66.0360	−25.9042	3.89319	127~473
17	环戊烷	−23.8186	121.660	−38.6168	4.68038	173~493
18	甲基环戊烷	92.280	39.756	−12.966	2.0816	132~480
19	乙基环戊烷	109.808	41.311	−12.645	1.9260	136~513
20	环己烷	106.92745	−6.688358	6.9973	—	188~303
		−44.417	160.16	−44.676	4.7582	281~498
21	甲基环己烷	103.668	46.217	−13.973	2.0550	148~515
22	乙基环己烷	122.282	55.767	−16.020	2.1615	163~548
23	环己烯	75.841	47.761	−14.586	2.0271	171~504
24	苯	−31.662	130.43	−36.078	3.8243	280~506
25	甲苯	190.6049	−75.24756	29.7882	−2.783031	178~380
		83.703	51.666	−14.910	1.9725	179~533
26	乙苯	102.111	55.959	−15.609	2.0149	179~555
27	邻二甲苯	56.460	94.926	−24.902	2.6838	249~567
28	间二甲苯	70.916	80.450	−21.885	2.5061	226~555
29	对二甲苯	−11.035	151.58	−39.039	3.9193	287~555
30	丙苯	123.471	61.973	−16.883	2.1608	175~575
31	异丙苯	124.621	63.293	−17.331	2.2146	178~568
32	苯乙烯	66.737	84.051	−21.615	2.3324	244~583
33	联苯	27.519	154.32	−31.647	2.5801	343~710
34	萘	−30.842	153.62	−32.492	2.6568	354~674
35	四氟甲烷	25.395	98.067	−70.731	21.219	91~205

序号	物质	$C_{p1}(\text{J}\cdot\text{mol}^{-1}\cdot\text{K}^{-1})=A+BT+CT^2+DT^3$				
		A	$B\times10^2/\text{K}$	$C\times10^4/\text{K}^2$	$D\times10^6/\text{K}^3$	温度范围/K
36	三氯甲烷	28.296	65.897	−20.353	2.5901	211~483
37	四氯化碳	9.671	93.363	−26.768	3.0425	251~501
38	1,2-二氯乙烷	26.310	77.555	−22.271	2.6109	238~505
39	氯乙烯	45.366	28.792	−11.535	2.1636	120~389
40	氯苯	64.358	61.906	−16.346	1.8478	229~569
41	氯三氟甲烷	47.972	55.277	−31.183	8.0282	93~272
42	二氟二氯甲烷	53.463	46.913	−20.770	4.2398	116~346
43	氟三氯甲烷	29.120	30.976	−11.066	1.7185	163~424
44	甲醇	40.152	31.046	−10.291	1.4598	176~461
45	乙醇	59.342	36.358	−12.164	1.8030	160~465
46	1-丙醇	88.080	40.224	−13.032	1.9677	148~483
47	2-丙醇	72.525	79.553	−26.330	3.6498	186~457
48	1-丁醇	83.877	56.628	−17.208	2.2780	185~507
49	环己醇	−47.321	191.31	−48.388	4.7281	298~563
50	乙二醇	75.878	64.182	−16.493	1.6937	261~581
51	1,4-丁二醇	10.303	159.72	−38.628	3.7022	294~600
52	甘油	132.145	86.007	−19.745	1.8068	292~651
53	苯酚	38.622	109.83	−24.897	2.2802	315~625
54	甲醚	48.074	56.225	−23.915	4.4614	133~360
55	乙醚	75.939	77.335	−27.936	4.4383	158~420
56	甲基叔丁基醚	83.744	76.602	−26.132	3.9171	166~447
57	环氧乙烷	35.720	42.098	−15.473	2.4070	162~422
58	1,2-环氧丙烷	53.347	51.543	−18.029	2.7795	162~434
59	四氢呋喃	63.393	40.257	−12.686	1.8275	166~486
60	呋喃	33.281	65.201	−22.226	3.1164	189~441
61	乙醛	45.056	44.853	−16.607	2.7000	151~415
62	苯甲醛	72.865	70.427	−17.065	1.7622	248~626
63	丙酮	46.878	62.652	−20.761	2.9583	179~457
64	2-丁酮	61.406	75.324	−23.814	3.2240	187~482
65	环己酮	68.641	86.690	−22.835	2.4978	243~566
66	甲酸	−16.110	87.229	−23.665	2.4454	283~522
67	乙酸	−18.944	109.71	−28.921	2.9275	291~533
68	丙烯酸	−18.242	121.06	−31.160	3.1409	288~554
69	乙酸酐	71.831	88.879	−26.534	3.3501	201~512
70	甲酸乙酯	47.479	81.081	−26.421	3.6081	195~458
71	乙酸甲酯	57.308	63.751	−21.308	3.0569	176~456
72	乙酸丁酯	91.175	99.902	−29.032	3.6712	201~522
73	丙烯酸甲酯	54.109	80.399	−25.149	3.3155	197~482
74	丙烯酸乙酯	66.535	91.312	−27.675	3.5431	203~498
75	甲苯丙烯酸甲酯	42.365	107.87	−31.551	3.7759	226~508
76	甲基丙烯酸乙酯	82.106	86.863	−25.461	3.2089	201~519

序号	物质	$C_{p1}(\text{J}\cdot\text{mol}^{-1}\cdot\text{K}^{-1})=A+BT+CT^2+DT^3$				
		A	$B\times10^2/\text{K}$	$C\times10^4/\text{K}^2$	$D\times10^6/\text{K}^3$	温度范围/K
77	乙酸乙烯酯	63.910	70.656	−22.832	3.1788	181~472
78	邻苯二甲酸二丁酯	230.175	159.96	−34.754	3.4963	239~703
79	γ-丁内酯	73.029	43.496	−10.196	1.0527	231~665
80	甲胺	13.565	90.836	−34.881	5.2770	181~387
81	乙胺	15.784	87.144	−31.108	4.4673	193~411
82	苯胺	63.288	98.960	−23.583	2.3296	268~629
83	氢化腈	−123.155	177.69	−58.083	6.9129	261~411
84	乙腈	4.296	69.400	−20.870	2.4966	230~491
85	丙烯腈	33.362	58.644	−18.625	2.4956	191~482
86	吡啶	37.150	69.497	−18.749	2.1188	233~558
87	甲硫醇	46.472	37.853	−13.665	2.2085	151~423
88	乙硫醇	72.618	34.419	−11.990	2.0330	126~449
89	甲硫醚	50.108	55.593	−18.618	2.6910	176~453
90	噻吩	32.611	67.871	−19.074	2.2163	236~521
91	Cl_2	127.601	−60.215	157.76	−0.53099	172~396
92	HCl	73.993	−12.946	−78.980	2.6409	165~308
93	NH_3	−182.157	336.18	−143.98	20.371	195~385
94	H_2S	80.985	−12.464	−0.36053	1.6942	191~355
95	H_2O	92.053	−3.9953	−2.1103	0.53469	273~615
96	CS_2	94.329	−15.208	2.1058	0.32259	164~540
97	SO_2	203.445	−105.37	26.113	−1.0697	198~409
98	SO_3	5064.851	−4190.1	1195.9	−111.17	290~393

附录6　水和水蒸气表

$t/℃$	p/kPa	$v_g/$ m³·kg⁻¹	$H_f/$ kJ·kg⁻¹	$H_g/$ kJ·kg⁻¹	$H_{fg}/$ kJ·kg⁻¹	$S_f/$ kJ·kg⁻¹·K⁻¹	$S_g/$ kJ·kg⁻¹·K⁻¹	$S_{fg}/$ kJ·kg⁻¹·K⁻¹
0.01	0.6117	205.991	0.00	2500.9	2500.9	0.0000	9.155	9.155
1	0.6571	192.439	4.18	2502.7	2498.6	0.0153	9.129	9.114
2	0.7060	179.758	8.39	2504.6	2496.2	0.0306	9.103	9.072
3	0.7581	168.008	12.60	2506.4	2493.8	0.0459	9.076	9.031
4	0.8135	157.116	16.81	2508.2	2491.4	0.0611	9.051	8.989
5	0.8726	147.011	21.02	2510.1	2489.0	0.0763	9.025	8.949
6	0.9354	137.633	25.22	2511.9	2486.7	0.0913	8.999	8.908
7	1.0021	128.923	29.43	2513.7	2484.3	0.1064	8.974	8.868
8	1.0730	120.829	33.63	2515.6	2481.9	0.1213	8.949	8.828
9	1.1483	113.304	37.82	2517.4	2479.6	0.1362	8.924	8.788
10	1.2282	106.303	42.02	2519.2	2477.2	0.1511	8.900	8.749
11	1.3130	99.787	46.22	2521.0	2474.8	0.1659	8.875	8.710
12	1.4028	93.719	50.41	2522.9	2472.5	0.1806	8.851	8.671
13	1.4981	88.064	54.60	2524.7	2470.1	0.1953	8.827	8.632
14	1.5990	82.793	58.79	2526.5	2467.7	0.2099	8.804	8.594
15	1.7058	77.876	62.98	2528.3	2465.4	0.2245	8.780	8.556
16	1.8188	73.286	67.17	2530.2	2463.0	0.2390	8.757	8.518
17	1.9384	69.001	71.36	2532.0	2460.6	0.2534	8.734	8.481
18	2.0647	64.998	75.54	2533.8	2458.3	0.2678	8.711	8.443
19	2.1983	61.256	79.73	2535.6	2450.9	0.2822	8.688	8.406
20	2.3393	57.757	83.91	2537.4	2453.5	0.2965	8.666	8.370
21	2.4882	54.483	88.10	2539.3	2451.2	0.3107	8.644	8.333
22	2.6453	51.418	92.28	2541.1	2448.8	0.3249	8.622	8.297
23	2.8111	48.548	96.46	2542.9	2446.4	0.3391	8.600	8.261
24	2.9858	45.858	100.65	2544.7	2444.0	0.3532	8.578	8.225
25	3.1699	43.337	104.83	2546.5	2441.7	0.3672	8.557	8.189
26	3.3639	40.973	109.01	2548.3	2439.3	0.3812	8.535	8.154
27	3.5681	38.754	113.19	2550.1	2436.9	0.3952	8.514	8.119
28	3.7831	36.672	117.37	2551.9	2434.6	0.4091	8.493	8.084
29	4.0092	34.716	121.55	2553.7	2432.2	0.4229	8.473	8.050
30	4.2470	32.878	125.73	2555.5	2429.8	0.4368	8.452	8.015
32	4.7596	29.527	134.09	2559.2	2425.1	0.4642	8.411	7.947
34	5.3251	26.560	142.45	2562.8	2420.3	0.4915	8.371	7.880
36	5.9479	23.929	150.81	2566.3	2415.5	0.5187	8.332	7.813
38	6.6328	21.593	159.17	2569.9	2410.8	0.5456	8.294	7.748
40	7.3849	19.515	167.53	2573.5	2406.0	0.5724	8.256	7.683

$t/℃$	p/kPa	$v_g/$ m³·kg⁻¹	$H_f/$ kJ·kg⁻¹	$H_g/$ kJ·kg⁻¹	$H_{fg}/$ kJ·kg⁻¹	$S_f/$ kJ·kg⁻¹·K⁻¹	$S_g/$ kJ·kg⁻¹·K⁻¹	$S_{fg}/$ kJ·kg⁻¹·K⁻¹
42	8.2096	17.664	175.89	2577.1	2401.2	0.5990	8.218	7.619
44	9.1124	16.011	184.25	2580.6	2396.4	0.6255	8.181	7.556
46	10.0994	14.534	192.62	2584.2	2391.6	0.6517	8.145	7.494
48	11.1771	13.212	200.98	2587.8	2386.8	0.6779	8.110	7.432
50	12.352	12.027	209.34	2591.3	2381.9	0.7038	8.075	7.371
52	13.631	10.963	217.71	2594.8	2377.1	0.7296	8.040	7.311
54	15.022	10.006	226.07	2598.3	2372.3	0.7553	8.007	7.251
56	16.533	9.1448	234.44	2601.8	2367.4	0.7808	7.973	7.192
58	18.171	8.3683	242.81	2605.3	2362.5	0.8061	7.940	7.134
60	19.946	7.6672	251.18	2608.8	2357.7	0.8313	7.908	7.077
65	25.042	6.1935	272.12	2617.5	2345.4	0.8937	7.830	6.936
70	31.201	5.0395	293.07	2626.1	2333.0	0.9551	7.754	6.799
75	38.595	4.1289	314.03	2634.6	2320.6	1.0158	7.681	6.665
80	47.414	3.4052	335.01	2643.0	2308.0	1.0756	7.611	6.535
85	57.867	2.8258	356.01	2651.3	2295.3	1.1346	7.543	6.409
90	70.182	2.3591	377.04	2659.5	2282.5	1.1929	7.478	6.285
95	84.608	1.9806	398.09	2667.6	2269.5	1.2504	7.415	6.165
100	101.418	1.6718	419.17	2675.6	2256.4	1.3072	7.354	6.047
105	120.90	1.4184	440.3	2683.4	2243.1	1.363	7.295	5.932
110	143.38	1.2093	461.4	2691.1	2229.6	1.419	7.238	5.819
115	169.18	1.0358	482.6	2698.6	2216.0	1.474	7.183	5.709
120	198.67	0.89121	503.8	2705.9	2202.1	1.528	7.129	5.601
125	232.24	0.77003	525.1	2713.1	2188.0	1.582	7.077	5.495
130	270.28	0.66800	546.4	2720.1	2173.7	1.635	7.026	5.392
135	313.23	0.58173	567.7	2726.9	2159.1	1.687	6.977	5.290
140	361.54	0.50845	589.2	2733.4	2144.3	1.739	6.929	5.190
140	415.69	0.44596	610.6	2739.8	2129.2	1.791	6.883	5.092
150	476.17	0.39245	632.2	2745.9	2113.7	1.842	6.837	4.995
155	543.50	0.34646	653.8	2751.8	2098.0	1.892	6.793	4.900
160	618.24	0.30678	675.5	2757.4	2082.0	1.943	6.749	4.807
165	700.93	0.27243	697.2	2762.8	2065.6	1.992	6.707	4.714
170	792.19	0.24259	719.1	2767.9	2048.8	2.042	6.665	4.623
175	892.60	0.21658	741.0	2772.7	2031.7	2.091	6.624	4.533
180	1002.8	0.19384	763.1	2777.2	2014.2	2.139	6.584	4.445
185	1123.5	0.17390	785.2	2781.4	1996.2	2.188	6.545	4.357
190	1255.2	0.15636	807.4	2785.3	1977.9	2.236	6.506	4.270
195	1398.8	0.14089	829.8	2788.8	1959.0	2.283	6.468	4.185
200	1554.9	0.12721	852.3	2792.0	1939.7	2.331	6.430	4.100
210	1907.7	0.10429	897.6	2797.3	1899.6	2.425	6.356	3.932
220	2319.6	0.086092	943.6	2800.9	1857.4	2.518	6.284	3.766

$t/℃$	p/kPa	$v_g/$ $m^3 \cdot kg^{-1}$	$H_f/$ $kJ \cdot kg^{-1}$	$H_g/$ $kJ \cdot kg^{-1}$	$H_{fg}/$ $kJ \cdot kg^{-1}$	$S_f/$ $kJ \cdot kg^{-1} \cdot K^{-1}$	$S_g/$ $kJ \cdot kg^{-1} \cdot K^{-1}$	$S_{fg}/$ $kJ \cdot kg^{-1} \cdot K^{-1}$
230	2797.1	0.071504	990.2	2802.9	1812.7	2.610	6.213	3.603
240	3346.9	0.059705	1037.6	2803.0	1765.4	2.702	6.142	3.440
250	3976.2	0.050083	1085.8	2800.9	1715.2	2.794	6.072	3.279
260	4692.3	0.042173	1135.0	2796.6	1661.6	2.885	6.002	3.117
270	5503.0	0.035621	1185.3	2789.7	1604.4	2.977	5.930	2.954
280	6416.6	0.030153	1236.9	2779.9	1543.0	3.069	5.858	2.789
290	7441.8	0.025555	1290.0	2766.7	1476.7	3.161	5.783	2.622
300	8587.9	0.021660	1345.0	2749.6	1404.6	3.255	5.706	2.451
310	9865.1	0.018335	1402.2	2727.9	1325.7	3.351	5.624	2.273
320	11284	0.015471	1462.2	2700.6	1238.4	3.449	5.537	2.088
330	12858	0.012979	1525.9	2666.0	1140.2	3.552	5.442	1.890
340	14601	0.010781	1594.5	2621.8	1027.3	3.660	5.336	1.675
350	16529	0.008802	1670.9	2563.6	892.7	3.778	5.211	1.433
360	18666	0.006949	1761.7	2481.5	719.8	3.917	5.054	1.137
365	19821	0.006012	1817.8	2422.9	605.2	4.001	4.950	0.948
370	21044	0.004954	1890.7	2334.5	443.8	4.111	4.801	0.690
373.95	22064	0.00311	2084.3	2084.3	0.0	4.407	4.407	0.000

注：①焓的基点是水的三相点(0.01℃，0.612kPa)。
　　②H_f 为饱和液体焓，H_g 为饱和气体焓，H_{fg} 为蒸发焓，S_f 为饱和液体熵，S_g 为饱和气体熵，S_{fg} 为蒸发熵。

附录6.2　饱和水与饱和水蒸气表(按压力排列)

p/kPa	$t/℃$	$v_g/$ $m^3 \cdot kg^{-1}$	$H_f/$ $kJ \cdot kg^{-1}$	$H_g/$ $kJ \cdot kg^{-1}$	$H_{fg}/$ $kJ \cdot kg^{-1}$	$S_f/$ $kJ \cdot kg^{-1} \cdot K^{-1}$	$S_g/$ $kJ \cdot kg^{-1} \cdot K^{-1}$	$S_{fg}/$ $kJ \cdot kg^{-1} \cdot K^{-1}$
0.6117	0.1	205.991	0.00	2500.9	2500.9	0.0000	9.155	9.155
1.0	7.0	129.178	29.30	2513.7	2484.4	0.1059	8.975	8.869
1.5	13.0	87.959	54.68	2524.7	2470.0	0.1956	8.827	8.631
2.0	17.5	66.987	73.43	2532.9	2459.4	0.2606	8.723	8.462
2.5	21.1	54.240	88.42	2539.4	2451.0	0.3118	8.642	8.330
3.0	24.1	45.653	100.98	2544.8	2443.9	0.3543	8.576	8.222
3.5	26.7	39.466	111.82	2549.5	2437.7	0.3906	8.521	8.131
4.0	29.0	34.791	121.39	2553.7	2432.3	0.4224	8.473	8.051
4.5	31.0	31.131	129.96	2557.4	2427.4	0.4507	8.431	7.981
5.0	32.9	28.185	137.75	2560.7	2423.0	0.4762	8.394	7.918
6.0	36.2	23.733	151.48	2566.6	2415.2	0.5208	8.329	7.808
7.0	39.0	20.524	163.35	2571.7	2408.4	0.5590	8.274	7.715
8.0	41.5	18.099	173.84	2576.2	2402.4	0.5925	8.227	7.635
9.0	43.8	16.199	183.25	2580.2	2397.0	0.6223	8.186	7.564
10.0	45.8	14.670	191.81	2583.9	2392.1	0.6492	8.149	7.500
12	49.4	12.358	206.91	2590.3	2383.4	0.6963	8.085	7.389
14	52.5	10.691	219.99	2595.8	2375.8	0.7366	8.031	7.294

p/kPa	t/℃	v_g/ m³·kg⁻¹	H_f/ kJ·kg⁻¹	H_g/ kJ·kg⁻¹	H_{fg}/ kJ·kg⁻¹	S_f/ kJ·kg⁻¹·K⁻¹	S_g/ kJ·kg⁻¹·K⁻¹	S_{fg}/ kJ·kg⁻¹·K⁻¹
16	55.3	9.4306	231.57	2600.6	2369.1	0.7720	7.985	7.213
18	57.8	8.4431	241.96	2605.0	2363.0	0.8035	7.944	7.140
20	60.1	7.6480	251.42	2608.9	2357.5	0.8320	7.907	7.075
22	62.1	6.9936	260.11	2612.5	2352.4	0.8580	7.874	7.016
24	64.1	6.4453	268.15	2615.9	2347.7	0.8819	7.844	6.962
26	65.8	5.9792	275.64	2619.0	2343.3	0.9041	7.817	6.913
28	67.5	5.5778	282.66	2621.8	2339.2	0.9247	7.791	6.866
30	69.1	5.2284	289.27	2624.5	2335.3	0.9441	7.767	6.823
32	70.6	4.9215	295.52	2627.1	2331.6	0.9623	7.745	6.783
34	72.0	4.6497	301.45	2629.5	2328.1	0.9795	7.725	6.745
36	73.3	4.4072	307.09	2631.8	2324.7	0.9958	7.705	6.709
38	74.6	4.1895	312.47	2634.0	2321.5	1.0113	7.687	6.675
40	75.9	3.9930	317.62	2636.1	2318.4	1.0261	7.669	6.643
50	81.3	3.2400	340.54	2645.2	2304.7	1.0912	7.593	6.502
60	85.9	2.7317	359.91	2652.9	2292.9	1.1454	7.531	6.386
70	89.9	2.3648	376.75	2659.4	2282.7	1.1921	7.479	6.287
80	93.5	2.0871	391.71	2665.2	2273.5	1.2330	7.434	6.201
90	96.7	1.8694	405.20	2670.3	2265.1	1.2696	7.394	6.125
100	99.6	1.6939	417.50	2674.9	2257.4	1.3028	7.359	6.056
101.325	100.0	1.6732	419.06	2675.5	2256.5	1.3069	7.354	6.048
110	102.3	1.5495	428.8	2679.2	2250.3	1.3330	7.327	5.994
120	104.8	1.4284	439.4	2683.1	2243.7	1.3609	7.298	5.937
130	107.1	1.3253	449.2	2686.6	2237.5	1.3868	7.271	5.884
140	109.3	1.2366	458.4	2690.0	2231.6	1.4110	7.246	5.835
150	111.3	1.1593	467.1	2693.1	2226.0	1.4337	7.223	5.789
160	113.3	1.0914	475.4	2696.0	2220.7	1.4551	7.201	5.746
170	115.1	1.0312	483.2	2698.8	2215.6	1.4753	7.181	5.706
180	116.9	0.97747	490.7	2701.4	2210.7	1.4945	7.162	5.668
190	118.6	0.92924	497.9	2703.9	2206.0	1.5127	7.144	5.631
200	120.2	0.88568	504.7	2706.2	2201.5	1.5302	7.127	5.597
220	123.2	0.81007	517.6	2710.6	2193.0	1.5628	7.095	5.532
240	126.1	0.74668	529.6	2714.6	2185.0	1.5930	7.066	5.473
260	128.7	0.69273	540.9	2718.3	2177.4	1.6210	7.039	5.418
280	131.2	0.64624	551.4	2721.7	2170.3	1.647	7.015	5.367
300	133.5	0.60576	561.4	2724.9	2163.5	1.672	6.992	5.320
320	135.7	0.57017	570.9	2727.8	2157.0	1.695	6.970	5.275
340	137.8	0.53864	579.9	2730.6	2150.7	1.717	6.950	5.233
360	139.8	0.51050	588.5	2733.2	2144.7	1.738	6.931	5.193
380	141.8	0.48522	596.8	2735.7	2139.0	1.758	6.913	5.155
400	143.6	0.46238	604.7	2738.1	2133.4	1.776	6.895	5.119
420	145.4	0.44165	612.3	2740.3	2128.0	1.795	6.879	5.085

p/kPa	$t/℃$	$v_g/$ $\text{m}^3 \cdot \text{kg}^{-1}$	$H_f/$ $\text{kJ} \cdot \text{kg}^{-1}$	$H_g/$ $\text{kJ} \cdot \text{kg}^{-1}$	$H_{fg}/$ $\text{kJ} \cdot \text{kg}^{-1}$	$S_f/$ $\text{kJ} \cdot \text{kg}^{-1} \cdot \text{K}^{-1}$	$S_g/$ $\text{kJ} \cdot \text{kg}^{-1} \cdot \text{K}^{-1}$	$S_{fg}/$ $\text{kJ} \cdot \text{kg}^{-1} \cdot \text{K}^{-1}$
440	147.1	0.42274	619.6	2742.4	2122.8	1.812	6.864	5.052
460	148.7	0.40542	626.6	2744.4	2117.7	1.829	6.849	5.020
480	150.3	0.38950	633.5	2746.3	2112.8	1.845	6.834	4.990
500	151.8	0.37481	640.1	2748.1	2108.0	1.860	6.821	4.960
600	158.8	0.31558	670.4	2756.1	2085.8	1.931	6.759	4.828
700	164.9	0.27278	697.0	2762.8	2065.8	1.992	6.707	4.715
800	170.4	0.24034	720.9	2768.3	2047.4	2.046	6.662	4.616
900	175.4	0.21489	742.6	2773.0	2030.5	2.094	6.621	4.527
1000	179.9	0.19436	762.5	2777.1	2014.6	2.138	6.585	4.447
1200	188.0	0.16326	798.3	2783.7	1985.4	2.216	6.522	4.306
1400	195.0	0.14078	830.0	2788.8	1958.9	2.284	6.467	4.184
1600	201.4	0.12374	858.5	2792.8	1934.8	2.343	6.420	4.076
1800	207.1	0.11037	884.5	2795.9	1911.4	2.397	6.377	3.980
2000	212.4	0.09959	908.5	2798.3	1889.8	2.447	6.339	3.892
2200	217.2	0.09070	930.9	2800.1	1869.2	2.492	6.304	3.812
2400	221.8	0.08324	951.9	2801.4	1849.6	2.534	6.271	3.737
2600	226.0	0.07690	971.7	2802.3	1830.7	2.574	6.241	3.667
2800	230.1	0.07143	990.5	2802.9	1812.4	2.611	6.212	3.602
3000	233.9	0.06666	1008.3	2803.2	1794.8	2.646	6.186	3.540
3500	242.6	0.05706	1049.8	2802.6	1752.8	2.725	6.124	3.399
4000	250.4	0.04978	1087.5	2800.8	1713.3	2.797	6.070	3.273
4500	257.4	0.04406	1122.2	2797.9	1675.7	2.862	6.020	3.158
5000	263.9	0.03945	1154.6	2794.2	1639.6	2.921	5.974	3.053
6000	275.6	0.03245	1213.9	2784.6	1570.7	3.028	5.890	2.862
7000	285.8	0.02738	1267.7	2772.6	1505.0	3.122	5.815	2.692
8000	295.0	0.02353	1317.3	2758.7	1441.4	3.208	5.745	2.537
9000	303.3	0.02049	1363.9	2742.9	1379.1	3.287	5.679	2.392
10000	311.0	0.01803	1408.1	2725.5	1317.4	3.361	5.616	2.255
11000	318.1	0.01599	1450.4	2706.3	1255.9	3.430	5.554	2.124
12000	324.7	0.01426	1491.5	2685.4	1194.0	3.497	5.494	1.997
13000	330.9	0.01278	1531.5	2662.7	1131.2	3.561	5.434	1.873
14000	336.7	0.01149	1571.0	2637.9	1066.9	3.623	5.373	1.750
15000	342.2	0.01034	1610.2	2610.7	1000.5	3.685	5.311	1.626
16000	347.4	0.00931	1649.7	2580.8	931.1	3.746	5.246	1.501
17000	352.3	0.00837	1690.0	2547.5	857.5	3.808	5.179	1.371
18000	357.0	0.00750	1732.1	2509.8	777.7	3.872	5.106	1.234
19000	361.5	0.00668	1777.2	2466.0	688.9	3.940	5.026	1.085
20000	365.7	0.00587	1827.2	2412.3	585.1	4.016	4.931	0.916
21000	369.8	0.00500	1887.6	2338.6	451.0	4.106	4.808	0.701
22064	373.95	0.00311	2084.3	2084.3	0.0	4.407	4.407	0.000

注：焓的基点是水的三相点(0.01℃，0.612kPa)。

附录 6.3 过热水蒸气表

$t/℃$	$V/cm^3 \cdot g^{-1}$	$U/J \cdot g^{-1}$	$H/J \cdot g^{-1}$	$S/J \cdot g^{-1} \cdot K^{-1}$	$V/cm^3 \cdot g^{-1}$	$U/J \cdot g^{-1}$	$H/J \cdot g^{-1}$	$S/J \cdot g^{-1} \cdot K^{-1}$
	\multicolumn{4}{c}{$0.06×10^5$ Pa(36.16℃)}				
饱和蒸汽	23739	2425.0	2546.4	8.3304	4526	2473.0	2631.4	7.7153
80	27132	2487.3	2650.1	8.5804	4625	2483.7	2645.6	7.7564
120	30219	2544.7	2726.0	8.7840	5163	2542.4	2723.1	7.9644
160	33302	2602.7	2802.5	8.9693	5696	2601.2	2800.6	8.1519
200	36383	2661.4	2879.7	9.1398	6228	2660.4	2878.4	8.3237
240	39462	2721.0	2957.8	9.2982	6758	2720.3	2956.8	8.4828
280	42540	2781.5	3036.8	9.4464	7287	2780.9	3036.0	8.6314
320	45618	2843.0	3116.7	9.5859	7815	2842.5	3116.1	8.7712
360	48696	2905.5	3197.7	9.7180	8344	2905.1	3197.1	8.9034
400	51774	2969.0	3279.6	9.8435	8872	2968.6	3270.2	9.0291
440	54851	3033.5	3362.6	9.9633	9400	3033.2	3362.2	9.1490
500	59467	3132.3	3489.1	10.134	10192	3132.1	3488.8	9.3194
	\multicolumn{4}{c}{$0.70×10^5$ Pa(89.95℃)}				
饱和蒸汽	2365	2494.5	2660.0	7.4797	1694	2506.1	2675.5	7.3594
100	2434	3509.7	2680.0	7.5341	1696	2506.7	2676.2	7.3614
120	2571	2539.7	2719.6	7.6375	1793	2537.3	2716.6	7.4668
160	2841	2599.4	2798.2	7.8279	1984	2597.8	2796.2	7.6597
200	3108	2659.1	2876.7	8.0012	2172	2658.1	2875.3	7.8343
240	3374	2719.3	2955.5	8.1611	2359	2718.5	2954.5	7.9949
280	3640	2780.2	3035.0	8.3162	2546	2779.6	3034.2	8.1445
320	3005	2842.0	3115.3	8.4504	2732	2841.5	3114.6	8.2849
360	4170	2904.6	3196.5	8.5828	2917	2904.2	3195.9	8.4175
400	4434	2968.2	3278.6	8.7086	3103	2967.9	3278.2	8.5435
440	4698	3032.9	3361.8	8.8286	3288	3032.6	3361.4	8.6636
500	5095	3131.8	3488.5	8.9991	3565	3131.6	3488.1	8.8342
	\multicolumn{4}{c}{$1.5×10^5$ Pa(111.37℃)}				
饱和蒸汽	1159	2519.7	2693.6	7.2233	606	2543.6	2725.3	6.9919
120	1188	2533.3	2711.4	7.2693				
160	1317	2595.2	2792.8	7.4665	651	2587.1	2782.3	7.1276
200	1444	2656.2	2872.9	7.6433	716	2560.7	2865.5	7.3115
240	1570	2717.2	2952.7	7.8052	781	2713.1	2947.3	7.4774
280	1695	2778.6	3032.8	7.9555	844	2775.4	3028.6	7.6299
320	1819	2840.6	3113.5	8.0964	907	2838.1	3110.1	7.7722
360	1943	2903.5	3195.0	8.2293	969	2901.4	3192.2	7.9061
400	2067	2967.3	3277.4	8.3555	1032	2965.6	3275.0	8.0330
440	2191	3032.1	3360.7	8.4757	1094	3030.6	3358.7	8.1538
500	2376	3131.2	3487.6	8.6466	1187	3130.0	3486.0	8.3251
600	2685	3301.7	3704.3	8.9101	1341	3300.8	3703.2	8.5892

t/℃	$V/\mathrm{cm^3 \cdot g^{-1}}$	$U/\mathrm{J \cdot g^{-1}}$	$H/\mathrm{J \cdot g^{-1}}$	$S/\mathrm{J \cdot g^{-1} \cdot K^{-1}}$	$V/\mathrm{cm^3 \cdot g^{-1}}$	$U/\mathrm{J \cdot g^{-1}}$	$H/\mathrm{J \cdot g^{-1}}$	$S/\mathrm{J \cdot g^{-1} \cdot K^{-1}}$
	$5.0 \times 10^5\,\mathrm{Pa}$ (151.86℃)				$7.0 \times 10^5\,\mathrm{Pa}$ (164.97℃)			
饱和蒸汽	374.9	2561.2	2748.7	6.8213	272.9	2572.5	2763.5	6.7080
180	404.5	2609.7	2812.0	6.9656	284.7	2599.8	2799.1	6.7880
200	424.9	2642.9	2855.4	7.0592	299.9	2634.8	2844.8	6.8865
240	464.6	2707.6	2939.9	7.2307	329.2	2701.8	2932.2	7.0641
280	503.4	2771.2	3022.9	7.3865	357.4	2766.9	3017.1	7.2233
320	541.6	2834.7	3105.6	7.5308	385.2	2831.3	3100.9	7.3697
360	579.6	2898.7	3188.4	7.6660	412.6	2895.8	3184.7	7.5063
400	617.3	2963.2	3271.9	7.7938	439.7	2960.9	3268.7	7.6350
440	654.8	3028.6	3356.0	7.9152	466.7	3026.6	3353.3	7.7571
500	710.9	3128.4	3483.9	8.0873	507.0	3126.8	3481.7	7.9299
600	804.1	3299.6	3701.7	8.3522	573.8	3298.5	3700.2	8.1956
700	896.9	3477.5	3925.9	8.5932	640.3	3476.6	3924.8	8.4391
	$10.0 \times 10^5\,\mathrm{Pa}$ (179.91℃)				$15 \times 10^5\,\mathrm{Pa}$ (198.32℃)			
饱和蒸汽	194.4	2583.6	2778.1	6.5865	131.8	2594.5	2792.2	6.4448
200	206.6	2621.9	2827.9	6.6940	132.5	2598.1	2796.8	6.4546
240	227.5	2692.9	2920.4	6.8817	148.3	2676.9	2899.3	6.6628
280	248.0	2760.2	3008.2	7.0465	162.7	2748.6	2992.7	6.8381
320	267.8	2826.1	3093.9	7.1962	176.5	2817.1	3081.9	6.9938
360	287.3	2891.6	3178.9	7.3349	189.9	2884.4	3169.2	7.1363
400	306.6	2957.3	3263.9	7.4651	203.0	2951.3	3255.8	7.2690
440	325.7	3023.6	3349.3	7.5883	216.0	3018.5	3342.5	7.3940
500	354.1	3124.4	3478.5	7.7622	235.2	3120.3	3473.1	7.5698
540	372.9	3192.6	3565.6	7.8720	247.8	3189.1	3560.9	7.6805
600	401.1	3296.8	3697.9	8.0290	266.8	3293.9	3694.0	7.8385
640	419.8	3367.4	3787.2	8.1290	279.3	3364.8	3783.8	7.9391
	$20.0 \times 10^5\,\mathrm{Pa}$ (212.42℃)				$30.0 \times 10^5\,\mathrm{Pa}$ (233.90℃)			
饱和蒸汽	99.6	2600.3	2799.5	6.3409	66.7	2604.1	2804.2	6.1869
240	108.5	2659.6	2876.5	6.4952	68.2	2619.7	2824.3	6.2265
280	120.0	2736.4	2976.4	6.6828	77.1	2709.9	2941.3	6.4462
320	130.8	2807.9	3069.5	6.8452	85.0	2788.4	3043.4	6.6245
360	141.1	2877.0	3159.3	6.9917	92.3	2861.7	3138.7	6.7801
400	151.2	2945.2	3247.6	7.1271	99.4	2932.8	3230.9	6.9212
440	161.1	3013.4	3335.5	7.2540	106.2	3002.9	3321.5	7.0520
500	175.7	3116.2	3467.6	7.4317	116.2	3108.0	3456.5	7.2338
540	185.3	3185.6	3556.1	7.5434	122.7	3178.4	3546.6	7.3474
600	199.6	3290.9	3690.1	7.7024	132.4	3285.0	3682.3	7.5085
640	209.1	3262.2	3780.4	7.8035	138.8	3357.0	3773.5	7.6106
700	223.2	3470.9	3917.4	7.9487	148.4	3466.5	3911.7	7.7571

$t/℃$	$V/cm^3 \cdot g^{-1}$	$U/J \cdot g^{-1}$	$H/J \cdot g^{-1}$	$S/J \cdot g^{-1} \cdot K^{-1}$	$V/cm^3 \cdot g^{-1}$	$U/J \cdot g^{-1}$	$H/J \cdot g^{-1}$	$S/J \cdot g^{-1} \cdot K^{-1}$
	\multicolumn{4}{c}{$40.0×10^5 Pa(250.40℃)$}	\multicolumn{4}{c}{$60×10^5 Pa(275.64℃)$}
饱和蒸汽	49.78	2602.3	2801.4	6.0701	32.44	2589.7	2784.3	5.8892
280	55.46	2680.0	2901.8	6.2568	33.17	2605.2	2804.2	5.9252
320	61.99	2767.4	3015.4	6.4553	38.76	2720.0	2952.6	6.1846
360	67.88	2845.7	3117.2	6.6215	43.31	2811.2	3071.1	6.3782
400	73.41	2919.9	3213.6	6.7690	47.39	2892.9	3177.2	6.5408
440	78.72	2992.2	3307.1	6.9041	51.22	2970.0	3277.3	6.6853
500	86.43	3099.5	3445.3	7.0901	56.65	3082.2	3422.2	6.8803
540	91.45	3171.1	3536.9	7.2056	60.15	3156.1	3517.0	6.9999
600	98.85	3279.1	3674.4	7.3688	62.25	3266.9	3658.4	7.1677
640	103.7	3351.8	3766.6	7.4720	68.59	3341.0	3752.6	7.2731
700	111.0	3462.1	3905.9	7.6198	73.52	3453.1	3894.1	7.4234
740	115.7	3536.6	3999.6	7.7141	76.77	3528.3	3989.2	7.5190
	\multicolumn{4}{c}{$80.0×10^5 Pa(295.06℃)$}	\multicolumn{4}{c}{$100×10^5 Pa(311.06℃)$}
饱和蒸汽	23.52	2569.8	2758.0	5.7432	18.03	2544.4	2724.7	5.6141
320	26.82	2662.7	2877.2	5.9489	19.25	2588.8	2781.3	5.7103
360	30.89	2772.7	3019.8	6.1819	23.31	2729.1	2962.1	6.0060
400	34.32	2863.8	3138.3	6.3634	26.41	2832.4	3096.5	6.2120
440	37.42	2946.7	3246.1	6.5190	29.11	2922.1	3213.2	6.3805
480	40.34	3025.7	3348.4	6.6586	31.60	3005.4	3321.4	6.5282
520	43.13	3102.7	3447.7	6.7871	33.94	3085.6	3425.1	6.6622
560	45.82	3187.7	3545.3	6.9072	36.19	3164.1	3526.0	6.7864
600	48.45	3254.4	3642.0	7.0206	38.37	3241.7	3625.3	6.9029
640	51.02	3330.1	3738.3	7.1283	40.48	3318.9	3723.7	7.0131
700	54.81	3443.9	3882.4	7.2812	43.58	3434.7	3870.5	7.1687
740	57.29	3520.4	3978.7	7.3782	45.60	3512.1	3968.1	7.2670
	\multicolumn{4}{c}{$120×10^5 Pa(324.75℃)$}	\multicolumn{4}{c}{$140×10^5 Pa(336.75℃)$}
饱和蒸汽	14.26	2513.7	2684.9	5.4924	11.49	2476.8	2637.6	5.3717
360	18.11	2678.4	2895.7	5.8361	14.22	2617.4	2816.5	5.6602
400	21.08	2798.3	3051.3	6.0747	17.22	2760.9	3001.9	5.9448
440	23.55	2896.1	3178.7	6.2586	19.54	2868.6	3142.2	6.1474
480	25.76	2984.4	3293.5	6.4154	21.57	2962.5	3264.5	6.3143
520	27.81	3068.0	3401.8	6.5555	23.43	3049.8	3377.8	6.4610
560	29.77	3149.0	3506.2	6.6840	25.17	3133.6	3486.0	6.5941
600	31.64	3228.7	3608.3	6.8037	26.83	3215.4	3591.1	6.7172
640	33.45	3307.5	3709.0	6.9164	28.43	3296.0	3694.1	6.8326
700	36.10	3425.2	3858.4	7.0749	30.75	3415.7	3846.2	6.9939
740	37.81	3503.7	3957.4	7.1746	35.25	3495.2	3946.7	7.0952

$t/℃$	$V/cm^3 \cdot g^{-1}$	$U/J \cdot g^{-1}$	$H/J \cdot g^{-1}$	$S/J \cdot g^{-1} \cdot K^{-1}$	$V/cm^3 \cdot g^{-1}$	$U/J \cdot g^{-1}$	$H/J \cdot g^{-1}$	$S/J \cdot g^{-1} \cdot K^{-1}$
	$160×10^5 Pa(347.44℃)$				$180×10^5 Pa(357.06℃)$			
饱和蒸汽	9.31	2431.7	2580.6	5.2455	7.49	2374.3	2509.1	5.1044
360	11.05	2539.0	2715.8	5.4614	8.09	2418.9	2564.5	5.1922
400	14.26	2719.4	2947.6	5.8175	11.90	2672.8	2887.0	5.6887
440	16.52	2839.4	3103.7	6.0429	14.14	2808.2	3062.8	5.9428
480	18.42	2939.7	3234.4	6.2215	15.96	2915.9	3203.2	6.1345
520	20.13	3031.1	3353.3	6.3752	17.57	3011.8	3378.0	6.2960
560	21.72	3117.8	3465.4	6.5132	19.04	3101.7	3444.4	6.4392
600	23.23	3201.8	3573.5	6.6399	20.42	3188.0	3555.6	6.5696
640	24.67	3284.2	3678.9	6.7580	21.74	3272.3	3663.6	6.6905
700	26.74	3406.0	3833.9	6.9224	23.62	3396.3	3821.5	6.8580
740	28.08	3486.7	3935.9	7.0251	24.83	3478.0	3925.0	6.9623
	$200×10^5 Pa(365.81℃)$				$240×10^5 Pa$			
饱和蒸汽	5.83	2293.0	2409.7	4.9269				
400	9.94	2619.3	2818.1	5.5540	6.73	2477.8	2639.4	5.2393
440	12.22	2774.9	3019.4	5.8450	9.29	2700.6	2923.4	5.6506
480	13.99	2891.2	3170.8	6.0518	11.00	2838.3	3102.3	5.8950
520	15.51	2992.0	3302.2	6.2218	12.41	2950.5	3248.5	6.0842
560	16.89	3085.2	3423.0	6.3705	13.66	3051.1	3379.0	6.2448
600	18.18	3174.0	3537.6	6.5048	14.81	3145.2	3500.7	6.3875
640	19.40	3260.2	3648.1	6.6286	15.88	3235.5	2616.7	6.5174
700	21.13	3386.4	3809.0	6.7993	17.39	3366.4	3783.8	6.6947
740	22.24	3469.3	3914.1	6.9052	18.35	3451.7	3892.1	6.8038
800	23.85	3592.7	4069.7	7.0544	19.74	3518.0	4051.6	6.9567
	$280×10^5 Pa$				$320×10^5 Pa$			
400	3.83	2223.5	2330.7	4.7494	2.36	1980.4	2055.9	4.3239
440	7.12	2613.2	2812.6	5.4494	5.44	2509.0	2683.0	5.2327
480	8.35	2780.8	3028.5	5.7446	7.22	2718.1	2949.2	5.5968
520	10.20	2906.8	3192.3	5.9566	8.53	2860.7	3133.7	5.8357
560	11.36	3015.7	3333.7	6.1307	9.63	2979.0	3287.2	6.0246
600	12.41	3115.6	3463.0	6.2823	10.01	3085.3	3424.6	6.1858
640	13.38	3210.3	3584.8	6.4187	11.50	3184.5	3552.5	6.3290
700	14.73	3346.1	3758.4	6.6029	12.73	3325.4	3732.8	6.5203
740	15.58	3433.9	3870.0	6.7153	13.50	3415.9	3847.8	6.6361
800	16.80	3563.1	4033.4	6.8720	14.60	3548.0	4015.1	6.7966
900	18.73	3774.3	4298.8	7.1084	16.33	3762.7	4285.1	7.0372

附录 6.4 未饱和水性质表

t/℃	V/cm³·g⁻¹	U/J·g⁻¹	H/J·g⁻¹	S/J·g⁻¹·K⁻¹	V/cm³·g⁻¹	U/J·g⁻¹	H/J·g⁻¹	S/J·g⁻¹·K⁻¹
	25×10⁵Pa(223.99℃)				50×10⁵Pa(263.99℃)			
20	1.0006	83.80	86.30	0.2961	0.9995	83.65	88.65	0.2956
40	1.0067	167.25	169.77	0.5715	1.0056	166.95	171.97	0.5705
80	1.0280	334.29	336.86	1.0737	1.0268	333.72	338.85	1.0720
120	1.0590	502.68	505.33	1.5255	1.0576	501.80	507.09	1.5233
160	1.1006	673.90	676.65	1.9404	1.0988	672.62	678.12	1.9375
200	1.1555	859.9	852.8	2.3294	1.1530	848.1	848.1	2.3255
220	1.1898	940.7	943.7	2.5174	1.1866	938.4	944.4	2.5128
饱和液	1.1973	959.1	962.1	2.5546	1.2859	1147.8	1154.2	2.9202
	75×10⁵Pa(290.59℃)				100×10⁵Pa(311.06℃)			
20	0.9984	83.50	90.99	0.2950	0.9972	83.36	93.33	0.2945
40	1.0045	166.64	174.18	0.5696	1.0034	166.35	176.38	0.5686
80	1.0256	333.15	340.84	1.0704	1.0245	332.59	342.83	1.0688
100	1.0397	416.81	424.62	1.3011	1.0385	416.12	426.50	1.2992
140	1.0752	585.72	593.78	1.7317	1.0737	584.68	595.42	1.7292
180	1.1219	758.13	766.55	2.1308	1.1199	756.65	767.84	2.1275
220	1.1835	936.2	945.1	2.5083	1.1805	934.1	945.9	2.5039
260	1.2696	1124.4	1134.0	2.8763	1.2645	1121.1	1133.7	2.8699
饱和液	1.3677	1282.0	1292.2	3.1649	1.4524	1393.0	1407.6	3.3596
	150×10⁵Pa(342.24℃)				200×10⁵Pa(365.81℃)			
20	0.9950	83.06	97.99	0.2934	0.9928	82.77	102.62	0.2923
40	1.0013	165.76	180.78	0.5666	0.9992	165.17	185.16	0.5646
100	1.0361	414.75	430.28	1.2955	1.0337	413.39	434.06	1.2917
180	1.1159	753.76	770.50	2.1210	1.1120	750.95	773.20	2.1147
220	1.1748	929.9	947.5	2.4953	1.1693	925.9	949.3	2.4870
260	1.2550	1114.6	1133.4	2.8576	1.2462	1108.6	1133.5	2.8459
300	1.3770	1316.6	1337.3	3.2260	1.3596	1306.1	1333.3	3.2071
饱和液	1.6581	1585.6	1610.5	3.6848	2.036	1785.6	1826.3	4.0139
	250×10⁵Pa				300×10⁵Pa			
20	0.9907	82.47	107.24	0.2911	0.9886	82.17	111.84	0.2899
40	0.9971	164.60	189.52	0.5626	0.9951	164.04	193.89	0.5607
100	1.0313	412.08	437.85	1.2881	1.0290	410.78	441.66	1.2844
200	1.1344	834.5	862.8	2.2961	1.1302	831.4	865.3	2.2893
300	1.3442	1296.6	1330.2	3.1900	1.3304	1287.9	1327.8	3.1741

附录7 R134a 的性质表

附录7.1 R134a 饱和液体及蒸气的热力学性质

温度 t/℃	压力 p/ kPa	密度 ρ/ kg·m⁻³		比焓 h/ kJ·kg⁻¹		比熵 s/ kJ·kg⁻¹·K⁻¹		定容比热容 cᵥ/ kJ·kg⁻¹·K⁻¹		定压比热容 cₚ/ kJ·kg⁻¹·K⁻¹		表面张力 σ/N·m⁻¹
		液体	气体	液体	气体	液体	气体	液体	气体	液体	气体	
−40	52	1414	2.8	0.0	223.3	0.000	0.958	0.667	0.646	1.129	0.742	0.0177
−35	66	1399	3.5	5.7	226.4	0.024	0.951	0.696	0.659	1.154	0.758	0.0169
−30	85	1385	4.4	11.5	229.6	0.048	0.945	0.722	0.672	1.178	0.774	0.0161
−25	107	1370	5.5	17.5	232.7	0.073	0.940	0.746	0.685	1.202	0.791	0.0154
−20	133	1355	6.8	23.6	235.8	0.097	0.935	0.767	0.698	1.227	0.809	0.0146
−15	164	1340	8.3	29.8	238.8	0.121	0.931	0.086	0.712	1.250	0.828	0.0139
−10	201	1324	10.0	36.1	241.8	0.145	0.927	0.803	0.726	1.274	0.847	0.0132
−5	243	1308	12.1	42.5	244.8	0.169	0.924	0.817	0.740	1.297	0.868	0.0124
0	293	1292	14.4	49.1	247.8	0.193	0.921	0.830	0.755	1.320	0.889	0.0117
5	350	1276	17.1	55.8	250.7	0.217	0.918	0.840	0.770	1.343	0.912	0.0110
10	415	1259	202	62.6	253.5	0.241	0.916	0.849	0.785	1.365	0.936	0.0103
15	489	1242	23.7	69.4	256.3	0.265	0.914	0.857	0.800	1.388	0.962	0.0096
20	572	1224	27.8	76.5	259.0	0.289	0.912	0.863	0.815	1.411	0.990	0.0089
25	666	1206	32.3	83.6	261.6	0.313	0.910	0.868	0.831	1.435	1.020	0.0083
30	771	1187	37.5	90.8	264.2	0.337	0.908	0.872	0.847	1.460	1.053	0.0076
35	887	1167	43.3	98.2	266.6	0.360	0.907	0.875	0.863	1.486	1.089	0.0069
40	1017	1147	50.0	105.7	268.8	0.384	0.905	0.878	0.879	1.514	1.130	0.0063
45	1160	1126	57.5	113.3	271.0	0.408	0.904	0.881	0.896	1.546	1.177	0.0056
50	1318	1103	66.1	121.0	272.9	0.432	0.902	0.883	0.914	1.581	1.231	0.0050
55	1491	1080	75.9	129.0	274.7	0.456	0.900	0.886	0.932	1.621	1.295	0.0044
60	1681	1055	87.2	137.1	276.1	0.479	0.897	0.890	0.950	1.667	1.374	0.0038
65	1888	1028	100.2	145.3	277.3	0.504	0.894	0.895	0.970	1.724	1.473	0.0032
70	2115	999	115.5	153.9	278.1	0.528	0.890	0.901	0.991	1.794	1.601	0.0027
75	2361	967	133.6	162.6	278.4	0.553	0.885	0.910	1.014	1.884	1.776	0.0022
80	2630	932	155.4	171.8	278.0	0.578	0.879	0.922	1.039	2.011	2.027	0.0016
85	2923	893	182.4	181.3	276.8	0.604	0.870	0.937	1.060	2.204	2.408	0.0012
90	3242	847	216.9	191.6	274.5	0.631	0.860	0.958	1.097	3.554	3.056	0.0007
95	2590	790	264.5	203.1	270.4	0.662	0.844	0.988	1.131	3.424	4.483	0.0003
100	2971	689	353.1	219.3	260.4	0.704	0.814	1.044	1.168	10.793	14.807	0.0000

附录 7.2 R134a 过热蒸气的热力学性质

温度 t/℃	密度 ρ/ kg · m⁻³	比焓 h/ kJ · kg⁻¹	比熵 s/ kJ · kg⁻¹ · K⁻¹	定容比热容 c_v/ kJ · kg⁻¹ · K⁻¹	定压比热容 c_p/ kJ · kg⁻¹ · K⁻¹
−26.1 *	1373.16	16.2	0.067	0.741	1.197
−26.1 +	5.26	232.0	0.941	0.682	0.787
−25.0	5.23	232.9	0.944	0.684	0.788
20.0	5.11	236.8	0.960	0.691	0.794
−15.0	5.00	240.8	0.976	0.699	0.799
−10.0	4.89	244.8	0.991	0.706	0.805
−5.0	4.79	248.9	1.006	0.714	0.811
0.0	4.69	252.9	1.021	0.722	0.818
5.0	4.59	257.0	1.036	0.730	0.825
10.0	4.50	261.2	1.051	0.738	0.831
15.0	4.42	265.3	1.066	0.746	0.838
20.0	4.34	269.6	1.080	0.754	0.846
25.0	4.26	273.8	1.095	0.762	0.853
30.0	4.18	278.1	1.109	0.770	0.860
35.0	4.11	282.4	1.123	0.778	0.867
40.0	4.04	286.8	1.37	0.786	0.875
45.0	3.97	291.1	1.151	0.793	0.882
50.0	3.91	295.6	1.165	0.801	0.890
55.0	3.84	300.0	1.178	0.809	0.897
60.0	3.78	304.6	1.192	0.817	0.905
65.0	3.73	309.1	1.206	0.825	0.912
70.0	3.67	313.7	1.219	0.833	0.920
75.0	3.67	318.3	1.232	0.841	0.927
80.0	3.56	322.9	1.246	0.849	0.935

注：＊饱和液体；+饱和蒸汽。

附录 8 空气的 T-S 图

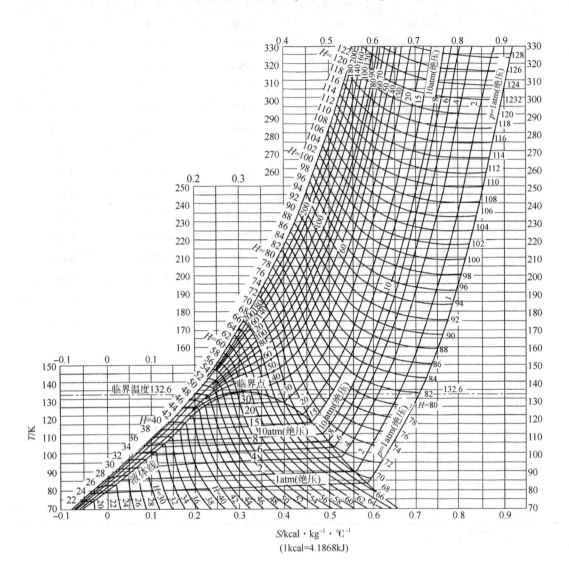

S/kcal · kg⁻¹ · ℃⁻¹

(1kcal=4.1868kJ)

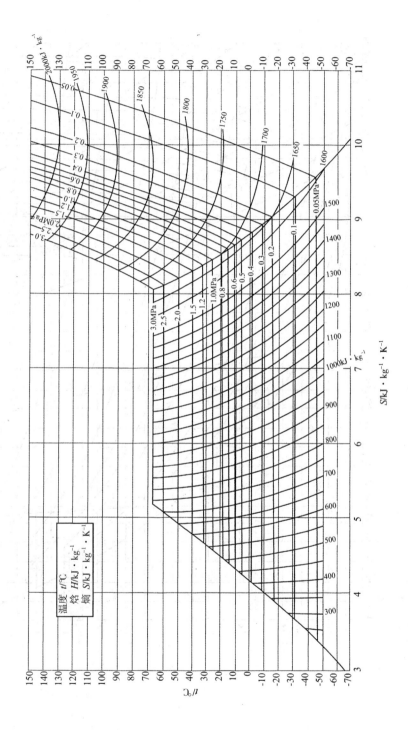

附录9 氨的t-S图

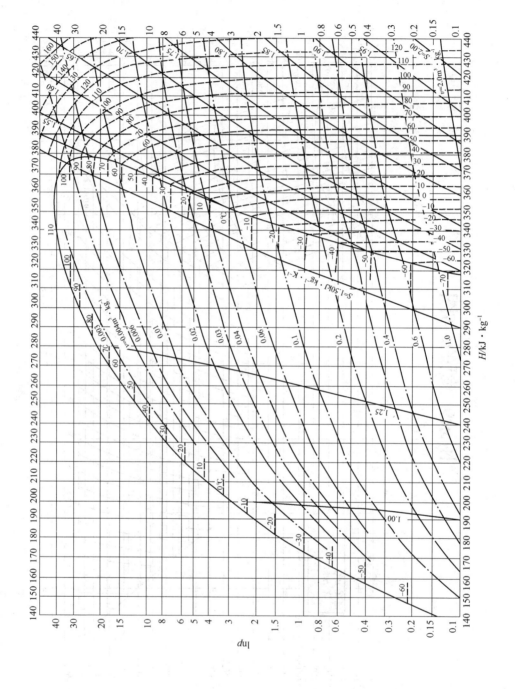

附录10 R12的lnp-H图

附录11　R22(CHClF₂)的lnp–H图

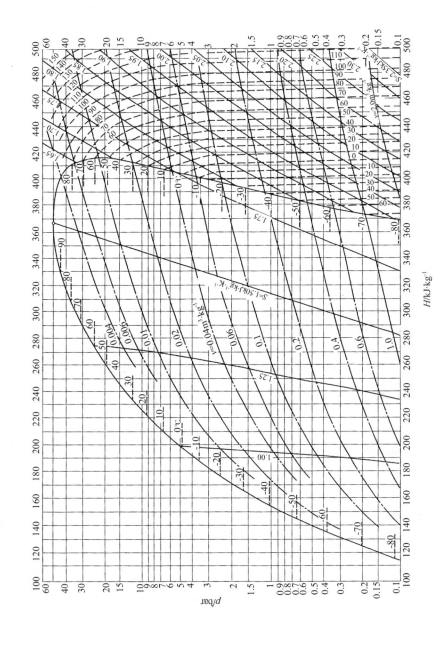